"十四五"国家重点出版物出版规划项目

生物工程理论与应用前沿丛书

细菌纤维素发酵及其应用

贾士儒等　著

中国轻工业出版社

图书在版编目（CIP）数据

细菌纤维素发酵及其应用/贾士儒等著 . —北京：中国轻工
业出版社，2024.6
ISBN 978-7-5184-4582-0

Ⅰ．①细…　Ⅱ．①贾…　Ⅲ．①细菌—纤维素—复合材
料—材料制备　Ⅳ．①TB33

中国国家版本馆 CIP 数据核字（2023）第 194293 号

责任编辑：江　娟　　责任终审：许春英
文字编辑：狄宇航　　责任校对：郑佳悦　晋　洁　　封面设计：锋尚设计
策划编辑：江　娟　　版式设计：砚祥志远　　　　　责任监印：张　可

出版发行：中国轻工业出版社（北京鲁谷东街 5 号，邮编：100040）
印　　刷：艺堂印刷（天津）有限公司
经　　销：各地新华书店
版　　次：2024 年 6 月第 1 版第 1 次印刷
开　　本：787×1092　1/16　印张：12
字　　数：260 千字
书　　号：ISBN 978-7-5184-4582-0　定价：98.00 元
邮购电话：010-85119873
发行电话：010-85119832　010-85119912
网　　址：http://www.chlip.com.cn
Email：club@ chlip.com.cn

本书撰写人员

贾士儒　钟　成　吴永辉　谢燕燕

贾原媛　李文超　郝利民　朱会霞

刘　淼　马　霞　汤卫华　刘景君

刘伶普　王凤萍　黄龙辉　李　飞

▶ 前 言

第一次接触到细菌纤维素是 20 世纪 80 年代，当时，在传统的酿醋工厂，细菌纤维素作为一种废弃物并未引起关注。直到 20 世纪 90 年代，经天津轻工业学院 谢来苏 教授介绍，笔者参加了天津轻工业学院造纸工程专业与日本造纸专家的学术交流会，了解到日本在细菌纤维素研究方面取得的成果。在谢教授的鼓励下，笔者从菌株的筛选起步，开始细菌纤维素发酵及其应用的研究工作。期间细菌纤维素的应用研究多停留在实验室阶段。近十来年，随着研究工作的深入，特别是相关企业的介入，研究取得了有特色的成果，实现了细菌纤维素在生物医用敷料方面的工业化生产。

微生物是非常"聪明"的，作为有兴趣长期从事发酵工程研究的工作者，希望有一天，微生物细胞能够如同纺织机上的梭子那样，在一定程序下"纺织"出各色材料；也希望有一天，微生物细胞能够根据人们的意愿合成所需的特种材料。当然，这需要与微生物友好相处，不是"战胜"或"改造"微生物，否则，它们为什么要依据人类的意愿而去"工作"呢？

本书共分八章，在介绍细菌纤维素的物理、化学性质及其历史沿革的基础上，重点论述了细菌纤维素的合成机制、细菌纤维素的发酵生产、氧对细菌纤维素生物合成的影响、原位发酵合成细菌纤维素产品、细菌纤维素改性合成功能性生物材料以及细菌纤维素在生物医学工程、食品、化妆品等领域的应用。

由于对微生物研究和理解的不断深入，醋酸菌的分类依据随之变化。例如我们最初筛选的菌株归属在醋杆菌属，随着分类学依据的变化，其划归葡萄糖酸醋杆菌属。后来，根据分类学依据的进一步变化，从葡萄糖酸醋杆菌属中分离出驹形杆菌属，我们筛选的菌株又划归到驹形杆菌属。本书编写过程中保持了最初报道的菌名，以方便查阅文献。

关于细菌纤维素方面的相关研究，笔者团队得到了国家高技术研究发展计划（863 计划）项目、国家自然科学基金项目和天津市应用基础研究重点项目的资助，也得到了相关企业的鼎力支持。其中，贾士儒老师负责图书编写的组织、部分章节的撰写和全书的统稿工作，钟成参加了第一、二章的撰写与全书的统稿工作，吴永辉参加了第三、八章的撰写与全书的审阅工作，谢燕燕参加了第一、六章的撰写与全书的统稿工作。贾原媛、李文超、郝利民和朱会霞参加了多个章节的撰写与审阅工作。刘森参加了第四章的撰写，马霞参加了第三章的撰写，汤卫华参加了第八章的撰写，刘景君参加了第七章的撰写，刘伶普参加了第四章的撰写，王凤萍参加了第六章的撰写，黄龙辉参加了第二章的撰写，李飞参加了第三章的撰写。研究生刘陈梦、孙雪文、李雪静、张小娜等帮助核实参考文献，进行了图表的整理等，他们也是本书的助编人员。

　　在整个写作过程中，笔者参考了大量国内外前辈和同行撰写的书籍与期刊论文资料，在此一并表示衷心的感谢！

　　书中有不妥之处，敬请批评指正，欢迎来函指导。

贾士儒

2023 年 12 月

天津科技大学生物工程学院

Email：jiashiru@ tust. edu. cn

▶ 目录

第一章　细菌纤维素及其理化性质

为了保护自己免受外界环境条件影响，一些生物需要合成一种生物聚合物——纤维素。可以生成纤维素的生物包括原核生物（如醋杆菌、根瘤菌和土壤农杆菌等）和真核生物（如真菌、变形虫、细胞性黏菌和绿藻等）[1]，也包括陆地植物如苔藓、蕨类、被子植物和裸子植物，以及一些动物，如被裹动物等。

第一节　细菌纤维素简介

地球上的碳原子总量约 5500 亿 t，以碳原子总量为基础进行统计，植物占总量的82%，细菌约占 13%，人只占万分之一[2]。除少量存在于藻类、真菌、细菌、单细胞生物（原生动物，如阿米巴虫）、无脊椎动物、哺乳动物（被囊动物）中以外，纤维素广泛分布于高等植物中。由于纤维素是植物纤维的主要成分，占植物体干重的 1/3 ~ 1/2，因此，植物是纤维素贮藏量最大的生物质资源。

"纤维素"一词最早是由 Anselme Payen 于 19 世纪提出，当时特指构成高等植物细胞壁的物质[3]。目前，有 4 种途径可以获得纤维素，第一是从光合作用合成的绿色植物中获得，称为植物纤维素（Plant cellulose，PC），这种方法最普遍；第二是微生物合成的纤维素，称为微生物纤维素（Microbial cellulose，MC），为区别于其他途径获得的纤维素，将细菌合成的纤维素称为细菌纤维素（Bacterial cellulose，BC）；第三是在生物体外由纤维二糖的氟化物经酶催化合成；第四是由新戊酰化衍生物（Pivaloylated derivatives，PD）开环聚合生成葡萄糖后再化学合成纤维素（图 1-1）[4]。第一条途径是工业上获取纤维素最重要的途径，但从植物中分离的纤维素需经过分离纯化去除半纤维素和木质素后才能使用。而人工合成的纤维素聚合度较低，难以达到自然界中高结晶度和高规则结构，而且在制备纤维素过程中为获得纯度较高的纤维素，都需消耗大量的化学原料，造成大量污染物排放。为此，人们深入探索具有很大发展潜力的生物合成纤维素的方法，以减少对环境的污染，获得在结构和性质上具有独特优越性的纤维素。

实验室条件下，静态发酵合成的 BC 膜悬浮于液面，将其取出后洗涤，除去 BC 膜中和表面上的培养基与杂质，BC 膜呈凝胶状半透明膜 ［图 1-2（1）］。挤压去除湿膜部分水后，将 BC 湿膜在一定温度下干燥，得到 BC 干膜 ［图 1-2（2）］。

BC 与 PC 在化学结构上是相同的，都属于典型的多糖，其主要差别在于前者不掺杂其他多糖，如半纤维素等，而后者则含有半纤维素和木质素等。就横断截面直径而言，BC与 PC、人工合成纤维相比有较大差异，其直径仅为人工超细合成纤维的 1/100 ~ 1/10，为

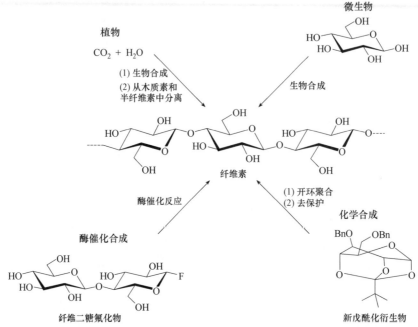

图 1-1　纤维素的合成途径

(1) BC 湿膜

(2) BC 干膜

图 1-2　细菌纤维素膜

棉纤维和木纤维的 1/1000～1/100，是已知纤维素中最细的（图 1-3）。

BC 作为一种新型生物材料，与 PC 比较，有许多独特的性质。

一、高化学纯度、高聚合度和高结晶度

BC 中纤维素含量高，可达 99% 以上，不含半纤维素、木质素及果胶等，而 PC 是纤维素、半纤维素、木质素等组成的三级立体结构。动态发酵时 BC 聚合度较低，为 3000～5000；静态发酵时 BC 聚合度相对较高，有时可达 14000～16000，高于一些优质 PC（如木浆纤维为 7000～10000，棉纤维为 13000～14000）的聚合度[6]。

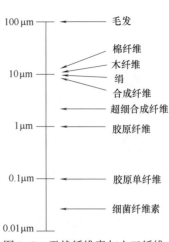

图 1-3　天然纤维素与人工纤维素横断截面直径的对比[5]

BC 具有较高的结晶度，可达 90%，高于普通 PC 的结晶度。

二、高抗张强度和杨氏模量、优良的抗撕拉能力和形状维持能力

静态发酵条件下，BC 的杨氏模量为一般纤维的几倍至十倍以上[7]，抗撕拉能力是同样厚度的聚乙烯和聚氯乙烯膜的 6 倍。此外，用碱性和/或氧化溶液处理 BC 的凝胶状薄膜或干燥薄片可以显著改善其力学性能，得到的 BC 薄片的杨氏模量接近 30 GPa[8]。

三、高持水性

水饱和 BC 膜中水的质量分数可高达 99% 以上，BC 膜实质是一种特殊的水凝胶，可以加工成各种形状[9-10]。

四、超细纤维网状结构和高比表面积

BC 是一种惰性支持物，其独特的超精细网络纤维结构，是由大量高密度的微小纤维相互缠绕而形成，内部有很多大小不均一的"孔道"，具有较高的比表面积，是 PC 的 300 倍。

五、良好的生物可降解性和较高的生物相容性

BC 与 PC 一样，遇到酸性物质、微生物或者纤维素酶的时候，可被直接降解为单糖，不污染环境，并且具有优异的生物体相容性，不会引起排斥反应。

六、生物合成过程中 BC 性能的可调控性

BC 可以制成各种形状，如管状、球状或手套状[11]。在 BC 生物合成过程中，通过条件的调控，可以原位合成一定性能和形状的 BC 产品。

第二节　细菌纤维素的结构

纤维素的结构是组成纤维素高分子的不同尺度的结构单元在空间的相对排列，包括高分子的链结构和聚集态结构。链结构表明了分子链中原子或基团的几何排列情况，又称一级结构，包括结构单元的化学和立体化学结构，以及超分子的大小和构象等。聚集态结构又称二级结构，指的是高分子整体的内部结构，包括晶体结构、非晶体结构、取向态结构、液晶结构，描述了聚集体中分子之间是如何堆砌的。高分子的链结构是反映高分子各种特性的最主要的结构层次，直接影响聚合物的熔点、密度、溶解度、黏度、黏附性等特性；而聚集态结构则是决定高分子化合物制品使用性能的主要因素。

一、分子结构

BC 与 PC 一样，也是一种多分散的线性均聚物，由 β-1，4-糖苷键连接的 D-吡喃葡

萄糖单元（也称为葡萄糖苷单元）组成，其分子通式为（$C_6H_{10}O_5$）$_n$，n 为葡萄糖基的数量，称为聚合度（n），其结构见图 1-4（1）。直链间彼此互相平行，既不呈螺旋结构，也无分支。水解 BC 的最终产物中葡萄糖单体含量高达 90% 以上。如图 1-4（2）所示，相邻的六元糖环的 6 个碳原子在不同平面上，呈现出稳定的椅式立体结构，有利于分子结构的稳定。BC 上的羟基沿着纤维素分子呈平伏状态向外伸出，每个六元糖环（不包括两端）有 3 个游离醇羟基，分别是 C2、C3 上的 2 个仲醇羟基和 C6 上的伯醇羟基。数个邻近的葡萄糖由分子链内和链间的氢键以稳定结构而形成不溶于水的高分子聚合物，其结构见图 1-4（3）。

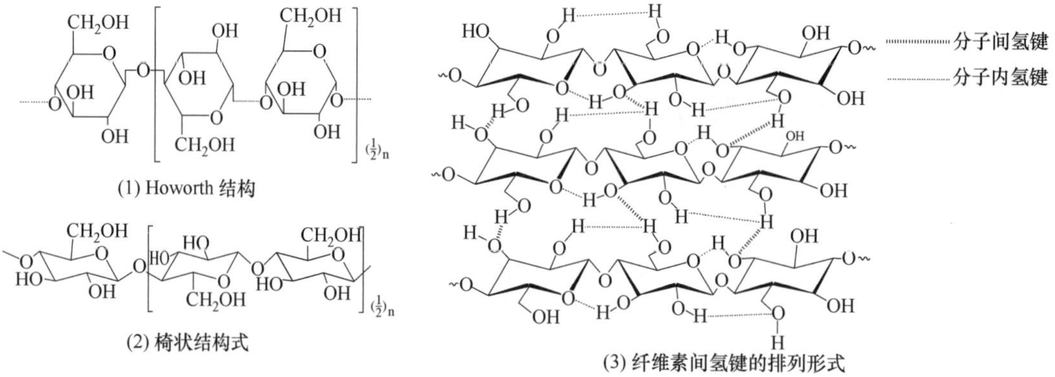

(1) Howorth 结构

(2) 椅状结构式

(3) 纤维素间氢键的排列形式

图 1-4　细菌纤维素的分子结构

二、原纤结构

纤维素是植物细胞壁中主要的结构性成分，占初生细胞壁干重的 15%～30%，占次生细胞壁干重的 40% 左右。在细胞壁中，纤维素以微纤维形式存在，通过氢键作用，纤维素分子链以一定的方式结合成原细纤维[12]。而原细纤维是由更小的亚原细纤维组成。由原细纤维组成的微细纤维则构成了纤维细胞壁的骨架。在微细纤维之间存在着半纤维素和木质素，它们共同组成了细胞壁的细纤维。

与 PC 不同，在微生物合成 BC 过程中，精细的自组装系统合成分子链的过程是一个独特的机制。图 1-5 为细胞膜表面分泌的微纤维的排列和自组装过程[13]。单个木醋杆菌的细胞壁侧有 50～80 个轴向排列的小孔，在适宜条件下，每个细胞每秒可将 200000 个葡萄糖分子以 β-1,4-糖苷键相连接形成糖苷链，从小孔中分泌出来，每 10～15 个葡萄糖苷链相互连接形成直径 1.5nm 的亚纤维（Subfibrils），并随着亚纤维平行向前延伸，相邻的几根亚纤维之间由氢键横向连接，形成直径 3～4nm 的微纤维（Microfibrils）。在微纤维进一步伸长的过程中，由于微纤维间氢键相互连接作用，很多条微纤维合并成一根长度不定，宽度 50～80nm，厚度 6～10nm 的束状纤维（Ribbon-like nanofiber）。这一段相连的纤维素丝带沿着与长轴平行的方向进行无规则的层重叠并伴随着相互交织，形成不规则网状或絮状的多孔结构，形成凝胶状。在合成 BC 的过程中，微生物细胞的运动控制了所分泌

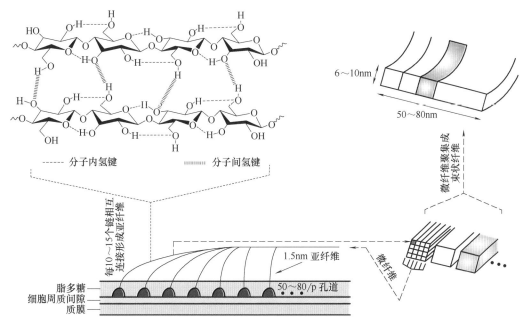

图 1-5 细胞膜表面分泌的微纤维的排列和自组装过程

的微纤维的堆积和排列。通常，微生物细胞在培养液中随机运动并分泌微纤维，从而形成高度发达的超精细的纤维网络结构。

三、聚集态结构

BC 的生物合成过程是按照特定的方式逐级组装的，因而具有超分子结构的特征。聚集态结构是指纤维素分子之间的排列状况及取向结构，具体包括纤维素的结晶区、非结晶区、微晶取向及大小、晶胞的形式及大小、晶胞内分子链的取向及排列形式等。

X 射线检测分析表明，纤维素大分子的聚集体中，一部分的分子排列比较整齐、有规则，呈现较清晰的 X 射线图谱，这部分称为结晶区；另一部分的分子排列不整齐、较松弛，但取向大致与纤维轴平行，这部分称为无定形区。结晶区与无定形区之间没有明显的界线，而是逐渐过渡的，这一过渡区又称为次结晶。由于纤维素分子很长，所以一个纤维素分子可以贯穿几个结晶区、无定形区。至于结晶区与无定形区的比例、结晶的完善程度，均随纤维素的种类而异，且在纤维的不同区域，多少也会有所不同。

纤维素的结晶结构中一般存在 5 种结晶变体，包含纤维素 Ⅰ（属于天然纤维素）、纤维素 Ⅱ、Ⅲ、Ⅳ 和纤维素 X（属于人造纤维素），这 5 种纤维素之间可以互相转化。纤维素结晶体聚集态结构包括立方、正交、单斜、三斜晶系。BC 属于典型的纤维素 Ⅰ 型（分为 I_α 和 I_β）。I_α 型纤维素特征为单个晶胞内有一条纤维素链构成的三斜晶体，而 I_β 型纤维素特征为单个晶胞内有两条纤维素链构成单斜晶体，如图 1-6 所示。在 BC 中 I_α 型的含量高于 I_β 型的。I_β 型纤维素的热力学性能更稳定，经过特定的物理化学处理，I_α 型纤维素会发生不可逆转变，变成 I_β 型。BC 具有较强的生物适应性并且在自然环境中易于降

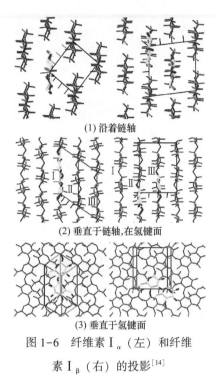

(1) 沿着链轴

(2) 垂直于链轴，在氢键面

(3) 垂直于氢键面

图 1-6　纤维素 I_α（左）和纤维素 I_β（右）的投影[14]

解，这主要归因于在 BC 中 I_α 型纤维素比 I_β 型多，且 I_α 型比 I_β 型的密度低，I_α 型属于一种亚稳态结构。一般在高等植物纤维中，I_β 型纤维素比 I_α 型多，I_α 型只占 30%。

四、分子间的氢键及其影响

由于天然纤维素分子中的每个葡萄糖单元环上，在 C2、C3 和 C6 位上存在 3 个羟基（—OH），羟基上极性很强的氢原子与另一羟基上电负性很强的氧原子上的孤对电子相互吸引，可以形成氢键（—OH…O）。因此，在纤维素大分子之间、纤维素和水分子之间以及纤维素大分子内部，都可以形成氢键。这些氢键对纤维素的结晶性、吸水性、可及性和化学活性等多种特性起着决定性作用。这种分子链间的氢键和范德瓦耳斯力等相互作用力的存在，是导致纤维素难以水解的原因之一。在纤维素晶体表面，水分子与纤维素糖环上的羟基以氢键相连。纤维素表面的这种氢键，在空间上有很强的定位作用：通过氢键键合作用将水分子束缚在纤维素表面，形成高度各向异性的结构，并至少向溶液中延伸 80nm（至少是 3 个水分子的厚度）。而糖环"顶部"有许多非氢键的、憎水的脂肪族质子，使水分子不能靠近这些晶体面。这种水分子层结构可能是纤维素水解的重要障碍。对于酸催化的纤维素水解，水分子层结构可以延缓纤维二糖产物分子从纤维表面的逃逸速度，抑制进一步水解。对于纤维素酶水解，水分子层结构可以延缓酶蛋白向纤维素表面的扩散速度[15]。

第三节　细菌纤维素的性质

一、化学性质

尽管 BC 具有普通纤维素不具有的纳米微结构，其在化学结构上仍属于典型的多糖，具有纤维素的化学性质。在葡萄糖苷结构单元中，位于 C2、C3 的仲醇羟基和位于 C6 的伯醇羟基，可以发生氧化、酯化、醚化等反应，生成醛类、酸类、酯类和醚类等纤维素衍生物，也能与水形成氢键。BC 大分子的两个末端基性质不同，一端是具有还原性的隐性醛基，易于开环转变成醛基，另一端则不具有还原性，因此整个大分子具有极性和方向性。纤维素选择性氧化可以在 C6 位醛基化、羧基化，也可以在 C2 和 C3 之间键分裂得到二醛产物，进而氧化成为二酸，也可以还原为二醇。

BC 的降解是很重要的反应。BC 的化学降解主要通过碱水解、酸水解和氧化完成。小分子溶解于溶剂时，是直接溶解，线型高分子的溶解必须先经过溶胀过程。BC 分子中含有大量的羟基，这些羟基的水化性很大，使 BC 具有吸水溶胀的性质。但是，单靠羟基的水化能力不足以克服分子间强大的氢键或范德瓦耳斯力，所以 BC 在水中溶胀而不是溶解。BC 在酸的作用下，由于葡萄糖苷键对酸的稳定性差，所以可以发生水解，引起大分子断裂，造成聚合度降低。在酸性、碱性条件下，BC 的水解主要是打开纤维素中相邻两葡萄糖单体间的糖苷键。纤维素的氧化降解主要发生在纤维素葡萄糖基环的 C2、C3、C6 的游离羟基位置上。当纤维素分子链氧化到某种程度，随之在 C2 上形成羰基，在随后的碱处理过程中，分子链经由 β-烷氧基消除反应引起降解，糖苷键断开后，形成反应产物，进一步降解形成一系列的有机酸。

二、物理性质

（一）纤维素的吸湿和解吸

纤维素的游离羟基对极性溶剂和溶液具有很强的亲和力。干的纤维素置于大气中，能够从空气中吸收水分或蒸汽，这种现象称为吸湿。当大气中的水蒸气分压降低，纤维素释放出水或水蒸气，称为解吸。在纤维素的无定形区中，链分子中的羟基只能部分地形成氢键，还有部分的羟基仍为游离羟基。由于羟基是极性基团，易于吸附极性的水分子，并与吸附的水分子形成氢键，这就是纤维素吸附水的内在原因。纤维素所吸附的水分分为两部分：一部分是进入了纤维素无定形区与纤维素的羟基形成氢键结合的水，称为"结合水"。当纤维素吸湿达到纤维的饱和点，水分子继续进入纤维的细胞腔和各孔隙中，形成多层吸附水或毛细管水，称为"游离水"。直接烘干获得的 BC 产品不能够直接复水。万同等将去除菌体细胞等杂质的 BC 膜碱化处理，然后进行醚化处理，再将醚化膜进行中和反应，得到羟丙基化的 BC，将此膜干燥后可获得高复水的 BC 膜[16]。

（二）纤维素的润胀和溶解

纤维素纤维吸收润胀剂后，体积变大，分子间的内聚力减少，纤维变软，但仍保持外观形态，此种现象称为润胀。纤维素的润胀剂一般都是极性的，通常水可以作为纤维素的润胀剂，LiOH、NaOH、KOH、H_3PO_4 等也可以导致纤维润胀。结合水的水分子受纤维素羟基的吸引，排列有一定的方向，密度较高，能降低电解质的溶解能力，使冰点下降，并使纤维素发生润胀。纤维素吸附结合水是放热反应，故有热效应产生，但吸附游离水时无热效应，也不能使纤维素发生润胀。纤维素纤维的润胀可分为有限润胀和无限润胀。纤维素吸收润胀剂的量有一定的限度，其润胀程度也一定，称为有限润胀。有限润胀又分为结晶区间的润胀和结晶区内的润胀。在有限润胀中，润胀剂只能到达无定形区和结晶区的表面，纤维素的 X 射线图不会发生变化，称为结晶区间的润胀。润胀剂占领了整个无定形区和结晶区，并形成润胀化合物，形成新的结晶格子，此时纤维素原来的 X 射线图消失，出现了新的 X 射线图，多余的润胀剂不能浸入新的结晶格子中，这种润胀形式称为结晶区内的润胀。除此之外，润胀剂可以浸入纤维素的无定形区和结晶区发生润胀，但并不形成新的润胀化合物，因此对于进入无定形区和结晶区的润张剂的量并无限制。在润胀过程中纤维素原来的 X 射线图逐渐消失，但并不出现新的 X 射线图，最后导致纤维素溶解，称为无限润胀。无限润胀就是溶解，形成溶液。

三、生理功能

一方面，微生物为了保护自己免受外界环境条件影响而合成纤维素。另一方面，为了更好地生存，纤维素产生菌将其自身细胞包裹在其产生的纤维素之中，使菌体细胞能够处在气-液界面，以方便获取氧气和营养[17]。同时，纤维层的黏性和亲水性，有可能提高细胞对不良环境的抗性。在恶劣环境条件下，如紫外线照射 1h 后，由于 BC 的包裹作用，仍有部分细胞能够生存下来，无 BC 保护时，存活率大大降低[18]。另外，BC 可能具有储存能量的功能，如果某种微生物细胞有内切葡聚糖酶存在时，就可以利用 BC[19]。

第四节　研究历史与展望

一、历史沿革

早在 1400 多年前，《齐民要术》中记载的传统食醋酿造过程中，有"数十日，醋成衣沉反更香"之说。这里的"衣"，就是一种凝胶状的膜状物，这可能是最早的有关 BC 的记载[20]。不仅在东方，在旧时的欧洲，酿醋工厂中同样也发现有类似的物质，被称为"Vinegar plant"或"Mother"。Louis Pasteur 描述其为："一种湿润光滑的凝胶状肤类物质……"[21]。而最早知晓菌膜的化学本质是纤维素的是英国人 Brown，1886 年他在静态培养木醋杆菌时，发现在培养液的气-液界面有一层白色凝胶状物质，进行化学与物理方法分析后，发现其化学结构和组成与细胞壁纤维素相同，虽然在这种凝胶状物质中固体部分的含量还不到 1%，但是它几乎是纯的纤维素，不含其他成分。由于其是一种细菌——醋酸菌分泌的胞外产物，因而命名为细菌纤维素[22]。

进入 20 世纪，随着 X 射线衍射技术的出现，人们发现 BC 属于 I 型纤维素，和天然植物的纤维素相同，都是两个纤维二糖单位平行排列于一个晶胞中，而且在干膜中，纤维素分子往往都具有一个特定的平面朝向。电子显微镜的出现，使人们更清楚地了解到 BC 这种持水的凝胶状纤维素是由直径小于 10nm 的微纤维随机组装而成[23]，而细胞壁纤维素则有着更为复杂的结构。用暗场光学显微镜可观察纤维素在木醋杆菌细胞内的合成过程。在无细胞合成 BC 的基础上，实现了无细胞合成纤维素过程的可视化。

1954 年，Hestrin 和 Schramm 创建了用于 BC 合成的模式培养基（H-S 培养基），其中最佳的氮源组合是酵母提取物和胰蛋白胨[24]。

20 世纪 80 年代，明确了木醋杆菌纤维素合酶紧密地结合于原生质膜，1989 年纤维素合酶得到纯化与表征[25]。人们测量了 BC 膜的应变-应力性能，发现其机械性能十分优异，从此 BC 膜作为一种新型材料开始引起人们的关注。由于动物体内缺少能够断裂/水解 β-

1,4-糖苷键的酶，一定程度上限制了 BC 作为组织工程支架在有机体内的降解。如果能够通过人工对 BC 结构进行物理或化学改造，使其在体内降解是可能的。

将 BC 植入老鼠皮下以检测其生物相容性，发现 BC 周围的生物组织无明显发红、水肿或分泌物，无肉眼可见的明显炎症，无组织慢性炎症，无异物反应的迹象，说明 BC 的生物相容性很好[26]。这些工作拓展了 BC 商业化的用途。

最初的 BC 生产菌株多为木醋杆菌（Acetobacter xylinum），在分类学上属于真细菌界，变形菌门（Proteobacteria），变形菌纲（Alphaproteobacteria），红螺菌目（Rhodospirillales），醋酸菌科（Acetobacteraceae），醋杆菌属（Acetobacter）。这是醋酸菌科下的第一个属。1961 年明确了第二个醋酸菌属——葡萄糖杆菌属（Gluconobacter）。1984 年日本学者 Yamada 建议将泛醌类型为辅酶 Q10、可氧化醋酸盐的醋酸菌如 Acetobacter liquefaciens 等划入醋杆菌属中的一个新亚属中，并将其命名为葡萄糖酸醋酸杆菌亚属[27]。1997 年，Yamada 等在分析 16S rRNA 序列和辅酶 Q 类型的基础上，提出应将葡萄糖酸醋酸杆菌由亚属提升为属，并将原本归属于醋杆菌属，但泛醌类型为 Q-10 的几个种划归为葡萄糖酸醋酸杆菌属[28]。根据国际细菌命名法规（International code of nomenclature of bacteria，ICNB）第 64 条规则，将葡萄糖酸醋酸杆菌属由 Gluconoacetobacter 更名为 Gluconacetobacter。进入 21 世纪，随着分子生物学技术的发展，人们对于醋酸菌的认识不断深入，不断有新属、新种的出现。驹形杆菌属（Komagataeibacter）是在 2012 年 Yamada 等提出从葡萄糖酸醋酸杆菌属中划分出来的一个新的属，与醋杆菌属和葡萄糖酸醋酸杆菌属同属于醋酸菌科，是以日本微生物学家 Kazuo Komagata 的姓氏命名[29]。

随着分子生物学技术的进步，人们对于 BC 的生物合成途径、BC 合酶（Bacterial cellulose synthase，BCS，EC 2.4.1.12）及其复合体、相关亚基的结构特征都有了更清楚的认识。日本东京大学 Horinouchi 实验室的学者针对醋酸发酵过程中产醋酸能力的变化，对中间葡萄糖酸醋杆菌（Gluconacetobacter intermedius NCI1051）的群体感应（Quorum sensing，QS）系统进行了较为深入的研究，并发现了三种不同的信号分子[30-32]。

闫林对木葡萄糖酸醋杆菌 SX-1（Gluconacetobacter xylinus SX-1）的群体感应系统进行分析[33]，确定了木葡萄糖酸醋杆菌 SX-1 群体感应系统自诱导剂 N-酰基高丝氨酸内酯 AHLs 类信号分子的存在及具体种类，并证实其在发酵培养中产生了 7 种不同的 AHLs 类信号分子。采用同样方法从木葡萄糖酸醋杆菌 CGMCC 2955（Gluconacetobacter xylinus CGMCC 2955）的发酵培养液中提取并鉴定到 6 种不同的 AHLs 类信号分子，并确定该群体感应系统的类型是类似于费氏弧菌（Vibrio fischeri）的 LuxI/LuxR 型群体感应系统。郑欣桐和叶莉先后以木葡萄糖酸醋杆菌 CGMCC 2955 作为原始菌株，通过分子生物学手段，利用大肠杆菌-木醋杆菌穿梭质粒 pMV24 作为载体，构建群体感应关键基因 luxR 的过表达菌株——木葡萄糖酸醋杆菌-pMV24-luxR[34-35]。通过与对照株相比较，当 luxR 过表达时，该菌大量合成葡萄糖酸，促进嘌呤嘧啶的从头合成途径，抑制了氨基酸代谢，而细胞为了缓解胞内大量酸性物质的合成，大量合成海藻糖以保护细胞。

李晶在研究了不同理化因子对木葡萄糖酸醋杆菌 CGMCC 2955 的趋化性反应的影响基

础上，扩增趋化性基因 cheA，该基因的测序结果经 NCBI 数据库比对显示，CheA 蛋白包含有 GGDEF 结构域，GGDEF 结构域在细菌信号传导系统中发挥重要的作用，它是环二鸟苷酸的重要组成部分，而环二鸟苷酸是木葡萄糖酸醋杆菌产 BC 的激活剂[36]，推测木葡萄糖酸醋杆菌的趋化性与 BC 的合成存在正相关。

Chien 等将含有透明颤菌血红蛋白（Vitreoscilla hemoglobin，VHb）基因的质粒转化入木醋杆菌中，成功表达 VHb 蛋白，不仅提高了 BC 的产量还缩短了细胞的生长周期[37]。刘淼通过外源表达 VHb 和改变培养环境中气相的氧浓度研究了氧对 BC 合成机制的影响，提出了一种在不同生长阶段调节氧浓度来调控 BC 合成的两阶段发酵法[38]，并在进行木葡萄糖酸醋杆菌 CGMCC 2955 基因组序列测定与分析的基础上，通过代谢组和转录组的分析手段，揭示了细胞代谢与基因转录水平的调控模式。

刘伶普等将 λ Red 重组系统和 FLP/FRT 介导的位点特异性重组系统成功地引入木糖驹形杆菌 CGMCC 2955，并应用于葡萄糖脱氢酶（Glucose dehydrogenase，GD）基因 gdh 的敲除，获得了一株无抗性标记基因的重组菌，再结合葡萄糖促扩散蛋白（Glucose facilitator protein，Glf）以及葡萄糖激酶（Glucokinase，GK）的过表达，提高了菌株的 BC 生产能力[39]。

黄龙辉等在木糖驹形杆菌 CGMCC 2955 中构建了 CRISPR/dCas9 系统，利用该系统靶向调控尿苷二磷酸葡萄糖焦磷酸化酶（UDP－glucose pyrophosphorylase，UGPase，EC 2.7.7.9）基因 galU 的表达量，实现了对细菌纤维素结构的一步发酵调控[40]。此外，基于合成生物学领域的主要比赛项目——国际基因工程机器大赛（International genetically engineered machine competition，iGEM），天津科技大学生化工程实验室钟成教授组建了以本科生为主的参赛团队。以邓婷月等为主的参赛团队基于 P_{ASR}（受 pH 调控启动子）和 glsA（产碱基因）在大肠杆菌中构建动态调控 pH 的系统，再将携带该系统的大肠杆菌和木糖驹形杆菌 CGMCC 2955 共培养后，使细菌纤维素的产量提高。参赛团队通过该项目获得了国际基因工程机器大赛 iGEM 金奖。

BC 的规模化生产起源之一是产自东南亚的传统发酵食品——纳塔（Nata）的生产，由于采用当地资源丰富的椰子水或椰汁作为原料，因此，有了新的名字——椰纤果，简称椰果。1995 年，在印尼从事多年 "Nata de coco" 研究和生产的中国台湾商人张明俊博士来到海南，与椰树集团合作成立了海南椰宝食品有限公司，正式开启了国内椰纤果产品的规模化生产，且很快就达到了年产 5000t 的生产量。随后海南从事椰纤果发酵生产的工厂像雨后春笋般涌现，高峰时大大小小的工厂有 80 多家，最高峰产能达到年产 20 万 t 左右。

2001 年成立的海南亿德食品有限公司积极探索椰纤果工业化规模生产的新工艺、新技术，国内独家建造了 15 个控温–控湿发酵车间（100m²/个），实现了严格的菌种制备方法与先采用发酵罐培养大量菌体细胞进而分盘静态发酵的两步发酵法，缩短生产时间，提高了产品得率与产品质量；解决了用机械分片获得不同厚度椰纤果片的问题，为 BC 产品在化妆品行业的应用打下了良好的基础。为了解决原料供应与成本问题，还分别用椰子汁、椰子水、菠萝皮渣、冬瓜汁、甘蔗糖蜜、豆粕水解液、玉米浆等原料进行了工业化生产的实际应用研究；开展了发酵培养液回收重新利用的研究，并获得成功，较大幅度地降低了椰纤果的原料成本，还减少了生产污水的排放。同时针对椰纤果的特殊结构开发出了能在-60℃环境使用的抗冻果粒和能耐200℃环境使用的烘焙果粒，拓宽了椰纤果的应用领域。开发的椰纤果系列产品见图1-7。BC除直接作为椰果食品出售以外，也可以作为食品基料，广泛用于果冻、饮料、糖果、罐头、乳制品等食品工业。

| (1) 椰纤果冰淇淋 | (2) 椰纤果料理 | (3) 椰纤果罐头 |

图1-7　椰纤果系列产品

国外不仅将BC应用于食品工业，而且应用于造纸与医药材料等方面。日本索尼公司开发了一种基于BC的音响振动膜，巴西BioFill生物技术产品公司、美国Xylos公司和德国Lohmann & Rauscher公司相继开发了生物医用敷料。意大利生产的韦乐迪生物纤维素医用敷料在国内也有销售。

关于中国的BC起源，据说是起源于中国渤海，当地有一种传统发酵食品——红茶菌，BC是红茶菌生产的副产物（第八章）。天津科技大学基于二十余年的研究基础，与山东纳美德生物科技有限公司合作，开发了性能优越的生物纤维素创伤敷料（图1-8），该敷料完全可与国外产品媲美。相信随着研究的深入，将会有更多生物医学BC产品得到实际应用。

| (1) 湿膜产品 | (2) 生物纤维素创伤敷料外包装 | (3) 干膜产品 |

图1-8　生物纤维素创伤敷料

二、展望

BC 从一个发酵副产物（或从传统的民间发酵食品），逐渐形成了具有几十亿规模的商业化产品。尽管降低 BC 的生产成本是一个值得研究的课题，但是，当需要兼顾环境要求，即绿色工艺生产，还要求低成本生产时，这是富有挑战性的工作。如果能够在发酵过程中原位一次成型，生产具有特定功能的 BC 产品，应是很有意义的工作。进一步寻找，或采用合成生物学方法获得新的 BC 生产菌株，以提高 BC 生产效率是应该肯定的工作。动态发酵过程中易形成絮状的 BC 产物，造成发酵液黏稠、传质阻力加大等问题，如果能够在发酵过程中，利用一定的方法，使悬浮的丝状物有序排布，是否会有一些新的发现？进入智能时代，如何将智能技术与传统 BC 发酵相结合，实现 BC 的智能制造，包括装备与工艺的创新，即 BC 的连续化智能生产也是可选择的方向。另外，通过 BC 合成机制的研究，进而研究其降解过程，有利于深入了解植物纤维在自然界的降解过程。

BC 是一种膳食纤维，1992 年被美国食品药物管理局归为"一般公认为安全"（Generally recognized as safe，GRAS）的范畴。BC 作为食品配方中的一种成分，可提高食品的稳定性，使其能够耐受的 pH 和温度的范围更广，可作为增稠剂、稳定剂和悬浮剂等。BC 除直接作为食品或食品基料以外，随着其保健功能的不断挖掘，其在食品工业中的应用会更加广泛。

BC 的加入可以改善天然植物纤维素的不足，除用于生产声音振动膜材料，还可以生产一些特殊纸张，如防伪纸、更轻更薄的纸张等。

BC 除用于生物医用敷料，在人工血管、人工角膜、组织工程真皮和组织工程软骨等生物医学材料方面的研究，已取得一批优秀的成果。相信在不远的将来，会出现其商业化应用。

在化工与环境工业中，BC 因其独特、优异的性能，在废水处理中发挥着重要的作用。作为一种潜在的生物吸附剂和膜过滤材料，BC 可有效地去除工业废水中的染料、重金属以及实现油水分离。除此之外，BC 还可作为生物传感器、超级电容器材料，吸引了大批研究者。随着研究的深入，基于 BC 的功能材料将应用于实际工业中，为提高企业经济效益，解决实际问题奠定一定的基础。

另外，BC 除用于面膜生产，在日化行业中还可用于护肤霜、指甲油、涂料的增稠剂与强度增加剂。BC 的应用还包括制造可循环使用的婴儿尿布、人造皮革产品、可降解塑料等，以及用于动物细胞培养载体和药物载体等。

参 考 文 献

[1] Brown R. M. Cellulose structure and biosynthesis：what is in store for the 21st century？[J]. Journal of Polymer Science Part A：Polymer Chemistry，2004，42（3）：487-495.

[2] 袁越. 地球生命清单 [J]. 三联生活周刊，2018，22：142.

［3］ Habibi Y., Lucian A., Rojas O. J. Cellulose nanocrystals：chemistry, self-assembly, and applications ［J］. Chemical Reviews, 2010, 110 (6)：3479-3500.

［4］ Klemm D., Sehumann D., Udhardt U. et al. Baeterial synthesized cellulose——artifieial blood vessels for microsurgery ［J］. Progress in Polymer Science, 2001, 26 (9)：1561-1603.

［5］ 吉永文弘. 新素材"バイオセルロ-ス"の製法開発と利用 ［J］. バイオサイエンスとインダストリ, 1996, 54 (5)：22-25.

［6］ E. J. 旺达姆, S. De 贝特斯, A. 斯泰恩比歇尔, 陈代杰, 金飞燕主译. 生物高分子 ［M］. 北京：化学工业出版社, 2004.

［7］ 贾士儒, 欧宏宇, 傅强. 新型生物材料——细菌纤维素 ［J］. 食品与发酵工业, 2001, 27 (1)：54-58.

［8］ Nishi Y., Uryu M., Yamanaka S., et al. The structure and mechanical properties of sheets prepared from bacterial cellulose ［J］. Journal of Materials Science, 1990, 25：2997-3001.

［9］ Wang S., Jiang F., Xu X., et al. Super-strong, super-stiff macrofibers with aligned, long bacterial cellulose nanofibers ［J］. Advanced Materials, 2017, 29 (35)：1702498-1702506.

［10］ Wang S., Li T., Chen C. J., et al. Transparent, anisotropic biofilm with aligned bacterial cellulose nanofibers ［J］. Advanced Functional Materials, 2018, 28 (24)：1707491-1707501.

［11］ 朱会霞. 细菌纤维素纳米复合物的生物合成与应用及 *vgbs*+和 Tn5G 突变子的筛选鉴定 ［D］. 天津：天津科技大学, 2011.

［12］ Abramson M., Shoseyov O., Shani Z. Plant cell wall reconstruction toward improved lignocellulosic production and processability ［J］. Plant Science, 2010, 178 (2)：61-72.

［13］ Huang Y., Zhu C. L., Yang J. Z., et al. Recent advances in bacterial cellulose ［J］. Cellulose, 2014, 21 (1)：1-30.

［14］ Nishiyama Y., Sugiyama J., Chanzy H., et al. Crystal structure and hydrogen bonding system in cellulose I_α, from synchrotron X-ray and neutron fiber diffraction ［J］. Journal of the American Chemical Society, 2003, 125 (47)：14300-14306.

［15］ Watthews J. F., Skopec C. E., Mason P. E., et al. Computer simulation studies of microcrystalline cellulose I_β［J］. Carbohydrate research, 2006, 341 (1)：138-152.

［16］ 万同, 朱勇, 陆金昌, 等. 高复水性细菌纤维素膜的准备方法 ［P］. 2012, CN101591448B.

［17］ Williams W. S., Cannon R. E. Alternative environmental roles for cellulose produced by *Acetobacter xylinum* ［J］. Applied and Environmental Microbiology, 1989, 55 (10)：2448-2452.

［18］ Okamoto T., Yamano S., Ikeaga H., et al. Cloning of the *Acetobacter xylinum* cellulose gene and its expression in *E. coli* and *Zymomonas moobilis* ［J］. Applied Microbiology and Biotechnology, 1994, 42：563-568.

［19］ Sheu F., Wang C. L., Shyu Y. T. Fermentation of *Monascus purpureus* on bacterial cellulose-nata and the color stability of *Monascus*-nata complex ［J］. Journal of Food Science, 2010, 65 (2)：342-345.

［20］ 贾思勰著. 齐民要术 ［M］. 缪启愉, 缪桂龙译注. 上海：上海古籍出版社, 2019.

［21］ Brown R. M. Cellulose and other natural polymer systems：biogenesis, structure, and degradation ［M］. New York：Plenum Press, 1982.

［22］ Brown A. J. On an acetic ferment which forms cellulose ［J］. Journal of the Chemical Society, 1886,

49：432-439.

[23] Franz E. , Schiebold E. Articles on the structure of bacteria cellulosis [J]. Journal Fur Makromoleku-lare Chemie, 1943, 1：4-16.

[24] Hestrin S. , Schramm M. Synthesis of cellulose by *Acetobacter xylinum*. Ⅱ. Preparation of freeze-dried cells capable of polymerizing glucose to cellulose [J]. Biochemical Journal, 1954, 58 (2)：345-352.

[25] Lin F. C. , Brown R. M. Purification of cellulose synthase from *Acetobacter xylinum*, in：cellulose and wood chemistry and technology [M]. New York：John Wiley and Sons, 1989.

[26] Helenius G. , Bäckdahl H. , Bodin A. , et al. *In vivo* biocompatibility of bacterial cellulose [J]. Journal of Biomedical Materials Research, 2006, 76 (2)：431-438.

[27] Yamada Y. , Kondo K. *Gluconoacetobacter*, a new subgenus comprising the acetate-oxidizing acetic acid bacteria with ubiquinone-10 in the genus *Acetobacter* [J]. The Journal of General and Applied Microbiol-ogy, 1984, 30 (4)：297-303.

[28] Yamada Y. , Hoshino K. , Ishikawa T. The phylogeny of acetic acid bacteria based on the partial se-quences of 16S ribosomal RNA：the elevation of the subgenus *Gluconoacetobacter* to the generic level [J]. Bioscience, Biotechnology and Biochemistry, 1997, 61 (8)：1244-1251.

[29] Yamada Y. , Yukphan P. , Vu H. T. L. , et al. Description of *Komagataeibacter* gen. nov. , with proposals of new combinations (*Acetobacteraceae*) [J]. The Journal of General and Applied Microbiolo-gy, 2012, 58 (5)：397-404.

[30] Iida A. , Ohnishi Y. , Horinouchi S. An OmpA family protein, a target of the GinI/GinR quorum-sens-ing system in *Gluconacetobacter intermedius*, controls acetic acid fermentation [J]. Journal of Bacteriolo-gy, 2008, 190 (14)：5009-5019.

[31] Iida A. , Ohnishi Y. , Horinouchi S. Control of acetic acid fermentation by quorum sensing via N-acylho-moserine lactones in *Gluconacetobacter intermedius* [J]. Journal of Bacteriology, 2008, 190 (7)：2546-2555.

[32] Iida A. , Ohnishi Y. , Horinouchi S. Identification and characterization of target genes of the GinI/GinR quorum-sensing system in *Gluconacetobacter intermedius* [J]. Microbiology, 2009, 155 (9)：3021-3032.

[33] 闫林. 一株新的葡萄糖醋杆菌的分离鉴定与其群体感应的初探 [D]. 天津：天津科技大学, 2012.

[34] 郑欣桐. 醋酸杆菌群体感应与直流电场下细菌纤维素合成的初步研究 [D]. 天津：天津科技大学, 2013.

[35] 叶莉. 木醋杆菌群体感应基因 *luxR* 的克隆及其功能分析 [D]. 天津：天津科技大学, 2017.

[36] 李晶. 木葡萄糖酸醋杆菌趋化性的研究与相关基因的表达 [D]. 天津：天津科技大学, 2012.

[37] Chien L. J. , Chen H. T. , Yang P. F. , et al. Enhancement of cellulose pellicle production by consti-tutively expressing vitreoscilla hemoglobin in *Acetobacter xylinum* [J]. Biotechnology Progress, 2006, 22 (6)：1598-1603.

[38] 刘淼. 氧分压和透明颤菌血红蛋白对 *Gluconacetobacter xylinus* 合成细菌纤维素的影响及机制研究 [D]. 天津：天津科技大学, 2018.

[39] Liu L. P. , Yang X. , Zhao X. J. , et al. A lambda red and FLP/FRT-mediated site-specific recombi-

nation system in *Komagataeibacter xylinus* and its application to enhance the productivity of bacterial cellulose [J]. Acs Synthetic Biology, 2020, 9 (11): 3171-3180.

[40] Huang L. H., Liu Q. J., Sun X. W., et al. Tailoring bacterial cellulose structure through CRISPR interference-mediated downregulation of *galU* in *Komagataeibacter xylinus* CGMCC 2955 [J]. Biotechnology and Bioengineering, 2020, 117 (5): 1253-1602.

第二章　细菌纤维素的合成机制

不同种属的微生物合成的细菌纤维素（Bacterial cellulose，BC）在不同环境条件下发挥着重要的作用。对于共生微生物和病原微生物而言，虽然 BC 不是生存所必需的，但却赋予了微生物生存优势。例如，纤维素在共生细菌与植物、动物或真菌宿主之间的相互作用方面起着关键作用。肠沙门菌与其真菌宿主黑曲霉的黏附是通过能够与真菌细胞壁的主要成分甲壳素发生相互作用的纤维素产物介导的[1]。纤维素以生物膜的形式沉积在液体底部，这种膜被称为固体表面伴生生物膜（Surface-associated biofilm，SSAB）。在自然环境中，SSAB 可以促使细菌附着在宿主表面。例如，豆科根瘤菌通过生产纤维素，加强与宿主根细胞的附着能力以进行结瘤[2]。另外，纤维素也可以作为漂浮的生物膜存在于气-液界面（Air-liquid interface，ALI）[3]。对于自然界中的好氧微生物而言，借助漂浮于液面的 BC 膜，可同时获取大气中的氧气和液体培养基中的营养物质。因此，BC 是微生物进化过程中适应环境的有力工具。

第一节　细菌纤维素的生物合成与组装

一、BC 合成途径

钟成等利用假稳态代谢流分析法，绘制了木葡萄糖酸醋杆菌 CGMCC 2955 的中心碳代谢网络通路图（图 2-1）[4]。其中糖酵解途径中的关键酶 6-磷酸果糖激酶（6-Phospho-fructokinase，PFK）活性很低或缺失，其糖类分解代谢以磷酸戊糖途径（Pentose phosphate pathway，PPP）为主，并通过三羧酸循环（Tricarboxylic acid cycle，TCA）产能。以此代谢网络为基础，研究结果表明，木葡萄糖酸醋杆菌 CGMCC 2955 利用葡萄糖生产 BC 的转化率相对以甘油为唯一碳源时的转化率显著下降，这是由于约 40% 的葡萄糖转化为葡萄糖酸，从而使得其 BC 产量相对下降。利用假稳态代谢流法分析木葡萄糖酸醋杆菌 CGMCC 2955 突变株的 BC 产量提高 67% 的原因是其有机酸的合成量仅为出发菌株的一半[5]。

木葡萄糖酸醋杆菌以葡萄糖为碳源合成 BC 的过程包括以下四步反应[6]。一是葡萄糖和 ATP 在葡萄糖激酶（Glucokinase，GK）的作用下，转化为 6-磷酸葡萄糖（Glucose-6-phosphate，G6P）和 ADP。二是 6-磷酸葡萄糖在葡萄糖磷酸变位酶（Phosphomanno-mutase，PGM，EC 5.4.2.2）的作用下转化为 1-磷酸葡萄糖（Glucose-1-phosphate，G1P）[7]。三是 G1P 和尿苷三磷酸（Uridine triphosphate，UTP）在 UGPase 的催化作用下，转化为尿苷-5′-二磷酸葡萄糖（Uridine-5′-diphosphoglucose，UDPG）和焦磷酸（Pyro-

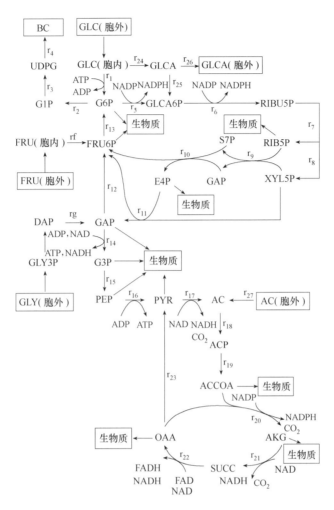

图 2-1　木葡萄糖酸醋杆菌 CGMCC 2955 的中心碳代谢网络通路图

FRU：果糖；GLY：甘油；AC：醋酸；GLC：葡萄糖；G6P：6-磷酸葡萄糖；G1P：1-磷酸葡萄糖；UDPG：尿苷-5′-二磷酸葡萄糖；RIBU5P：5-磷酸核酮糖；XYL5P：5-磷酸木酮糖；RIB5P：5-磷酸核糖；G3P：3-磷酸甘油酸酯；S7P：7-磷酸景天庚酮糖；E4P：赤藓糖-4-磷酸；OAA：草酰醋酸酯；ACCOA：乙酰辅酶 A；GLY3P：甘油-3-磷酸；DAP：二羟基丙酮磷酸酯；FRU6P：6-磷酸果糖；GAP：3-磷酸甘油醛；PEP：磷酸烯醇式丙酮酸；GLCA：葡萄糖酸；GLCA6P：6-磷酸葡萄糖酸；PYR：丙酮酸；ACP：乙酰磷酸酯；AKG：α-酮戊二酸；SUCC：琥珀酸；r 表示代谢通量。

phosphate，PPi）。产 BC 的原始菌株和其突变菌株相比，UGPase 活性相差 330 倍[8]。UGPase 的催化过程可能是 BC 合成途径中的一个限速步骤。四是 UDPG 在细菌纤维素合酶（Bacterial cellulose synthase，BCS，EC 2.4.1.12）的作用下聚合为 BC（图 2-2）。聚合反应过程需要环二鸟苷酸（Cyclic diguanylic acid，c-di-GMP）作为催化剂[9]。

　　此外，还有一间接途径可合成 BC，即通过戊糖磷酸途径和葡萄糖异生作用合成 BC。间接合成途径的特点是：葡萄糖的异生合成途径与糖酵解过程在某些酶促反应过程中是互逆的两个酶促反应过程。葡萄糖异生作用的前体物质是丙酮酸，其通过己糖葡萄糖激酶、

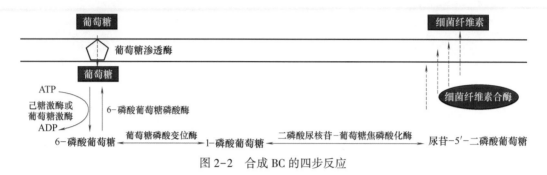

图 2-2　合成 BC 的四步反应

果糖磷酸合成激酶、丙酮酸合成激酶以及相关酶的作用下合成葡萄糖，而糖酵解的过程是分解葡萄糖生成丙酮酸的过程，因此，要进行有效的葡萄糖异生作用，必须抑制糖酵解途径，以防止葡萄糖分解。

二、BC 的组装

BC 是在 BCS 复合体的作用下合成的。BCS 是一种多聚酶复合物，也称为末端复合物（Terminal complex，TC），与细菌表面的孔隙连接（图 2-3）[10]。葡聚糖链聚集在一起并从 TC 上延伸，从而形成亚纤维。BC 的纤维素丝合成速率在 $2\mu m/min$ 左右[11]，而其节点间长度与其倍增时间相关，倍增时间乘以合成速率约等于两个节点间的纤维素丝长度[12]。这些纤维后来组装成微纤维，并进一步组装成紧密的带状物。交织的丝带呈现为由 BC 构成的凝胶膜和薄膜[13]。

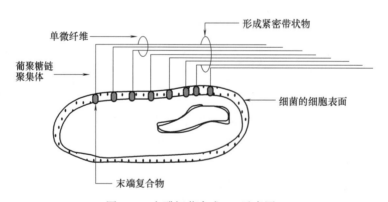

图 2-3　木醋杆菌合成 BC 示意图

BCS 由基因组上的同一个操纵子下的多个基因编码的亚基构成[14-16]。该复合体中的 BCS 亚基 A（BcsA）和 BCS 亚基 B（BcsB）组成了纤维素合成所必需的最小的复合体[17]。该复合体中的其他亚基随物种的不同有所差异。这两个亚基的作用体现在以下两方面：一是调控 BCS 活性；二是将新生 β-D-葡聚糖聚合物输出到细胞表面。Römling 等[9]根据表达 BCS 的操纵子组成的差异，将 BCS 的操纵子分为了四类，并将不同的 BCS 基因进行了统一命名（图 2-4）。在 BCS 操纵子的分类中 I 型操纵子具备 bcsA、bcsB、bcsC 和 bcsD 基因。其中，bcsD 是区别 I 型操纵子和 II 型操纵子的主要特征。II 型操纵子均不具备 bcsD

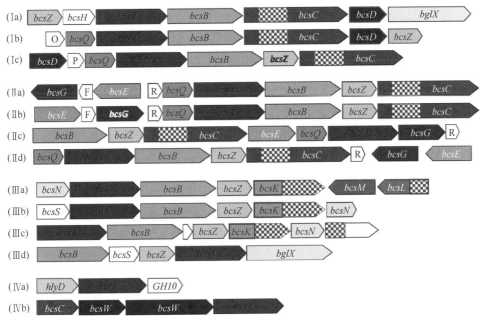

图 2-4　BCS 的四类操纵子

基因。Ⅲ型的 BCS 操纵子包括 *bcsA* 和 *bcsB* 基因，但不包括 *bcsD*、*bcsE* 或 *bcsG* 基因。而Ⅳ型的操纵子主要由具备 *bcsA* 基因但缺乏 *bcsB* 基因的操纵子组成。

BcsA 是 BCS 复合体中的催化亚基，属 GT-2 糖基转移酶类，共包含八个跨膜螺旋[18-19]。其中 GT 结构域位于 C 末端，与之相邻的还有接受 c-di-GMP 信号的 PilZ 结构域。由于 c-di-GMP 属于次级信号分子，受到环境因素（如光照强度、氧浓度、细胞密度）的调控。因此，BC 的合成也随环境条件的变化而发生变化。而在木葡萄糖酸醋杆菌中负责降解 c-di-GMP 的磷酸二酯酶（Phosphodiesterase，PDE）和负责合成 c-di-GMP 的二鸟苷酸环化酶（Diguanylate cyclase，DGC）均受到氧浓度的调控，因此木葡萄糖酸醋杆菌合成 BC 的过程受到环境中氧浓度的调控。

BcsB 是一种圆顶状、富含 β 链的周质蛋白，通过羧基端的跨膜螺旋锚定在内膜上，另一端与 BcsA 的 C 末端跨膜螺旋相互作用[19]。在某些物种中，BcsA 和 BcsB 被融合为单一的多肽，这支持了 BcsB 是纤维素合成所必需的遗传学观察结果。两个两亲性螺旋进一步稳定了 BcsB 与 BcsA 和周质水-膜界面的相互作用。BcsB 进入周质部分大约 6×10^{-9} m，用其 N 末端的一半（氨基酸 54-307）形成远端部分。虽然 BcsB 的序列具有多样性，但该蛋白的 CBD1 中的 His 159、Arg 160、Ile 161、Leu 171 和 Trp 172 是保守序列。CBD1 与碳水化合物结合，表明该区域与转位的葡聚糖相互作用[19]。

BcsC 是一种周质蛋白，其 N 端 α-螺旋部分由多个四肽重复序列结构域组成，而 C 端部分由外膜蛋白 β 桶形结构组成。有研究认为，BcsC 的 N 端部分与肽聚糖以及其他 Bcs 组分相互作用，而 C 末端 β 桶形结构域可能位于外膜，是引导新生葡聚糖分泌到胞外的通道[9]。Wong 等报道称 BcsC 对于体内合成纤维素是必需的，而体外合成 β-1，4-葡聚糖则不需要 BcsC[15]。这可能是由于 BcsC 在细胞膜表面形成孔洞从而承担着使纤维素分泌到胞外的作用[16]。研究显示，*bcsC* 基因不同位点的突变会导致菌株生产的纤维素丝直径不同，或不再生产 BC[20]。

bcsC 基因的插入失活会导致细胞失去合成纤维素的能力[15]，而 *bcsD* 的插入失活却并未让细胞失去合成纤维素的能力。这说明 *bcsD* 并不是合成 BC 所必需的。BcsD 呈圆柱形状，在壁上有一个右旋的二聚体，从而形成了一个功能性八聚体亚基，此结构说明 BcsD 为葡聚糖链的分泌提供了通道[21]。此外，通过敲除 *bcsD* 基因可使纤维素的产量下降 40%，但突变株可同时生成 I 型和 II 型纤维素，表明 BcsD 亚基主要控制纤维素到纳米纤维丝的结晶过程[15-16]。

在木葡糖酸醋杆菌中，BCS 操纵子位点的上下游还存在三个与纤维素合成相关的基因（*bcsZ*，*bcsH* 和 *bglX*）。*bcsZ* 和 *bglX* 基因的产物分别为内切葡聚糖酶和 β-葡萄糖苷酶。尽管这些酶的作用并不是合成纤维素，而是水解 β-D-葡聚糖。然而有研究显示 *bglX* 的突变菌株的纤维素产量并没有得到相应的提升，反而下降[22]。因此推测这两种酶的作用可能是降解那些由于没有被排出胞外而在胞内累积的 β-D-葡聚糖，进而解除胞内 β-D-葡聚糖累积而对细胞造成的毒害作用。在 Römling 等对 BCS 基因进行统一命名之前的 *bcsH* 名称为 ccpA（Cellulose-complementing protein A），即纤维素补充蛋白基因。研究显示，*bcsH* 除了能够影响 *bcsB* 和 *bcsC* 基因的表达，还与 BcsD 相互作用，进而参与葡聚糖的结晶过程[9,23-25]。

除了上述提到的合成 BC 相关的基因外，在不同微生物中还存在其他与 BC 合成相关的基因。虽然其中大部分基因的功能已经被注释，但仍有部分基因的功能仍未被注释。表 2-1 是不同 BCS 操纵子基因表达产物及其功能注释。

表 2-1 　　　　　　　　　　不同 BCS 操纵子基因表达产物及其功能注释

蛋白名	同义名	操纵子类型	功能注释
BcsA	YhjO，CelA	I，II，III，IV	BCS 亚基 A
BcsB	YhjN，CelB	II，II，III	BCS 亚基 B(周质蛋白)
BcsC	YhjL，BcsS	I，II	BCS 亚基 C，跨周质和外膜蛋白
BcsD	CesD，AcsD	I	BCS 亚基 D(周质蛋白)
BcsE	YhjS	II	BCS 亚基 E，与 c-di-GMP 结合
BcsF	YhjT	II	膜锚定亚基,包括 1 重跨膜螺旋
BcsG	YhjU	II	包含 4 重跨膜螺旋和位于细胞周质的碱性磷酸激酶结构域
BcsQ	YhjQ，WssA	I，II	ParA/MinD 相关的 NTP 酶,可将 BCS 定位在细胞极点
BcsR	YhjR	II	疑似调控纤维素合成亚基
BcsZ	CelA，CelC，YhjM	I，II，III	β-1,4-葡聚糖内切酶(纤维素酶),位于细胞周质
BcsH	CcpA，ORF2	I a	纤维素补充蛋白 A,醋酸杆菌中特有
BcsK	CelG	III	疑似与肽聚糖相互作用
BcsL	CelD	III a	乙酰转移酶
BcsM	CelE	III a	锌依赖性酰胺水解酶,可能使修饰的葡萄糖残基脱酰基

续表

蛋白名	同义名	操纵子类型	功能注释
BcsN	—	Ⅲ	存在于周质空间并锚定在膜上,为 α-变形杆菌特有
BcsO	—	Ⅰb	肠细菌的Ⅰb BCS 操纵子中所特有
BcsP	—	Ⅰc	仅存在于b细菌型Ⅰc BCS 操纵子
BcsS	CelA,CelC,YhjM	Ⅰ,Ⅱ,Ⅲ	内源性 β-1,4-葡聚糖酶(纤维素酶)
BcsT	—	Ⅲ	具有胞质糖基转移酶结构域的膜蛋白(8TM)
BcsU	CelJ	Ⅲ	根瘤菌特有的一种未知的纤维素合成相关蛋白
BcsV	CelK	Ⅲ	β-甘露聚糖酶,根瘤菌所特有
BcsW	—	Ⅳ	纤维素合成相关的一种周质蛋白
BcsX	WssF	—	疑似纤维素脱酰基酶
BcsY	—	—	膜蛋白(10TM),可能是纤维素酰化酶
BglX	BglXa	Ⅰa	β-葡萄糖苷酶,糖基水解酶家族3,胞外分泌

第二节　细菌纤维素生物合成的调控

BC 合成是一个复杂的生化过程,受到多水平、多因素的调控。1985 年,Ross 等发现在木醋杆菌细胞中存在一种鸟苷酰寡核苷酸对 BCS 的活性有调节作用,1987 年证实了这种物质为 c-di-GMP,1990 年提出了纤维素合成的 c-di-GMP 调控体系[26]。之后的研究表明,c-di-GMP 作为二级信号分子,其在不同的生物中的水平受光[27]、氧[28]等环境信号的调控。除此之外,环境的 pH[29] 以及细胞间的群体感应[30] 也会影响 BC 的合成。

一、氧对木葡萄糖酸醋杆菌合成 BC 的调控

作为严格好氧微生物,木葡萄糖酸醋杆菌需要时刻感受环境中氧浓度的变化,以调整自身代谢来适应环境。在液体环境中,木葡萄糖酸醋杆菌借助生成的 BC 使自己漂浮在液面,来获得足够的氧以满足自身的生长与代谢,并且,静态发酵条件下合成的 BC,其气相面层和液相面层的微观结构是不同的。气相面层的 BC 较为平滑,且纤维束交织密集;而液相面层的 BC 则呈絮状结构,纤维束排布相对疏松。当环境中氧的浓度满足细菌生长繁殖时,氧的浓度就不再是限制因素。进一步提高氧的供给,将减缓 BC 的合成,将环境中的碳源更多地用于菌体的生长、繁殖。有研究者试图通过充气法提高培养基中的溶氧值以增加纤维素产量。然而,随着溶氧值的增加纤维素的产量减少了 50%,而葡萄糖酸的产量有所增加。Yang 等通过添加羧甲基纤维素降低培养基中的溶氧值,发现适于纤维素合成的溶氧值存在阈值,超过该阈值都将导致纤维素产量的下降[31]。Wu 等通过鼓泡式生产设备增加溶氧值,也发现纤维素的产量并非随着溶氧值的增加而线性提高。以上结果均表明,木葡萄糖酸醋杆菌生长环境的氧调控,对 BC 的微观结构和性能至关重要[32]。

在细胞感受环境氧信号的过程中,c-di-GMP 在细胞内可以作为次级信号分子,将信号传递给细胞,使细胞的代谢与环境中氧浓度的变化相适应。c-di-GMP 通常会通过参与鞭毛、胞外分泌物、BC 等与细胞运动相关蛋白活性的调控,进而调控细胞的运动能力。

在自然界中，微生物为了获取生存所必需的元素如光、氧气、营养物质等，进化出了趋化性、趋光性等性状。这些性状往往通过信号的输入和传递，最终调控细胞的运动能力来实现。在不同物种中调控 c-di-GMP 浓度的环境因素有所差异。体外实验发现，c-di-GMP 是 BCS 的变构激活剂，其中 BcsA-BcsB 复合体以可逆方式与 c-di-GMP 相结合，并且在纤维素生物合成过程中没有 c-di-GMP 参与的时候，BCS 将失去活性[33]。而藻类等光能自养型微生物中，c-di-GMP 浓度随环境中光照强度和波长发生变化，当环境中光照满足细胞进行光合作用的时候，细胞中 c-di-GMP 浓度上升，细胞合成 BC 的能力增强；当环境中光照不满足细胞生长的时候，情况则相反[34]。c-di-GMP 途径调节 BC 合成机制如图 2-5 所示。

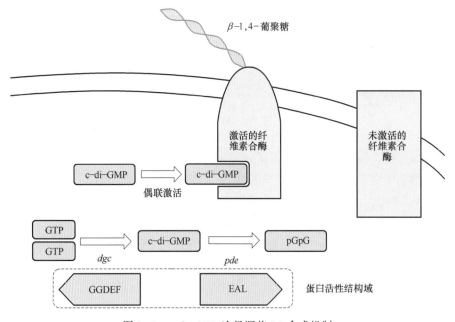

图 2-5　c-di-GMP 途径调节 BC 合成机制

在木葡萄糖酸醋杆菌中，c-di-GMP 可以分别被 DGC 和 PDE 合成和降解[33]。根据蛋白活性位点的保守残基，通常称 DGC 蛋白为 GGDEF 结构域蛋白，PDE A 蛋白为 EAL 结构域蛋白（图 2-5）。负责催化 c-di-GMP 降解的 PDE，包括 PDE A 和 PDE B 两种酶。DGC 和 PDE A 的 N 末端均包含对氧敏感的结构域（Oxygen-sensing domain）。纤维素的生物合成可以由于 DGC 和 PDE 这两种酶的作用而终止。另外，高浓度的 Ca^{2+} 对 PDE A 的活性存在抑制作用，但对 PDE B 无影响。两个鸟苷三磷酸分子在 DGC 催化作用下，释放出一分子 PPi 后转变为线性二核苷酸三磷酸 pppGpG，随后再释放出一分子的 PPi，形成 c-di-GMP。与此同时，PPi 迅速分解生成 Pi。表达产生 DGC 和 PDE A 的相关基因位于三个有明显区别又高度同源的操纵子上，即 cdg1、cdg2 和 cdg3[35]。在每个 cdg 操纵子中皆存在一个 pdeA 基因位于一个 cdg 基因的上游。此外，cdg1 包含两个附加的旁侧基因（Flanking genes）：cdg1a 和 cdg1d。其中，cdg1a 基因编码合成转录活化因子（Transcriptioanal activator）。据分析，DGC 和 PDEA 的 C 末端有一个相同的氨基酸序列结构。这个结构由两个长结构域组成，这些结构域也出现在许多功能未知的细菌蛋白质中。在这些 cdg 操纵子中，

*cdg*1 对 DGC 和 PDEA 的活性有 80% 的影响，而 *cdg*2 和 *cdg*3 仅分别占 15% 和 5%。

血红蛋白在高等真核生物中的主要功能是携氧。而目前为止，血红蛋白在原核生物中的具体作用尚未完全确定。美国科学家于 20 世纪 70 年代在透明颤菌（*Vitreoscilla*）中首次发现了血红蛋白，并称之为透明颤菌血红蛋白（Vitreoscilla hemoglobin，VHb）。VHb 为同型二聚体，各含有一分子的 b 型血红素[36]。VHb 蛋白在光谱学性质、结构和氧合动力学性质上与真核生物血红蛋白极为相似。研究发现，在不同的环境条件下 VHb 蛋白可呈现还原态、氧合态和氧化态三种不同的状态，且可以相互转化。其中还原态是生理活性态，此时 VHb 蛋白的铁原子处于亚铁状态，可与环境中的氧可逆性结合；氧合态是还原态和氧化态间的过渡态，由 VHb 与氧结合形成，是富氧条件下的表现形式，VHb 蛋白氧合态的形成是其发挥生理功能的必需条件[37]。当氧合态的 VHb 与氧解离时，氧被传递至呼吸链，由此完成携氧任务。呼吸链末端氧化酶活性由此被调节，氧化磷酸化效率提高，从而在低氧条件下调节细胞原有的某些基因的表达和代谢途径流量，使其更有利于菌体细胞的生存及某些目的产物的高效产出。对比 VHb 和其他血红蛋白结合氧的动力学参数可知，VHb 与氧的结合速率常数 $[K_{on} = 78\mu mol/(L \cdot s)]$ 不高，表明 VHb 与其他血红蛋白相似，对氧具有较强的亲和力；但 VHb 与氧解离速率常数（$K_{off} = 5000s^{-1}$）比其他血红蛋白高出上千倍，表明 VHb 更容易释放氧。Khosla 研究表明，在相同的培养条件下，血红蛋白的表达可提高细胞的呼吸强度，降低细胞临界氧浓度，使其在低氧条件下仍然具有生长优势[38]。

VHb 的编码基因为 *vgb*，该基因的天然启动子是一个受氧浓度调控的高效启动子。在低氧条件下能够实现 *vgb* 基因的高效表达，而随着氧含量的提高，启动作用随之减弱。因此，该天然启动子被广泛应用于一些革兰氏阴性菌中，以改善菌体在浓醪培养过程中，因溶氧值降低而出现的菌体生长受限的现象。Chien 等将含有 VHb 蛋白的基因的质粒转化入木醋杆菌中，成功表达 VHb 蛋白，不仅提高了 BC 的产量还缩短了细胞的生长周期[39]。Miao Liu 等测定了 *VHb* 异源表达木葡萄糖酸醋杆菌合成的 BC 物理特性，低氧条件下可显著提高 BC 的密度、杨氏模量和热稳定性[40]。不同氧浓度对 BC 的密度和杨氏模量的影响见图 2-6。

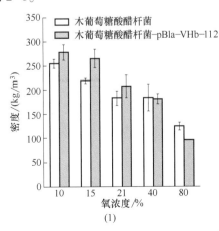
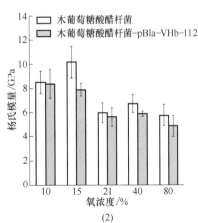

图 2-6　不同氧浓度对 BC 的密度（1）和杨氏模量（2）的影响

二、pH 对木葡萄糖酸醋杆菌合成 BC 的调控

木葡萄糖酸醋杆菌以葡萄糖为碳源时，葡萄糖首先在细胞膜上将葡萄糖转化为葡萄糖酸，再通过转运蛋白将葡萄糖酸转运至胞内进行进一步代谢[41]。在这一过程中，培养基的 pH 会随培养基中葡萄糖酸的增加而降低，当葡萄糖被消耗殆尽，细胞开始将培养基中的葡萄糖酸转运至胞内，并通过 PP 途径代谢，此时培养基中的 pH 开始逐渐回升。在环境 pH 发生变化的时候，细胞可以通过调整细胞膜中脂肪酸组分的含量变化来应对 pH 的变化。在 pH 降低时，醋酸杆菌细胞膜的膜脂组成会发生改变以应对环境中 pH 的变化，这使得其具备极强的耐酸性[42]。

pH 不仅对自然环境中醋酸杆菌生存造成了影响，在 BC 发酵过程中，pH 对菌体的生长和 BC 生成也有较大的影响。木葡萄糖酸醋杆菌发酵生成 BC 的最适初始 pH 在 4.0 ~ 6.0。过低的 pH，不仅影响 BC 的合成，对于菌体的生长与繁殖也会造成影响，例如：延长菌株的延滞期，降低菌体细胞的生长速率等。如果能够通过控制发酵过程中的 pH 进而缩短细胞的延滞期和延长细胞的稳定期，就有可能提高 BC 合成效率，节约发酵成本。

三、群体感应对木葡萄糖酸醋杆菌合成 BC 的调控

Nsalson 等在 1970 年报道了海洋费氏弧菌（*Vibrio fischeri*）的菌体密度与一种夏威夷鱿鱼的生物发光能力成正相关，该现象受细菌的群体感应系统所调节。细菌在生长繁殖过程中会不断生成一种自体诱导物（Autoinducer，AI）的化学信号分子[43]。它会随着细菌的细胞种群密度不断增加而同步增长，当自体诱导物从细胞内扩散到细胞外，当其在细胞外环境中累积达到一定阈值后开启细胞密度依赖的特定基因表达，这种细菌细胞与细胞间的通讯系统即为群体感应（Quorum sensing，QS）[44]。细菌主要的 QS 信号分子如表 2-2 所示，

表 2-2　　　　　　　　　　　　　细菌主要的 QS 信号分子类别及调控作用

菌种	信号分子	调控生理功能
寡肽类		
枯草芽孢杆菌 （*Bacillus subtilis*）	ADPITRQWGD ERGMT	生物膜形成与抗生素耐受能力
金黄色葡萄球菌 （*Staphylococcus aureus*）	YSTCDFIM ⎸S——C⎸ GVNACSSLF ⎸S——C⎸ YINCDFLL ⎸S——C⎸ YSTCYFIM ⎸S——C⎸	信号逐级传导、α-溶血素、δ-毒素合成、生物膜形成与耐药能力
高丝氨酸内酯类		
费氏弧菌 （*Vibrio fischeri*）	*N*-（3-oxohexanoyl）-HSL	生物体的发光

续表

菌种	信号分子	调控生理功能
斯氏欧文菌 (*Erwinia stewartii*)	*N*-(3-oxohexanoyl)-HSL	荚膜多糖的合成以及细菌毒性
嗜水气单胞菌 (*Aeromonas hydrophila*)	*N*-butanoyl-HSL	蛋白酶合成
根瘤农杆菌 (*Agrobacterium tumefaciens*)	*N*-(3-oxooctanoyl)-HSL	Ti 质粒的接合与转移
铜绿假单胞菌 (*Pseudomonas aeruginosa*)	*N*-(3-oxododecanoyl)-HSL	胞外酶、细菌毒性和生物被膜形成
	N-butyryl-HSL	鼠李糖脂合成
假结核耶尔森菌 (*Yersinia pseudotuberculosis*)	*N*-octanolyl-HSL	细菌运动能力
	AI-2 类	
哈维弧菌 (*Vibrio harveyi*)	呋喃硼酸二酯	生物膜形成
	特殊类	
奇异变形杆菌 (*Proteus mirabilis*)	二酮吡嗪	生物膜形成
铜绿假单胞菌 (*Pseudomonas aeruginosa*)	2-庚基-3-羟基-4-喹啉	绿脓菌素分泌与弹性蛋白酶活性

其调控的生理功能包括生物体的发光、Ti 质粒的接合与转移、生物膜的形成与生长、细菌胞体的分化、抗生素的形成、胞外多糖的生成、病原微生物的毒性、细菌与生物体的共生等[45-47]。由于众多人体或植物病原菌的病理反应受 QS 系统的调控，且许多微生物代谢产物也受到该机制的介导，QS 系统已成为医学、食品科学、生物工程学等多领域的研究热点。

QS 系统首次发现于由海洋费氏弧菌调控的夏威夷鱿鱼的发光现象中，当费氏弧菌的菌体密度达到一定的阈值后，就会诱导发光基因的表达。费氏弧菌的 QS 系统由调控蛋白 LuxR 蛋白、自体诱导物合成酶 LuxI 蛋白和信号分子 *N*-酰基高丝氨酸内酯类化合物（*N*-acylhomoserine lactones，Acyl-HSL 或 AHL）三部分组成，被视为革兰氏阴性菌群体感应的模式系统。图 2-7 中 LuxI 利用胞内的 *S*-腺苷甲硫氨酸（*S*-Adenosylmethionine，SAM）和 Acyl-ACP（酰基-酰基载体蛋白，Acyl-acyl carrier protein）合成信号分子 Acyl-HSL（AHLs 中的一种）。LuxR 作为转录调控蛋白，需要与信号分子 Acyl-ACP 结合后才能够与靶位点结合，进而诱导 RNA 聚合酶与目的基因结合。Acyl-HSL 的转运过程受其在胞内外的浓度调控（当胞外浓度较高时，Acyl-HSL 由胞外被转运至胞内；反之，Acyl-HSL 由胞内被转运至胞外），并且当环境中细胞数量增加时，胞外 Acyl-HSL 的浓度则增加，反之则减少。因此，环境中的 Acyl-HSL 作为信号分子，使细胞能够感应环境中细胞浓度的变化，并通过胞内相应基因表达的变化来做出响应。

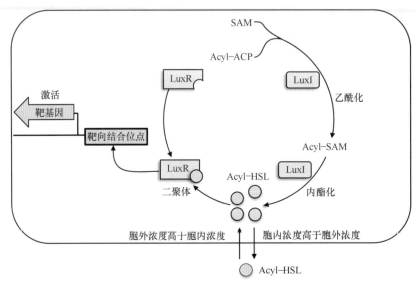

图 2-7 群体感应系统 LuxR/LuxI 调节机制

许多革兰氏阴性细菌的 QS 系统都与费氏弧菌中由 LuxR/LuxI 蛋白调控系统相似，如紫色色杆菌（Chromobacterium violaceum）[48]、铜绿假单胞菌（Pseudomonas aeruginosa）[49-50]、根瘤菌（Rhizobium）、木葡萄糖酸醋杆菌[51] 等。

AI 合成酶 LuxI 蛋白能够合成信号分子 AHLs。LuxI 蛋白酶通过将酰基-酰基载体蛋白（Acyl-acyl carrier protein，Acyl-ACP）的酰基侧链与 SAM 的高半胱氨酸基团特异性结合，形成酰化的高丝氨酸内酯（Homoserine lactone，HSL），随后内酯化形成 AHLs[52]。LuxR 家族蛋白是在信号分子 AHLs 介导的细菌 QS 中一类重要的转录调控蛋白，具有 AI 结合框，能够与信号分子结合并参与细胞之间的感应。LuxR 蛋白 C 端保守的螺旋-转角-螺旋结构可以与目的基因转录调控区 box 序列特异性结合形成二聚体，调控特异基因表达。LuxR 蛋白作为激活子与 DNA 作用会诱导 RNA 聚合酶与目的基因启动子结合[53]。当 AHLs 浓度低于阈值时，N 端序列会抑制 C 端序列与 RNA 聚合酶的结合；当 AHLs 浓度水平较高时，N 端序列与 AHLs 结合，N 端序列解除对 C 端序列的抑制，C 端参与寡聚化并与启动子 DNA 结合[54]。不同属的微生物间的 LuxR 的氨基酸序列差异较大，但 95% 的 LuxR 蛋白的 AHL 结合框结构处具有 6 个保守的氨基酸，分别是 57 位色氨酸（W57）、61 位酪氨酸（Y61）、70 位天冬氨酸（D70）、71 位脯氨酸（P71）、85 位色氨酸（W85）和 113 位甘氨酸（G113）[55]。不同细菌中 LuxR 蛋白具有特殊的 AHLs 酰基结合框，每一种细菌都能对其自身的群体感应信号识别、监控，并做出反应。

不同 AHLs 分子疏水性的高丝氨酸内酯五元环部分高度保守，差异只在于亲水性的酰胺侧链的长度与结构（图 2-8）。酰胺侧链的碳原子数从 4 个到 18 个不等，多为偶数个，奇数仅为 7 碳，并且链上的第 3 位碳原子上具有氢、羟基和羰基取代基，图 2-8 为一些典型的 AHLs 分子结构。当酰胺侧链碳个数在 8 个以内时，AHLs 可穿透磷脂双层膜自由扩散，当侧链大于 10 个碳则需借助于运输载体来转移[56]。

N-酰基高丝氨酸内酯

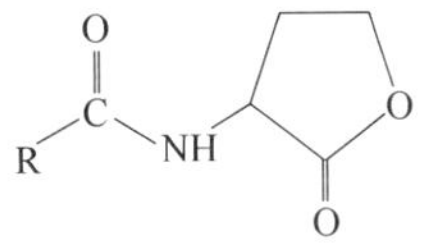

结构	名称	缩写	分子式
$R=CH_3$	N-乙酰基-高丝氨酸内酯	C_2-HSL	$C_6H_9NO_3$
$R=CH_3(CH_2)_2$	N-丁酰基-高丝氨酸内酯	C_4-HSL	$C_8H_{13}NO_3$
$R=CH_3(CH_2)_4$	N-己酰基-高丝氨酸内酯	C_6-HSL	$C_{10}H_{17}NO_3$
$R=CH_3(CH_2)_6$	N-辛酰基-高丝氨酸内酯	C_8-HSL	$C_{12}H_{21}NO_3$
$R=CH_3(CH_2)_8$	N-癸酰基-高丝氨酸内酯	C_{10}-HSL	$C_{14}H_{25}NO_3$
$R=CH_3(CH_2)_{10}$	N-十二烷酰基-高丝氨酸内酯	C_{12}-HSL	$C_{16}H_{29}NO_3$
$R=CH_3(CH_2)_{12}$	N-十四烷酰基-高丝氨酸内酯	C_{14}-HSL	$C_{18}H_{33}NO_3$

N-3-氧代酰基高丝氨酸内酯

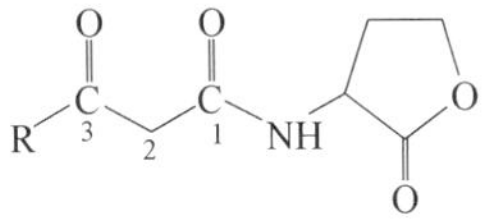

结构	名称	缩写	分子式
$R=CH_3(CH_2)_2$	N-3-氧代乙酰基-高丝氨酸内酯	3-oxo-C_6-HSL	$C_{10}H_{15}NO_4$
$R=CH_3(CH_2)_4$	N-3-氧代辛酰基-高丝氨酸内酯	3-oxo-C_8-HSL	$C_{12}H_{19}NO_4$
$R=CH_3(CH_2)_6$	N-3-癸酰基-高丝氨酸内酯	3-oxo-C_{10}-HSL	$C_{14}H_{23}NO_4$
$R=CH_3(CH_2)_8$	N-3-十二烷酰基-高丝氨酸内酯	3-oxo-C_{12}-HSL	$C_{16}H_{27}NO_4$
$R=CH_3(CH_2)_{10}$	N-3-十四烷酰基-高丝氨酸内酯	3-oxo-C_{14}-HSL	$C_{18}H_{31}NO_4$

图 2-8　AHLs 的基本结构

刘伶普[30]和叶莉等[30,57]以细菌生物传感器为基础的传统生物学方法和现代仪器分析（液相色谱-串联质谱），证实了木葡萄糖酸醋杆菌 SX-1 发酵液中存在群体感应系统自身诱导信号分子 AHL，并且在木葡萄糖酸醋杆菌 SX-1 和木葡萄糖酸醋杆菌 CGMCC 2955 的发酵液中分别检测到 7 种和 6 种 AHL 信号分子，这表明木葡萄糖酸醋杆菌菌株中群体感应系统的存在。根据 AHL 信号分子的类型，确认该系统与海洋费氏弧菌中的 LuxI/LuxR 型群体感应系统相似。Valera 等鉴定出了一种名为 GqqA 的具备干扰群体感应功能的蛋白质[58]。研究表明，当利用 GqqA 蛋白将培养基中的群体感应分子猝灭之后，细菌生产 BC 的能力降低。这说明细菌的群体感应系统可能与 BC 合成相关。因此，为了系统地调控 BC 的生物合成，有必要对木葡萄糖酸醋杆菌中群体感应系统与 BC 的合成间的相关性进行研究。通过群体感应系统控制 BC 的生物合成这一重要问题还需要进一步的研究来阐明。

此外，c-di-GMP 调控的细胞运动、EPS 分泌、BC 等生物膜形成等功能同时受控于群体感应系统，Waters 等发现在霍乱弧菌中，当存在 QS 调节子 HapR 时，QS 系统对生物膜的调节作用依赖于 c-di-GMP[59]。Rahman 等报道了维罗纳气单胞菌（Aeromonas veronii）中 c-di-GMP 的增加可以促进 C4-HSL 信号分子的产生[60]。Kim 等报道了铜绿假单胞菌 QS 中 LasR/LasI 系统通过诱导 DGC 活性来正向调控 c-di-GMP，RhlR/RhlI 系统通过诱导

PDE 活性来负向调节 c-di-GMP 水平，QS 系统与 c-di-GMP 相互交叉调控细胞毒力与生物膜形成[61]。Theodora 等发现霍乱弧菌的 QS 系统中 HapR 蛋白可抑制 c-di-GMP 合成基因的表达，通过促进 c-di-GMP 降解而间接抑制生物膜的形成[62]。由于 HapR 的合成存在时间性，因此这种抑制作用仅存在于高细胞密度时；而低细胞密度时，c-di-GMP 的合成未受到抑制，其浓度增加，可促进霍乱弧菌的多糖合成，进而促进生物膜的形成。这一发现同时证明了在 QS 信号分子未达到阈值时，c-di-GMP 调控着细菌的运动聚集、增殖、营养吸收等生理功能，随着细胞密度增高并到达阈值，QS 系统开始调控生物膜黏附、成熟与分散过程，进而印证了 c-di-GMP 的信号通路并不是孤立的，而是与双组分系统、QS 系统等组成了复杂的信号传递网络，共同介导 BC 等生物膜的形成。

参 考 文 献

［1］ Brandl M. T., Carter M. Q., Parker C. T., et al. *Salmonella* biofilm formation on *Aspergillus niger* involves cellulose –chitin interactions ［J］. Public Library of Science One, 2011, 6 (10)：e25553.

［2］ Daniel P., Isabel M. A., Harold A. P., et al. Responses to elevated c-di-GMP levels in mutualistic and pathogenic plant-interacting bacteria ［J］. Public Library of Science One, 2014, 9 (3)：e91645.

［3］ Hornung M., Ludwig M., Gerrard A. M., et al. Optimizing the production of bacterial cellulose in surface culture：evaluation of substrate mass transfer influences on the bioreaction (Part 1) ［J］. Engineering in Life Sciences 2006, 6 (6)：537-545.

［4］ Zhong C., Zhang G. C., Liu M., et al. Metabolic flux analysis of *Gluconacetobacter xylinus* for bacterial cellulose production. Applied Microbiology and Biotechnology, 2013, 97 (14)：6189-6199.

［5］ Zhong C., Li F., Liu M., et al. Revealing differences in metabolic flux distributions between a mutant strain and its parent strain *Gluconacetobacter xylinus* CGMCC 2955 ［J］. Public Library of Science One, 2014, 9 (6)：e98772.

［6］ Shoda M., Sugano Y. Recent advances in bacterial cellulose production ［J］. Biotechnology and Bioprocess Engineering, 2005, 10 (1)：1-8.

［7］ Brautaset T., Standal R., Fjærvik E., et al. Nucleotide sequence and expression analysis of the *Acetobacter xylinum* phosphoglucomutase gene ［J］. Microbiology, 1994, 140 (5)：1183-1188.

［8］ Valla S., Coucheron D. H., Fjærvik E., et al. Cloning of a gene involved in cellulose biosynthesis in *Acetobacter xylinum*：Complementation of cellulose-negative mutants by the UDPG pyrophosphorylase structural gene ［J］. Molecular and General Genetics MGG, 1989, 217 (1)：26-30.

［9］ Römling U., Galperin M. Y. Bacterial cellulose biosynthesis：diversity of operons, subunits, products, and functions ［J］. Trends in Microbiology, 2015, 23 (9)：545-557.

［10］ Brown R. M., Jr. Emerging technologies and future prospects for industrialization of microbially derived cellulose. Harnessing biotechnology for the 21st Century ［M］. Crystal City, USA：American Chemical Society 1992.

［11］ Brown R. M. Jr., Willison M. J. H., Richardson C. L. Cellulose biosynthesis in *Acetobacter xylinum*：visualization of the site of synthesis and direct measurement of the in vivo process ［J］. Proceedings of the National Academy of Sciences, 1976, 73（12）: 4565-4569.

［12］ Watanabe K., Yamanaka S. Effects of oxygen tension in the gaseous phase on production and physical properties of bacterial cellulose formed under static culture conditions ［J］. Bioscience, Biotechnology, and Biochemistry, 1995, 59（1）: 65-68.

［13］ Klemm D., Schumann D., Udhardt U., et al. Bacterial synthesized cellulose -Artificial blood vessels for microsurgery ［J］. Progress in Polymer Science, 2001, 26（9）: 1561-1603.

［14］ Umeda Y., Hirano A., Ishibashi M., et al. Cloning of cellulose synthase genes from *Acetobacter xylinum* JCM 7664: implication of a novel set of cellulose synthase genes ［J］. DNA research, 1999, 6（2）: 109-115.

［15］ Wong H. C., Fear A. L., Calhoon R. D., et al. Genetic organization of the cellulose synthase operon in *Acetobacter xylinum* ［J］. Proceedings of the National Academy of Sciences, 1990, 87, 8130-8134.

［16］ Saxena I. M., Kudlicka K., Okuda K., et al. Characterization of genes in the cellulose-synthesizing operon（*acs* operon）of *Acetobacter xylinum*: implications for cellulose crystallization ［J］. Journal of Bacteriology 1994, 176（18）: 5735-5752.

［17］ Omadjela O., Narahari A., Strumillo J., et al. BcsA and BcsB form the catalytically active core of bacterial cellulose synthase sufficient for in vitro cellulose synthesis ［J］. Proceedings of the National Academy of Sciences, 2013, 110（44）: 17856-17861.

［18］ Imai T., Sun S. j., Horikawa Y., et al. Functional reconstitution of cellulose synthase in *Escherichia coli* ［J］. Biomacromolecules, 2014, 15（11）: 4206-4213.

［19］ Morgan J. L. W., Strumillo J., Zimmer J. Crystallographic snapshot of cellulose synthesis and membrane translocation ［J］. Nature, 2012, 493, 181-186.

［20］ Taweecheep P., Naloka K., Matsutani M., et al. Superfine bacterial nanocellulose produced by reverse mutations in the *bcsC* gene during adaptive breeding of *Komagataeibacter oboediens* ［J］. Carbohydrate Polymers, 2019, 226（15）: 15243.

［21］ Hua S. Q., Gao Y. G., Tajima K., et al. Structure of bacterial cellulose synthase subunit D octamer with four inner passageways ［J］. Proceedings of the National Academy of Sciences, 2010, 107（42）: 17957-17961.

［22］ Standal R., Iversen T. G., Coucheron D. H., et al. A new gene required for cellulose production and a gene encoding cellulolytic activity in *Acetobacter xylinum* are colocalized with the *bcs* operon ［J］. Journal of Bacteriology, 1994, 176（3）: 665 672.

［23］ Deng Y., Nagachar N., Xiao C. W., et al. Identification and characterization of non-cellulose-producing mutants of *Gluconacetobacter hansenii* generated by Tn5 transposon mutagenesis ［J］. Journal of Bacteriology, 2013, 195（22）: 5072-5083.

［24］ Sunagawa N., Fujiwara T., Yoda T., et al. Cellulose complementing factor（Ccp）is a new member of the cellulose synthase complex（terminal complex）in *Acetobacter xylinum* ［J］. Journal of Bioscience & Bioengineering, 2013, 115（6）: 607-612.

［25］ Nakai T., Sugano Y., Shoda M., et al. Formation of highly twisted ribbons in a garboxymethylcellulase gene-disrupted strain of a cellulose-producing bacterium ［J］. Journal of Bacteriology, 2013, 195（5）:

958-964.

[26] Ross P. , Mayer R. , Weinhouse H. , et al. The cyclic diguanylic acid regulatory system of cellulose synthesis in *Acetobacter xylinum* [J]. Journal of Biological Chemistry, 1990, 265 (31): 18933-18943.

[27] Savakis P. , Causmaecker S. D. , Angerer V. , et al. Light-induced alteration of c-di-GMP level controls motility of *Synechocystis sp.* PCC 6803 [J]. Molecular microbiology, 2012, 85 (2): 239-251.

[28] Tuckerman J. R. , Gonzalez G. , Sousa E. H. S. , et al. An oxygen-sensing diguanylate cyclase and phosphodiesterase couple for c-di-GMP control [J]. Biochemistry, 2009, 48 (41): 9764-9774.

[29] Hwang J. W. , Yang Y. K. , Hwang J. K. , et al. Effects of pH and dissolved oxygen on cellulose production by *Acetobacter xylinum* BRC5 in agitated culture [J]. Journal of Bioscience and Bioengineering, 1999, 88 (2): 183-188.

[30] Liu L. P. , Huang L. H. , Ding X. T. , et al. Identification of quorum-sensing molecules of N-acyl-homoserine lactone in *Gluconacetobacter* strains by liquid chromatography-tandem mass spectrometry [J]. Molecules, 2019, 24 (15): 2694.

[31] Yang Y. K. , Park S. H. , Hwang J. W. , et al. Cellulose production by *Acetobacter xylinum* BRC5 under agitated condition [J]. Journal of Fermentation and Bioengineering, 1998, 85 (3): 312-317.

[32] Wu S. C. , Li M. H. Production of bacterial cellulose membranes in a modified airlift bioreactor by *Gluconacetobacter xylinus* [J]. Journal of Bioscience and Bioengineering, 2015, 120 (4): 444-449.

[33] Ross P. , Weinhouse H. , Aloni Y. , et al. Regulation of cellulose synthesis in *Acetobacter xylinum* by cyclic diguanylic acid [J]. Nature, 1987, 325 (15): 279-281.

[34] Kawano Y. , Saotome T. , Ochiai Y. , et al. Cellulose accumulation and a cellulose synthase gene are responsible for cell aggregation in the cyanobacterium *Thermosynechococcus vulcanus* RKN [J]. Plant and cell physiology, 2011, 52 (6): 957-966.

[35] Tal R. , Wong H. C. , Calhoon R. , et al. Three *cdg* operons control cellular turnover of cyclic di-GMP in *Acetobacter xylinum*: Genetic organization and occurrence of conserved domains in isoenzymes [J]. Journal of Bacteriology, 1998, 180 (17): 4416-4425.

[36] Tyree B. , Webster D. A. The binding of cyanide and carbon monoxide to cytochrome o purified from *Vitreoscilla*. Evidence for subunit interaction in the reduced protein [J]. Journal of Biological Chemistry, 1978, 253 (19): 6988-91.

[37] Ramandeep, Hwang K. W. , Raje M. , et al. *Vitreoscilla hemoglobin*. Intracellular localization and binding to membranes [J]. Journal of Biological Chemistry, 2001, 276 (27): 24781-24789.

[38] Kunze M. , Huber R. , Gutjahr C. , et al. Predictive tool for recombinant protein production in *Escherichia coli* Shake-Flask cultures using an on-line monitoring system [J]. Biotechnology Progress, 2012, 28 (1): 103-113.

[39] Chien L. J. , Chen H. T. , Yang P. F. , et al. Enhancement of cellulose pellicle production by constitutively expressing *vitreoscilla hemoglobin* in *Acetobacter xylinum* [J]. Biotechnology Progress, 2006, 22 (6): 1598-603.

[40] Liu M. , Li S. Q. , Xie Y. Z. , et al. Enhanced bacterial cellulose production by *Gluconacetobacter xylinus* via expression of *Vitreoscilla hemoglobin* and oxygen tension regulation [J]. Applied Microbiology and Biotechnology, 2018, 102 (3): 1155-1165.

［41］　Matsushita K．，Ameyama M．D－Glucose dehydrogenase from *Pseudomonas fluorescens*，membrane－bound．Methods in Enzymology［M］．Cambridge，USA：Academic Press inc．，1982．

［42］　Trcek J．，Jernejc K．，Matsushita K．The highly tolerant acetic acid bacterium *Gluconacetobacter europaeus* adapts to the presence of acetic acid by changes in lipid composition，morphological properties and PQQ－dependent ADH expression［J］．Extremophiles．，2007，11：627－635．

［43］　Nealson K．H．，Platt T．，Hastings J．W．Cellular control of the synthesis and activity of the bacterial luminescent system［J］．Journal of Bacreriology，1970，104（1）：313－322．

［44］　Kaur A．，Capalash N．，Sharma P．Quorum sensing in thermophiles：prevalence of autoinducer－2 system［J］．BioMed Central Microbiology Microbiology，2018，18（1）：62－77．

［45］　Wu S．B，Liu J．h．，Liu C．J．，et al．Quorum sensing for population－level control of bacteria and potential therapeutic applications［J］．Cellular and Molecular Life Sciences，2020，77（7）：1319－1343．

［46］　Shrestha A．，Grimm M．，Ojiro I．，et al．Impact of quorum sensing molecules on plant growth and immune system［J］．Frontiers in Microbiology，2020，11，1545．

［47］　Evans E．K．C．，Benomar S．，Camuy－Vélezl L．A．，et al．Quorum－sensing control of antibiotic resistance stabilizes cooperation in *Chromobacterium violaceum*［J］．The International Society for Microbial Ecology Journal，2018，12（5）：1263－1272．

［48］　Morohoshi T．，Fukamachi K．，Kato M．，et al．Regulation of the violacein biosynthetic gene cluster by acylhomoserine lactone－mediated quorum sensing in *Chromobacterium violaceum* ATCC 12472［J］．Bioscience，Biotechnology，and Biochemistry，2010，74（10）：2116－2119．

［49］　Liu H．Y．，Gong Q．H．，Luo C．Y．，et al．Synthesis and biological evaluation of novel L－Homoserine lactone analogs as quorum sensing inhibitors of *Pseudomonas aeruginosa*［J］．Chemical and Pharmaceutical Bulletin（Tokyo），2019，67（10）：1088－1098．

［50］　Yu Z．L．，Yu D．L．，Mao Y．F．，et al．Identification and characterization of a LuxI／R－type quorum sensing system in *Pseudoalteromonas*［J］．Research in Microbiology，2019，170（6－7）：243－255．

［51］　Liu M．，Liu L．P．，Jia S．R．，et al．Complete genome analysis of *Gluconacetobacter xylinus* CGMCC 2955 for elucidating bacterial cellulose biosynthesis and metabolic regulation［J］．Scientific Reports，2018，8（1）：6266．

［52］　张天震，刘伶普，李文超，等．群体感应系统介导细菌生物膜形成的研究进展［J］．生物加工过程，2020，18（02）：177－183．

［53］　Tang R．，Zhu J．L．，Feng L．F．，et al．Characterization of LuxI／LuxR and their regulation involved in biofilm formation and stress resistance in fish spoilers *Pseudomonas fluorescens*［J］．International Journal of Food Microbiology，2019，297：60－71．

［54］　Fuqua C．，Greenberg E．P．Listening in on bacteria：acyl－homoserine lactone signalling［J］．Nature Reviews Molecular Cell Biology，2002，3（9）：685－695．

［55］　Whiteley M．，Diggle S．P．，Greenberg E．P．Corrigendum：progress in and promise of bacterial quorum sensing research［J］．Nature，2018，555（7694）：126．

［56］　Silva D．P．D．，Schofield M．C．，Parsek M．R．，et al．An update on the sociomicrobiology of quorum sensing in gram－negative biofilm development［J］．Pathogens，2017，6（4）：51－59．

［57］ 叶莉. 木醋杆菌群体感应基因 luxR 的克隆及其功能分析 ［D］. 天津：天津科技大学，2017.

［58］ Valera M. J. , Mas A. , Streit W. R. , et al. GqqA, a novel protein in *Komagataeibacter europaeus* involved in bacterial quorum quenching and cellulose formation ［J］. Microbial Cell Factories, 2016, 15：88.

［59］ Waters C. M. , Lu W. Y. , Rabinowitz J. D. , et al. Quorum sensing controls biofilm formation in *Vibrio cholerae* through modulation of cyclic di−GMP levels and repression of vpsT ［J］. Journal of Bacteriology, 2008, 190 (7)：2527−2536.

［60］ Rahman M. , Simm R. , Kader A. , Basseres E. , et al. The role of c−di−GMP signaling in an *Aeromonas veronii* biovar sobria strain ［J］. Federation of European Microbiological Societies Microbiology Letters, 2007, 273 (2)：172−179.

［61］ Kim B. , Park J. S. , Choi H. Y. , et al. Terrein is an inhibitor of quorum sensing and c−di−GMP in *Pseudomonas aeruginosa*：a connection between quorum sensing and c−di−GMP ［J］. Scientific Reports, 2018, 8：8617.

［62］ Theodora N. A. , Dominika V. , Waturangi D. E. Screening and quantification of anti−quorum sensing and antibiofilm activities of phyllosphere bacteria against biofilm forming bacteria ［J］. BioMed Central Research Notes, 2019, 12 (1)：732−736.

第三章 细菌纤维素的发酵生产

细菌纤维素（Bacterial cellulose，BC）主要采用静态发酵法生产。静态发酵（Static fermentation，SF）法是指将 BC 生产菌株接种到装有发酵培养基的培养装置中，静态发酵合成 BC 的发酵方法。虽然，静态发酵法具有过程简单、设备投资小等优点，但在标准化生产时，发酵过程的精确控制难度大，也不适合一些特定产品的生产。此时，在获得优良的 BC 生产菌株的基础上，也可采用动态发酵（Dynamic fermentation，DF）等方法进行 BC 生产。

第一节 细菌纤维素生产菌株

最初报道的 BC 生产菌株多为醋酸菌，属醋杆菌属。1998 年我们从中国传统食醋醋醅中筛选出一株合成 BC 的菌株——木醋杆菌 X-2（*Acetobacter xylinum* X-2）。依据当时的醋酸菌分类命名的变化[1-3]，该菌株更名为木葡萄糖酸醋杆菌 CGMCC 2955（*Gluconacetobacter xylinus* CGMCC 2955）。木葡萄糖酸醋杆菌 CGMCC 2955 是合成纤维素能力较强的菌株，属于革兰氏阴性菌，需氧，长、宽分别为 2~10μm 和 0.5~1μm（图 3-1）。该菌株对人类和动物无致病性，杆状，单独或成对出现，最适生长温度在 30℃左右，pH 范围为 2.5~6.0。木葡萄糖酸醋杆菌 CGMCC 2955 菌株可利用碳氮源范围广泛，可在静态和动态发酵条件下合成 BC，是一株优良的研究纤维素生物合成过程和机制的模式菌株。

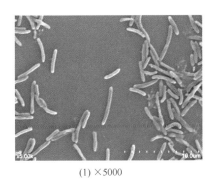 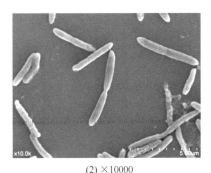

(1) ×5000　　　　　　　　　　　　(2) ×10000

图 3-1　木葡萄糖酸醋杆菌 CGMCC 2955 在扫描电子显微镜

（Scanning electron microscope，SEM）下的形态

驹形杆菌属（*Komagataeibacter*）是从葡萄糖酸醋酸杆菌属中划分出来的一个新的属，与醋杆菌属和葡萄糖酸醋酸杆菌属同属于醋酸菌科，是以日本微生物学家 Kazuo Komagata

的姓氏命名[4]。该属菌体能氧化醋酸盐和乳酸盐，转化酒精产醋酸，包括最早发现能产 BC 的醋酸菌，即典型的 BC 生产菌——木糖驹形杆菌（*K. xylinus*），还有莱蒂亚驹形杆菌（*K. rhaeticus*）、斯温驹形杆菌（*K. swingsii*）、蔗糖驹形杆菌（*K. sucrofermentans*）、柿醋驹形杆菌（*K. kakiaceti*）、麦德林驹形杆菌（*K. medellinensis*）和汉森驹形杆菌（*K. hansenii*），以及高耐酸（醇）的欧洲驹形杆菌（*K. europaeus*）、中间驹形杆菌（*K. intermedius*）、温驯驹形杆菌（*K. oboediens*）和麦芽醋驹形杆菌（*K. maltaceti*）等。依据新的分类变化，木葡萄糖酸醋杆菌 CGMCC 2955 更名为木糖驹形杆菌 CGMCC 2955（*Komagataeibacter xylinus* CGMCC 2955）。

除驹形杆菌属以外，能够合成 BC 的菌株还有以下属中的菌株：

1. 土壤杆菌属（*Agrobacterium*）

土壤杆菌属是革兰氏阴性菌，其侵染植物可产生根癌症状。该属菌可合成明显的纤维状物质，为短小纤维，X 射线衍射表明是 I 型纤维素。土壤杆菌的 BC 合成速率为木醋杆菌的 10%，加入植物提取物，例如大豆蛋白有利于加快 BC 的合成，而且在高碳氮比和较低底物浓度时可形成较多的絮状纤维。在侵染植物过程中，产生的纤维素对于细胞与植物细胞间的吸附过程有促进作用，首先是细菌对宿主的可逆的松弛性吸附，然后随着纤维素的合成，导致不可逆的紧密型吸附，确保菌体的侵染成功。转座子插入突变实验结果显示，与细菌吸附有关的基因和纤维素合成酶基因相隔很近，这可能说明了纤维素的合成对菌体的吸附有增强作用[5]。

2. 根瘤菌属（*Rhizobium*）

根瘤菌属是革兰氏阴性菌。纤维素的合成与该属菌对宿主细胞的吸附作用相关，起着加速细胞黏附作用。X 射线衍射表明它合成的纤维素为 I 型纤维素。豌豆根瘤菌（*Rhizobium leguminosarum*）所形成的短小纤维，直径为 5~6nm，长约 10μm。根瘤菌合成纤维素的过程与植物细胞的吸附过程密切相关，菌体细胞与植物细胞壁吸附，促使纤维素的形成，进而在植物细胞周围成团或成簇分布[6]。

3. 八叠球菌属（*Sarcina*）

八叠球菌属是革兰氏阳性兼性厌氧菌。胃八叠球菌（*Sarcina ventriculi*）可在 pH 为 2~10 范围内生长，葡萄糖代谢的主要产物有乙醇、丙酸、CO_2 和 H_2。1961 年 Canale-Parola 等在胃八叠球菌培养过程中发现有纤维素的合成，合成的纤维素为无定形纤维素，其使细胞之间相互黏附成团存在，而且对细胞获得营养也有帮助，其合成酶的基因定位于染色体上[7]。

另外，从废水处理的活性污泥中分离出能够产生絮状物的菌株，包含可合成细小纤维的菌株，来自无色杆菌属（*Achromobacter*）、产气杆菌属（*Aerobacter*）和产碱杆菌属（*Alcaligenes*）[8]。来自假单胞菌属（*Pseudomonas*）的菌株可合成无定型的纤维素。动胶菌属（*Zoogloea*）、肠杆菌属（*Enterobacter*）、变形菌属（*Proteus*）、沙门菌属（*Salmonella*）和沙雷菌属（*Serratia*）中的一些菌株，也可合成纤维素为主成分的生物膜，其是微生物细胞与外界交流的产物。

一、菌株的筛选与诱变

BC 生产菌株的最初获得，多是从传统食醋酿造，或椰纤果生产或红茶菌中分离得到的。随后，在水果、传统饮料、酿酒过程中，以及从天然资源中分离、筛选获得（表3-1）。

表 3-1   部分 BC 产生菌株的筛选

微生物菌株	来源	碳氮源	发酵时间/h	合成量/(g/L)
醋杆菌 BPR 2001[9]	水果	果糖、玉米浆	73	7.7
木醋杆菌 DA[14]	醋酸发酵	葡萄糖、蛋白胨、醋酸	240	3.3(换算)
醋杆菌[15]	水果、花、坚果、土壤、活性污泥和醋厂发酵醪	蔗糖、玉米浆	96	8.0~9.0
		葡萄糖、玉米浆	96	2.1~3.1
醋杆菌 S-35[16]	葡萄	蔗糖	72	3.3
木醋杆菌 BRC5[17]	自然界	葡萄糖、果糖	60(动态发酵)	4.0
		果糖、玉米浆	50(动态发酵)	3.5
氧化葡萄糖杆菌 B-2[18]	中国传统发酵饮料	葡萄糖、酵母膏	72	2.0
醋杆菌 W39[20]	变酸黄酒	椰子水培养基	216~240	30~80(湿重)
巴氏醋杆菌木醋亚种[22]	酸菜、泔水、果蔬酸米酒、土壤等	蔗糖	96~120	16
汉氏醋杆菌[22]		蔗糖	96~120	14
葡糖杆菌 F-99[23]	水果	葡萄糖、酵母膏、牛肉膏	148	279(湿重)
醋杆菌 V6[24]	醋醅	葡萄糖、乙醇	192	4.16
木醋杆菌 M12[25]	醋醅	葡萄糖、酵母粉、胰蛋白胨	120	4.16
			120(动态发酵)	2.4
河生肠杆菌 GH-1[29]	苹果	果糖、酪蛋白水解物	336	4.1
肠杆菌 FY-07[30]	油田采出水	—	72	5
汉氏驹形杆菌[31]	腐烂水果	葡萄糖、酵母膏、蛋白胨	120	11.24

Toyosaki 等从水果中分离得到 2096 菌株，经复筛，获得一株在动态发酵条件下合成 BC 的菌株，命名为醋杆菌 BPR2001（*Acetobacter* sp. BPR2001）。以玉米浆浸出物为氮源，果糖为主要碳源，果糖添加量为 42g/L，采用小型机械搅拌罐发酵 73h，BC 合成量达到 7.7g/L[9]。

发酵过程中，添加对氨基苯甲酸（*p*-aminobenzoic acid，pABA）可促进木醋杆菌亚种 BPR2001（*Acetobacter xylinum* subsp. *Sucrofermentans* BPR2001）生长，因此，Ishikawa 等通过诱变筛选出一株 pABA 结构类似物磺胺胍的抗性突变菌株木醋杆菌 BPR3001E，以果糖为碳源，该菌株比出发菌株的 BC 合成量提高 40%，达到 9.7g/L[10]。培养过程中细胞内 pABA 含量的提高，有助于腺苷酸相关嘌呤化合物含量的提高，进而提高 BC 的合成。此外，加入 ATP 也可促进 BC 合成量的提高[11]。

采用一种含有 NaBr 和 NaBrO$_3$ 的琼脂培养基，在酸性条件下 Br$^-$ 和 BrO$_3^-$ 结合会释放出对木醋杆菌细胞有毒的 Br$_2$，从而将不产或产葡萄糖酸低的突变株和产葡萄糖酸的菌株分离，以加快 BC 生产菌株的筛选[12]。Vandamme 等通过菌株诱变、筛选、优化培养基组成以及控制发酵参数等策略，以葡萄糖和果糖为碳源，添加一定量醋酸，静态发酵，BC 合成量达到 28.2g/L。该菌株在生长过程中将部分葡萄糖转化为葡萄糖酸，使培养基的 pH

降低，不利于 BC 的合成。加入醋酸后，随着醋酸不断被利用而使培养基的 pH 上升，醋酸的消耗与葡萄糖酸生成同步出现的结果，保持了培养基 pH 的稳定，进而有利于 BC 的合成。另外，他们还发现在通气搅拌培养过程中加入硅藻土、二氧化硅、小玻璃珠等一些不溶性微粒，有利于提高 BC 合成量[13]。

Toda 等在进行连续浅盘发酵生产醋酸过程中，分离出一株具有高醋酸耐受性的木醋杆菌 DA（*Acetobacter xylinum* DA）。采用静态培养，培养基为蛋白胨 5g/L，葡萄糖 20g/L，酵母粉 5g/L，磷酸氢二钠 2.7g/L，柠檬酸 1.15g/L，当加入 20g/L 醋酸时，木醋杆菌 DA 的 BC 合成量相对于未添加醋酸而言，提高了将近 4 倍。利用醋酸和柠檬酸分别调整培养基的初始 pH，结果发现，在 pH 为 3.5~4.5，添加醋酸可以提高 BC 合成量，而添加柠檬酸却没有效果，因此，BC 合成量的提高与加入的有机酸种类有关，并不是 pH 下降所导致的[14]。

Seto 等从水果、花、坚果、土壤、活性污泥和醋厂发酵醪等 346 份自然材料中分离出 4 株合成 BC 的醋杆菌（*Acetobacter strains*），以蔗糖为碳源，玉米浆为氮源，摇瓶培养，BC 合成量在 8.0~9.7g/L，以葡萄糖为碳源，玉米浆为氮源时，培养条件不变，BC 合成量在 2.1~3.1g/L[15]。

Kojima 等从葡萄中分离得到 1500 株菌株，从中筛选出一株合成 BC 的醋杆菌 S-35（*Acetobacter strains* S-35），以蔗糖为碳源，在静态培养条件下 BC 合成量为 3.3g/L[16]。

Yang 等从自然界中分离出一株性状稳定的 BC 生产菌株——木醋杆菌 BRC5（*Acetobacter xylinum* BRC5），该菌株的特点是不能将果糖转化为葡萄糖酸。当以葡萄糖和果糖为混合碳源，动态发酵时，该菌株优先将葡萄糖代谢为葡萄糖酸，葡萄糖消耗尽后，利用果糖合成 BC，BC 生产效率为 0.071~0.086g/(L·h)[17]。

1998 年贾士儒等从中国传统发酵饮料中分离得到一株产 BC 的菌株，初步鉴定为氧化葡萄糖杆菌 B-2（*Gluconobacter oxydans* B-2），是一种新型 BC 生成菌株。静态发酵结果表明，当葡萄糖浓度为 20g/L，酵母膏 10g/L，种龄 20h，接种量为 4%~10%，发酵 72h，BC 合成量（干重）达到 2g/L[18]。

采用木醋杆菌亚种 BPR2001 进行 BC 的动态发酵过程中，会生成较多的副产物——水溶性多糖和缩醛类物质。为减少副产物丙酮的生成，Watanabe 等采用亚硝基胍诱变的方法，获得一株高产 BC 的木醋杆菌 BPR3001A。其与出发菌株 BPR2001 相比，BC 合成量提高了 65%，缩醛生成量减少 83%[19]。

刘四新等从液面长膜的变酸黄酒中分离到一株醋杆菌 W39（*Acetobacter* sp. W39），研究了该菌在椰子水培养基上的发酵特性，该菌株只在有氧生长时才合成纤维素，且对无机盐和生长因子的要求复杂[20]。

余晓斌等以木醋杆菌为出发菌株，通过紫外诱变方法获得一株 BC 合成菌株 uv3，与出发菌株相比，其产酸量减少，BC 合成量提高 60% 以上，达到 10g/L，且菌株遗传性稳定[21]。

马承铸等从 150 份来自水果、蔬菜、米酒以及一些土样中分离出 2 株 BC 生产菌株

Ax-Ⅰ和Ax-Ⅱ，经鉴定分别为巴氏醋杆菌木醋亚种（*Acetobacter pasteutinus* subsp. *xylinum*）和汉氏醋杆菌（*Acetobacte hansenii*），这两株菌以50g/L蔗糖为碳源，28℃静态发酵4~5d，BC合成量分别为16g/L（干重）和14g/L（干重）[22]。

熊强等从160份国产和进口水果样品中分离出6株BC生产菌株，经过进一步测试，得到一株合成量较高的BC生产菌株F-99，经初步鉴定为葡萄糖杆菌属的一个种（*Gluconobacter* sp.），进而，对该菌株发酵条件进行了优化，并测试分析了产物BC的性质[23]。

Son等筛选到一株合成BC的醋杆菌V6（*Acetobacter* sp. V6）菌株，通过优化合成培养基的组成，最终确定以葡萄糖为碳源，同时添加乙醇和烟酰胺等物质，在200r/min培养8d，BC的合成量达到4.16g/L，高于采用H-S培养基时的合成能力[24]。

马霞从长膜的醋醅中分离出一株BC合成量较高且稳定的木醋杆菌M12（*Acetobacter xylinum* M12）。初步鉴定该菌为醋化醋杆菌木质亚种。以25g/L葡萄糖为碳源，30℃静态发酵6d，BC合成量为4.16g/L（干重）；采用气升罐培养，BC合成量为2.4g/L（干重）[25]。

汤卫华等以木葡萄糖酸醋杆菌为出发菌株，通过硫酸二乙酯和氯化锂复合诱变，得到一株高产BC的菌株木葡萄糖酸醋杆菌GO2，静态发酵BC合成量为9.91g/L，较出发菌株提高36.5%[26]。

Shigematsu等为减少葡萄糖酸的生成，构建了葡萄糖脱氢酶缺失变异株木醋杆菌GD-1。该菌株不产葡萄糖酸，在以葡萄糖为碳源时BC合成量较对照菌株提高70%，达到4.1g/L。以甘薯浆酶解液为碳源，动态发酵培养过程中添加乙醇，该菌株的BC合成量达到7.0g/L。在相同的培养条件下，该菌株以葡萄糖为碳源与出发菌株以果糖为碳源时的BC合成量相同[27]。

李飞采用硫酸二乙酯（DEC）诱变的方法，诱变时间30min，涂布于含有3g/L的氯化锂（LiCl）平板，通过喷洒溴酚蓝显色，观察菌落形态和变色圈大小。经过多轮诱变，筛选到一株遗传稳定、高产BC的诱变菌株木葡糖酸醋杆菌GO2-9。对比实验表明，诱变菌种GO2-9的菌体量是出发菌株的1.5倍，副产物有机酸的合成量仅为出发菌株的一半，BC合成量为10.0g/L，比出发菌株提高67%[28]。

Hungund等从腐烂苹果中分离得到一株河生肠杆菌GH-1（*Enterobacter amnigenus* GH-1），该菌株在H-S培养基中，25~28℃，pH 4.0~7.0条件下培养14d，BC合成量为2.5g/L。通过改变培养基组成［果糖40g/L、酪蛋白水解物6g/L、酵母提取物5g/L、磷酸氢二钠4g/L和柠檬酸1.15g/L］，BC合成量达到4.1g/L。另外，添加锌、镁、钙等金属离子和甲醇、乙醇等溶剂有利于促进菌株合成BC。该菌株也可以利用糖蜜、淀粉水解物、甘蔗汁、椰子汁、椰乳、菠萝汁、橙汁和石榴汁等天然碳源合成BC[29]。

肠杆菌FY-07（*Enterobacter* sp. FY-07）可在好氧或厌氧条件下合成BC。在缺氧、限氧、曝气条件下30℃静态发酵72h，BC合成量均超过5g/L。X射线衍射、傅里叶红外变换光谱和扫描电镜分析表明，BC的微观结构与好氧菌、木葡萄糖酸醋杆菌BCRC12335和木醋杆菌V6所产BC相似[30]。

胡建颖[31]等从15个不同种类的576份腐烂水果中选育BC生产菌株，并按菌落形态进行分类。对所得菌株进行 16S rRNA 基因测序，鉴定其种属，获得 134 株 BC 生产菌株，其中一株分离自芒果的汉氏驹形杆菌（*Komagataeibacter hansenii*）合成量达到 11.24g/L。这些菌株涉及 5 个属 13 个种，包含了醋酸杆菌属（*Acetobacter*）、驹形杆菌属（*Komaga-taeibacter*）、葡萄糖醋杆菌属（*Gluconacetobacter*）、沙雷菌属（*Serratia*）和乳酸杆菌属（*Lactobacillus*），其中高产纤维素菌株集中分布于汉氏驹形杆菌（*K. hansenii*）和中间驹形杆菌（*K. intermedius*）。

张桂才采用等离子体注入诱变的方法，对木葡萄糖酸醋杆菌 CGMCC 2955 进行诱变，该菌株的存活率与等离子体注入时间无明显的正比例关系，在等离子体注入时间为 20～40s 内，菌株的存活率变化不大。采用 96 孔板进行初筛，进而复筛得到突变株 GX-5，该菌株的 BC 合成量比出发菌株提高 83.2%。通过代谢流计算可知，以葡萄糖为碳源时，有40.0% 的葡萄糖合成副代谢产物葡萄糖酸[32]。

二、菌株的改造

Tonouchi 等为提高蔗糖利用效率，以增强木醋杆菌细胞合成 BC 能力，将肠膜明串珠菌（*Leuconostoc mesenteroides*）的蔗糖磷酸酶基因在木醋杆菌中表达。该菌株的蔗糖磷酸酶基因表达活力提高了 3 倍，相应提高了蔗糖利用效率，BC 合成量明显增加[33]。

Nakai 等将来源于绿豆的第 11 位丝氨酸残基被谷氨酸残基取代的蔗糖合酶（Sucrose synthase）基因在木醋杆菌中表达，明显提高了菌株的 BC 合成速率。由于发生突变的蔗糖合酶对蔗糖的亲和力提高，有利于蔗糖代谢，促进 UDPG 的合成，进而有效提高了该菌株BC 的合成速率[34]。

Chien 等将含有 *vhb* 基因的质粒转化入木醋杆菌中，成功表达了 VHb 蛋白，不仅缩短了细胞的生长周期还提高了 BC 合成量[35]。

在光能自养微生物聚球蓝细菌（*Synechococcus leopoliensis* UTCC 100）菌株中表达葡萄糖酸醋杆菌 ATCC 53582 的纤维素合成基因。将葡萄糖酸醋杆菌的纤维素合成能力与蓝细菌的光合作用能力结合，捕捉环境中的 CO_2，合成产物是非晶态的纤维素。虽然这种纤维素与葡萄糖酸醋杆菌合成的纤维素相比缺乏结构的完整性，但也有可能成为一种理想的、有潜力的生物产品的原料[36]。

通过构建木葡萄糖酸醋杆菌 CGMCC 2955 的 Tn5G 转座子突变文库，筛选 BC 合成缺失和产酸量高的突变株，对突变株的基本特征进行鉴定。朱会霞利用反向 PCR 定位了木葡萄糖酸醋杆菌 CGMCC 2955 菌株的 *oprB* 基因，即 Tn5G 转座子插入到表达 OprB 蛋白的基因中，导致表达 OprB 蛋白的基因失活、BC 合成受到阻碍。通过野生型菌株与突变株的生理生化特性比较，证明 OprB 蛋白表达受阻只影响某些碳水化合物的转运，不影响碳源的代谢[37]。

闫林采用以溴甲酚绿-甲基红为指示剂的变色圈法，从山西老陈醋大曲中筛选得到了一株葡萄糖酸醋杆菌属菌株 SX-1。通过 16S rRNA 基因序列分析以及系统发育树的构建，并结合生理生化试验的结果，确定所筛选菌株为雷提库斯葡萄糖醋杆菌（*Gluconacetobacter rhaeticus*），这是国际范围内继意大利与韩国研究者在苹果汁和果蝇中成功分离之后，在我国首次从传统发酵食品——山西老陈醋大曲中分离筛选得到的，丰富了我国传统发酵食品中的微生物菌种资源。通过对筛选出的雷提库斯葡萄糖醋杆菌 SX-1 进行群体感应系统的初步分析，确定了雷提库斯葡萄糖醋杆菌 SX-1 群体感应系统自诱导剂 *N*-酰基高丝氨酸内酯 AHLs 类信号分子的存在及其具体种类，实验结果证实雷提库斯葡萄糖醋杆菌 SX-1 在发酵培养中产生了 7 种不同的 AHLs 类信号分子。采用同样方法证实木葡萄糖酸醋杆菌 CGMCC2955 菌株在发酵培养液中产生 6 种不同的 AHLs 类信号分子。根据自诱导剂 AHLs 类信号分子的种类，可以判断其群体感应系统的类型是类似于费氏弧菌（*Vibrio fischeri*）的 LuxI/LuxR 型群体感应系统[38]。郑欣桐克隆了木葡萄糖酸醋杆菌 CGMCC2955 的群体感应系统的基因 *luxR*。经 NCBI 数据库对比分析显示，该基因编码的蛋白包含 Autoing_bind 和 Lux_C_like 两个结构域。Autoing_bind 为信号分子结合结构域，Lux_C_like 为下游靶基因的调节结构域[39]。通过向培养体系中加入信号分子提取液使其群体感应系统提前发挥作用，发现其降低了 BC 合成量。推测 *luxR* 调节的下游靶基因产物促进了 BC 合成途径关键酶的变构激活剂的降解。

　　叶莉以木葡萄糖酸醋杆菌 CGMCC 2955 作为原始菌株，利用大肠杆菌-木醋杆菌穿梭质粒 pMV24 作为载体，构建群体感应关键基因 *luxR* 的过表达菌株木葡萄糖酸醋杆菌-pMV24-luxR[40]。振荡培养条件下，*luxR* 过表达会降低菌体对葡萄糖的利用率，使代谢流流向支路代谢，导致菌体生长速度减慢，菌体量下降，合成更多的葡萄糖酸。而在静态发酵条件下，*luxR* 过表达可明显地提高菌体利用葡萄糖酸合成 BC 的效率，显著提高 BC 合成量。通过基于 GC-MS 的代谢组学分析，结果表明 *luxR* 过表达对中心代谢、氨基酸代谢、脂代谢均有影响。主要表现为大量合成葡萄糖酸，促进嘌呤嘧啶的从头合成途径，抑制了氨基酸代谢，并且缓解了胞内大量酸性物质的合成，大量合成海藻糖以保护细胞。

　　趋向性（Trend）是自然界中的生物或细胞天生的行为反应，指其对一指向性刺激，而有趋向或远离刺激源的动作。自然界中各种生物都有趋化性（Chemotaxis）。静态发酵过程中木葡萄糖酸醋杆菌细胞总是趋向于气液界面一侧；木葡萄糖酸醋杆菌 CGMCC 2955 在琼脂浓度为 0.2 % 的平板上菌落呈现出中间薄外层厚的形态。李晶采用毛细管法对木葡萄糖酸醋杆菌的趋化性进行了研究。木葡萄糖酸醋杆菌在初始菌浓度为 3×10^7 cfu/mL，温度 25~30℃，pH 为 5 时趋化性反应最高，最佳趋化时间为 60min。L-亮氨酸、L-丙氨酸、L-甘氨酸、L-甲硫氨酸对木葡萄糖酸醋杆菌的趋化性反应有促进作用；柠檬酸、蔗糖、乳糖、麦芽糖、半乳糖、甘油对趋化性反应有抑制作用；葡萄糖对趋化性有促进作用；另外，Sn^{2+}、Mn^{2+}、Pb^{2+}、Cr^{2+}、Co^{2+} 对趋化性反应有抑制作用。测定木葡萄糖酸醋杆菌的随机运动系数 $\mu = 1.09 \times 10^{-5}$ cm²/s。扩增趋化性基因 *cheA*，经美国国立生物技术信息中心（NCBI）网站比对显示，该基因编码的蛋白包含有 GGDEF 结构域，多数含有 GG-DEF 结构域的蛋白具有二鸟苷酸环化酶活性，负责环二鸟苷酸的合成。构建了重组质粒 pMV24-*gfp*⁺，并在木葡萄糖酸醋杆菌中表达，推测木葡萄糖酸醋杆菌的趋化性与 BC 的合成存在正相关性[41]。

刘森将携带透明颤菌血红蛋白基因的质粒转化入木葡萄糖酸醋杆菌 CGMCC 2955 中，实现 VHb 的异源表达，获得菌株木葡萄糖酸醋杆菌 CGMCC 2955vgb^+[42]。微好氧培养体系的氧浓度分析结果表明，当气相中氧含量介于 8%~16% 时，木葡萄糖酸醋杆菌 CGMCC 2955vgb^+ 的菌体浓度相对于原始菌株显著提高。好氧静态发酵 15d 时，木葡萄糖酸醋杆菌 CGMCC 2955vgb^+ 的 BC 合成量相对原始菌株显著增加 25%，葡萄糖–BC 转化率显著提高 31%。

对木葡萄糖酸醋杆菌 CGMCC 2955 进行全基因组测序，并对基因序列进行比对分析。木葡萄糖酸醋杆菌 CGMCC 2955 基因组总长 3563314bp，GC 含量 63.29%。基因组内含有 4 个 bcs 操纵子，其中 bcs Ⅰ 是唯一一个结构完整的操纵子，可能在木葡萄糖酸醋杆菌 CG-MCC 2955 合成 BC 的过程中起关键作用。基因组中含有 PFK Ⅱ 的编码基因 pfkB，表明木葡萄糖酸醋杆菌 CGMCC 2955 含有完整的糖酵解途径（Embden-Meyerhof-Parnas pathway，EMP）。然而基因组内不含有编码蔗糖水解酶、麦芽糖酶和 α-淀粉酶的编码基因，因此无法水解二糖和多糖，也就无法将它们作为碳源被菌体利用合成 BC。醋酸和乙醇作为碳源时，由于无法被代谢生成 UDPG，因而不能大量合成 BC。但其作为补充碳源时，可被菌体吸收利用产生 ATP。菌体内还含有硝酸盐呼吸中的关键酶编码基因，以及乙醇脱氢酶和乳酸脱氢酶的编码基因。表明木葡萄糖酸醋杆菌 CGMCC 2955 有在缺氧条件下进行有效能量代谢的潜力。而能量代谢极有可能是支持 BC 合成的关键因素之一。由 BC 合成途径可知，氧气未直接参与 BC 合成，但在 PDE 编码基因的上下游伴随有氧传感蛋白 DosP 的编码基因。此外，木葡萄糖酸醋杆菌 CGMCC 2955 菌体可分泌群体感应信号分子 AHLs，而群体感应系统可激活 pde 基因，表明氧和群体感应系统有可能参与 c-di-GMP 含量的调节过程，从而通过 c-di-GMP 对 BC 合酶的催化作用而调节 BC 的合成。然而，木葡萄糖酸醋杆菌 CGMCC 2955 基因组中只注释了 luxR 基因，未鉴定到 luxI 基因，可能是由于其序列与其他菌株的一致性过低，或者是 AHLs 是从其他代谢途径中合成的。

李思琦在确定果糖-1,6-二磷酸酶（Fructose-1,6-bisphosphatase，FBP）是糖异生途径的限速酶的基础上，通过过表达 fbp 基因，构建了过表达 FBP 蛋白菌株——木葡萄糖酸醋杆菌-fbp^+。以甘油为碳源时，木葡萄糖酸醋杆菌 CGMCC 2955-fbp^+ 的 FBP 活性为 2629nmol/（min·mg 蛋白质）；木葡萄糖酸醋杆菌 CGMCC 2955 的 FBP 活性为 2084nmol/（min·mg 蛋白质）。前者是后者的 1.3 倍，是以葡萄糖为碳源时的木葡萄糖酸醋杆菌 CG-MCC 2955-fbp^+ 活力的 3 倍。与木葡萄糖酸醋杆菌 CGMCC 2955 的发酵参数进行相比，木葡萄糖酸醋杆菌 CGMCC 2955-fbp^+ 的代谢通路更多地流向 PPP，产生的葡萄糖酸副产物增多，细胞量增大，但 BC 合成量及碳源-BC 转化率降低[43]。

第二节　培养基成分对细菌纤维素合成量的影响

不同菌株对营养的要求不尽相同，即使是同一属的木葡萄糖酸醋杆菌或者驹形杆菌，在对主要碳、氮源需求基本一致的情况下，对其他生长因子、无机盐等的要求，也有差别。

一、碳源对 BC 合成量的影响

目前，用于 BC 发酵生产的碳源主要是葡萄糖或蔗糖。傅强利用氧化葡萄糖杆菌 B-2，分别选择葡萄糖、蔗糖、乳糖、麦芽糖、糊精、可溶性淀粉和玉米淀粉为唯一碳源，进行 BC 发酵，采用葡萄糖为唯一碳源时 BC 合成量最高，达到 2.1g/L，其次是蔗糖为碳源。采用其他碳源也可生成 BC，但 BC 合成量甚低[44]。

马霞采用木醋杆菌 M12，以葡萄糖为唯一碳源，BC 合成量为 2.8g/L；以果糖为碳源时 BC 合成量达到 2.1g/L；以蔗糖为唯一碳源时 BC 合成量最低为 1.6g/L（表 3-2）。马霞进一步考察了初始葡萄糖浓度 10～30g/L 对 BC 合成量的影响，当初糖浓度在 20～25.0g/L 的范围内，木醋杆菌 M12 的葡萄糖与 BC 的转化率处在较高水平，相应的 BC 合成量也最高[25]。以葡萄糖为碳源，静态发酵时，分别添加一定的乙醇、醋酸或柠檬酸，有助于提高木醋杆菌生成 BC 的效率[45]。其中，添加 1.5% 的乙醇，BC 合成量提高了 59.5%；添加 0.1% 的醋酸，合成量提高了 44.4%；添加 0.2% 的柠檬酸，合成量提高了 40.5%。甘油和阿拉伯糖醇、甘露醇等醇类也有较好的提高 BC 生成的作用。

表 3-2　　　　　　　　　不同碳源为唯一碳源时对 BC 合成量的影响

糖源	初始糖浓度/（g/L）	BC 合成量/（g/L）	发酵结束时 pH
葡萄糖	20	2.8	3.56
果糖	20	2.1	3.32
蔗糖	20	1.6	3.00

不同菌株对碳源的利用率有所不同。欧竑宇采用木醋杆菌 X-2，以葡萄糖为碳源，通过发酵培养基的优化，BC 合成量达到 4.6g/L[46]。以葡萄糖为碳源发酵生产 BC 时，当初始葡萄糖浓度过高时，发酵前期会出现葡萄糖酸的积累。Masaoka 等从 41 株木醋杆菌和农杆菌中分离筛选出一株 BC 生产能力较高的菌株——木醋杆菌 IFO13693。静态培养过程中该菌株 BC 的合成量与培养液面积成正比，与培养液的深度和体积无关，最适 pH 为 4.0～6.0。葡萄糖、果糖和甘油是其 BC 生产的首选碳源，通过发酵过程条件优化，以葡萄糖为碳源，BC 最大产率为 36g/（d·m²），BC 对葡萄糖的得率为 100%[47]。

Keshk 选择了 6 株木醋杆菌（ATCC 10245、IFO 13693、IFO 13772、IFO 13773、IFO 14815、IFO 15237）为供试菌株，采用 II-S 培养基，研究了木质素磺酸盐对菌株的 BC 生成能力及其所产 BC 结构的影响[48]。添加木质素磺酸盐（10g/L）后，各菌株的 BC 合成量提高了 57% 左右，同时，提高了 BC 的结晶度。分析表明，BC 合成量的增加是由于木质素磺酸盐中存在抗氧化剂多酚化合物成分，抑制了葡萄糖酸的合成。

Oikawa 等采用木醋杆菌 KU-1，以 D-甘露醇为碳源，多肽和酵母提取物为氮源，添加量分别为 15g/L、5g/L 和 20g/L，pH 为 5，30℃ 下发酵 48h，BC 的合成量为 4.6g/L，BC 得率是葡萄糖为碳源时的 3 倍[49]。进而，他们以 D-阿拉伯醇为碳源，采用相同菌株，通过优化 D-阿拉伯醇的添加量，当 D-阿拉伯醇添加量为 20g/L，胰蛋白胨为 10g/L，酵母提取物为 10g/L，pH 为 5，30℃下发酵 96h，BC 合成量达到 12.4g/L，是以葡萄糖（2g/L）为碳源时的 6 倍以上[50]。

Embuscado 等采用响应面法优化了木醋杆菌合成 BC 的发酵条件，当果糖为 24.8g/L，蔗糖为 76.5g/L，pH 为 4.49，发酵温度为 29.3℃时，预测的 BC 合成量为 13.24g/L，与实验的平均值 12.67g/L 非常接近，说明所建立的数学模型可以较好地预测 BC 合成量[51]。

欧宏宇在木醋杆菌 X-2 发酵培养基中分别添加 0.1% 的乳酸、醋酸和柠檬酸，均可提高 BC 的合成。乳酸的添加，提高了 Krebs 循环中丙酮酸和草酰醋酸的代谢，从而为 BC 合成提供能量[46]。醋酸的作用也是为菌体提供更多的能量，节约底物消耗，更有利于 BC 的合成。

Lu 等采用木醋杆菌 186 菌株，HS 培养基，静态发酵中分别添加一定量的甲醇、乙二醇、n-正丙醇、甘油、n-正丁醇或甘露醇 6 种醇类，考察这几类物质对 BC 合成的影响。结果表明，添加这六种物质，均有促进 BC 生成的作用，其中以 n-正丁醇最为显著。静态发酵过程中添加 0.5%（体积分数）n-正丁醇，30℃发酵 6d，BC 合成量为 1.33g/L，比葡萄糖为碳源的对照组提高 56%[52]。

Mikkelsen 等研究了蔗糖、甘油、葡萄糖、甘露醇、果糖和半乳糖等不同碳源对葡萄糖酸醋杆菌 ATCC 53524 细胞生长及其合成 BC 的影响[53]。当以蔗糖或甘油为碳源，发酵 96h，BC 合成量分别达到 3.83g/L 或 3.75g/L，BC 主要是在 84~96h 这一阶段合成。分别以葡萄糖、甘露醇或果糖为碳源时，BC 合成量与前两种碳源相当，均高于 2.5g/L。电镜观测表明，不同碳源对于所合成的 BC 微观结构影响不大。另外，通过添加甘油、乳酸、乙醇、壳聚糖和内切葡聚糖等生物代谢的前体物质或其他相关代谢物质，有利于细胞生长和 BC 的合成。

张桂才采用等离子注入法进行诱变，通过分离筛选获得了一株高产 BC 的菌株木葡萄糖酸醋杆菌 GX-5[32]。以无碳源培养基为对照组，分别以肌醇、乳糖、蔗糖、麦芽糖、淀粉或乙醇为碳源时，BC 的合成量差别不大。而以葡萄糖、果糖或甘油为碳源时，BC 合成量显著提高（图 3-2），分别达到 5.01g/L、4.03g/L 和 6.05g/L。与对照组相比，葡萄糖

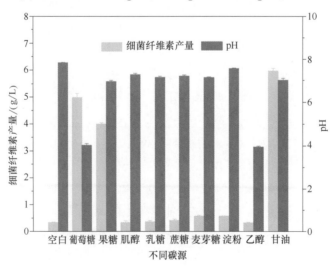

图 3-2　不同碳源对木葡萄糖酸醋杆菌 GX-5 合成 BC 和发酵结束时 pH 的影响

和乙醇组发酵完成时的 pH 下降，其中葡萄糖组的 pH 在接种培养的初期就不断下降，第二天后 pH 维持在 4.0 左右。葡萄糖或乙醇为碳源时 pH 下降的原因分别是葡萄糖代谢生成葡萄糖酸，或乙醇被氧化为醋酸。当以甘油和果糖为碳源进行 BC 生产时，培养基的 pH 不断上升，第二天后 pH 维持在 7.0 左右。其他碳源组的最终 pH 类似，变化不大。

因为 BC 是通过碳流合成的，为保证在初始培养基中不同碳源含有相同的碳原子数，确定葡萄糖、果糖和甘油的初始浓度分别为 25.00、25.00 和 25.60g/L（表 3-3）。发酵至第四天，以葡萄糖、果糖和甘油为碳源的 BC 合成量分别为 5.01、4.03 和 6.05g/L，此时葡萄糖、果糖和甘油的消耗率分别为 97.48%、54.70% 和 48.89%，以葡萄糖、果糖和甘油为碳源的 BC 得率分别为 6.19、8.75 和 14.76g/mol。以甘油为碳源时，BC 的合成效率是以葡萄糖为碳源的 2.39 倍。

表 3-3 　　　　木葡萄糖酸醋杆菌 GX-5 对葡萄糖、果糖和甘油利用效率的比较

碳源	初始碳源浓度/ （g/L）	碳源消耗率/ %	消耗的碳原子/ （mol/L）	BC 合成量/ （g/L）	BC 合成效率/ （g/mol）
葡萄糖	25.00	97.48	0.81	5.01	6.19
果糖	25.00	54.70	0.46	4.03	8.75
甘油	25.60	48.89	0.41	6.05	14.76

木葡萄糖酸醋杆菌 GX-5 菌株利用葡萄糖合成 BC 的初期，葡萄糖在该菌株细胞膜上的脱氢酶作用下生成葡萄糖酸，葡萄糖酸的积累使培养基的 pH 降低。发酵后期，葡萄糖被消耗完，该菌株利用葡萄糖酸等一些酸性物质通过糖异生途径合成 BC，导致发酵后期培养基的 pH 有所上升，BC 合成量继续增加。以果糖为碳源时，由于葡萄糖酸醋杆菌 GX-5 菌株缺少磷酸果糖激酶，果糖需首先经 PPP 进入 TCA 循环，这可能是该菌株 BC 合成量低的原因。当甘油为碳源时，葡萄糖酸醋杆菌 GX-5 菌株细胞内磷酸丙糖氧化是主要代谢通道，其首先将甘油转变成磷酸丙糖，进一步代谢合成 BC，葡萄糖酸的合成减弱，发酵 15d 时，已经检测不到葡萄糖酸，这可能是甘油为碳源时 BC 得率高的主要原因。

碳源的加入量以 25.00g/L 为准，保证加入碳源的总质量不变，当以葡萄糖和果糖为复合碳源，二者按 1:1 的加入量，即分别为 12.50 和 12.50g/L；以葡萄糖、果糖和甘油为复合碳源，三者按 1:1:1 的加入量，即分别为 8.33、8.33 和 8.33g/L。木葡萄糖酸醋杆菌 GX-5 菌株发酵结果表明：以葡萄糖:果糖:甘油（1:1:1）为复合碳源时 BC 合成量达到 5.30g/L，比以葡萄糖:果糖（1:1）为复合碳源时 BC 合成量 3.87g/L 提高30%，但低于以甘油为唯一碳源时的 BC 合成量 6.05g/L（表 3-3）。测定发酵过程中的碳源消耗可知，葡萄糖的消耗最快，其次为甘油、果糖。通过不同碳源的消耗率计算可知，在 BC 合成量中，葡萄糖、果糖和甘油的贡献率分别为 31%、5% 和 64%。

采用木葡萄糖酸醋杆菌 CGMCC 2955，以葡萄糖为碳源，发酵生产 BC 过程的初期，会生成一定量的葡萄糖酸，在发酵后期，所产生的葡萄糖酸作为碳源，继续合成 BC。也就是说，葡萄糖酸可以作为碳源合成 BC。刘淼分别以 0.85mol/L 的葡萄糖和葡萄糖酸为碳源，接种木葡萄糖酸醋杆菌 CGMCC 2955 后，30℃静态发酵 7d，结果如图 3-3 所示[42]。

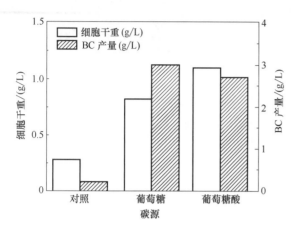

图 3-3　不同碳源对木葡萄糖酸醋杆菌 CGMCC 2955 生长与 BC 合成量的影响

以葡萄糖酸为唯一碳源时，BC 生成量相对无碳源添加的对照组提高 14.17 倍，细胞干重提高了 2.55 倍。虽然与葡萄糖为碳源时相比，BC 合成效率略低，但说明了葡萄糖酸可作为碳源用于葡萄糖酸醋杆菌 CGMCC 2955 的生长和 BC 的合成。

减少醋酸、丙酮酸和柠檬酸等代谢副产物的生成，有利于 BC 的合成。Li 等在汉氏葡萄糖杆菌（*G. hansenii*）发酵生成 BC 的培养基中添加乙醇和柠檬酸钠，考察其对 BC 合成的影响[54]。从磷酸己糖途径（Hexose monophosphate pathway，HMP）看，发酵早期乙醇是作为能量来源，可降低主要副产物甘油的生成；在 EMP 途径中，柠檬酸钠的加入，使得副产物（主要是醋酸和丙酮酸）进入纤维素合成的糖异生途径；通过添加乙醇和柠檬酸钠，减少了 TCA 循环中的主要副产物柠檬酸合成量，提高了 BC 的合成量。

尤勇以果糖为碳源，考察了外源添加不同浓度的乙醇、乳酸或醋酸（添加量均为 1.5、3、4.5 和 6g/L）对木葡萄糖酸醋杆菌 CGMCC 2955 生成 BC 的影响[55]。静态发酵条件下，添加乙醇、乳酸或醋酸，均能有效提高 BC 的生成效率。随着乙醇添加量的提高，果糖消耗速率和 BC 生成效率较对照组（只添加果糖）都有所提高。培养 5d 时，添加 1.5g/L 乙醇的实验组，BC 合成量较对照组提高一倍以上；添加 6g/L 乙醇的实验组，BC 的合成量较对照组仅提高 56%。延长发酵时间至 14d 时，不同的乙醇添加量对果糖的利用率没有影响，BC 合成量差距不大，但均高于对照组，各实验组的最终菌体浓度比对照组提高 20%。随着乳酸添加量的增加，有利于菌株的生长与果糖消耗，当乳酸添加量达到 4.5g/L 时，BC 合成量达到最高值 6.5g/L。与对照组相比，添加醋酸有利于果糖的消耗速率与 BC 合成量的提高，但不利于木葡萄糖酸醋杆菌 CGMCC 2955 的生长。当醋酸添加量为 1.5g/L 时，BC 最终合成量较对照组提高约 6%，但醋酸浓度大于 4.5g/L 时，菌体生长受到显著的抑制。尽管分别适度添加这三种物质能够提高木葡萄糖酸醋杆菌 CGMCC 2955 菌株的果糖消耗速率和 BC 合成效率，但是，当果糖耗尽，发酵结束时各试验组间的 BC 合成量差异性并不显著。

外源添加乙醇、乳酸以及低浓度醋酸能够显著提升 TCA 循环、糖异生以及 BC 合成途径活性，并抑制糖酵解活性，提高了果糖进入 BC 合成途径的效率。通过对发酵第 6d 的木葡萄糖酸醋杆菌 CGMCC 2955 胞内小分子代谢物的种类以及含量进行代谢组学分析表明，乙醇、醋酸以及乳酸的添加对菌株的糖酵解过程、氨基酸合成代谢、脂肪酸代谢以及纤维二糖和海藻糖均有影响。相对于对照组分别添加 1.5 或 6g/L 乙醇，1.5 或 4.5g/L 乳酸以及 1.5g/L 醋酸的实验组能够提高菌株的 TCA 以及 BC 合成途径的通量，其中当外源添加 4.5g/L 乳酸以及 1.5g/L 乙醇时，能够显著地提高菌株胞内的能量代谢以及糖异生途径的通量。而添加 6g/L 醋酸时能够极为显著地抑制菌株的生长。另外，乙醇、乳酸以及醋酸均通过代谢形成乙酰辅酶 A 进入 TCA 循环中，使得木葡萄糖酸醋杆菌 CGMCC 2955 能量代谢旺盛，生成大量 ATP 而糖酵解过程受到抑制，进一步促进糖异生途径活性增强，合成葡萄糖，从而使得 BC 合成量提升。此外，BC 合成过程中需要消耗能量，能量供应的充足使得 BC 合成量得以提升[55]。

二、氮源对 BC 合成量的影响

用于 BC 生产的氮源，主要包括酵母提取物、蛋白胨、硫酸铵、牛肉提取物、酪蛋白氨基酸、酪蛋白水解物、甘氨酸、麦芽提取物、谷氨酸钠、大豆粉、大豆胨和胰蛋白胨等。傅强研究了多种氮源对氧化葡萄糖杆菌 B-2 合成 BC 的影响，结果表明氧化葡萄糖杆菌 B-2 不能利用硝酸钠或尿素为唯一氮源[44]。当蛋白胨+酵母粉作为混合氮源时木醋杆菌 M12 的 BC 合成量最高，达到 3.01g/L（表 3-4）。玉米浆也是优质的氮源，在动态发酵时具有一定优势。

表 3-4　　　　　　　　　氮源对木醋杆菌 M12 合成 BC 的影响[25]

氮源	BC 合成量/（g/L）
A. 无机氮源（0.08%）	
（NH$_4$）$_2$SO$_4$	1.19
（NH$_4$）H$_2$PO$_4$	1.22
KNO$_3$	0.19
B 无机氮源+无机氮源（0.04%+0.04%）	
（NH$_4$）$_2$SO$_4$+（NH$_4$）H$_2$PO$_4$	1.19
（NH$_4$）$_2$SO$_4$+KNO$_3$	0.56
（NH$_4$）H$_2$PO$_4$+KNO$_3$	0.88
C 有机氮源（0.5%）	
蛋白胨	2.56
酵母粉	2.92
尿素	0.98
玉米浆	1.70
豆饼	0.45
麸皮	0.22
D 有机氮源+有机氮源（0.25%+0.25%）	
蛋白胨+酵母粉	3.01
蛋白胨+尿素	2.36
尿素+酵母粉	2.44

Matsuoka 等研究了不同有机氮源对木醋杆菌 BPR2001 合成 BC 的影响，结果表明玉米浆浸出物对提高 BC 的合成量影响最大[56]。分析其组成，发现所含有的乳酸盐，是其他氮源中未含有的成分。将乳酸盐加入牛肉膏和蛋白胨培养基中，可提高 BC 合成量。如前面添加乳酸的作用机制，在发酵初期，乳酸盐促进代谢流流向 TCA 循环，产生了更多能量，

进而加速了细胞生长与 BC 的合成。另外，研究了不同氨基酸对 BC 合成的影响，结果表明添加甲硫氨酸有助于提高 BC 合成量，其主要作用是缩短延迟期，提高 BC 合成量。采用添加乳酸盐和甲硫氨酸的合成培养基与采用玉米浆浸出物为培养基进行 BC 发酵，前者的 BC 合成量为后者的 90%。

为降低 BC 的生成成本，也可采用含有一定碳氮源的农业废弃物和工业副产品，例如废啤酒酵母、稀酒糟、枫糖浆、加工蜜枣产生的废水、魔芋粉末水解产物、淀粉生产的废液等，进行 BC 生产。

三、其他组分对 BC 合成量的影响

在采用氧化葡萄糖杆菌 B-2 静态发酵中，添加亚适量的生物素 20mg/L，BC 的合成量较无添加组提高了 44%，达到 3.54g/L[44]。亚适量的生物素可加快丙酮酸到草酰乙酸的转化效率，加快菌体生长，进而促进 BC 的合成。在培养基中添加 2g/L 绿茶或红茶提取物，BC 合成量较无添加组提高 32%，过量添加茶提取物并不利于 BC 的生成。这与中国传统发酵饮料——红茶菌（细节见第八章）发酵中，主要原料之一的绿茶或红茶中所含成分对 BC 合成有影响的结果相一致。

木醋杆菌 X-2 发酵培养基中添加 2.5mg/L 的咖啡因，较无添加组 BC 合成量提高近一倍[46]。这与 Fontana 等研究结果[57]相一致，咖啡因和黄嘌呤有助于提高 BC 合成量。咖啡因抑制了磷酸二酯酶（Phosphodiesterase-A，PDE-A）的活性，增加了 c-di-GMP 的合成量，使 BCS 保持较高活性，从而提高了 BC 合成速度。另外，作为酶的辅助因子或代谢调节因子，Ca^{2+} 和 Mg^{2+} 在纤维素合成过程中具有一定的作用。两种离子等比例混合添加，浓度为 4mol/L 时，较对照组，BC 合成量提高 10%。

采用木葡萄糖酸醋杆菌进行 BC 发酵过程中添加一定量抗坏血酸，可显著降低副产物葡萄糖酸的浓度，提高 BC 合成量[58-59]。当 L-抗坏血酸钠或 D-异抗坏血酸钠的添加量为 0.8% 时，发酵 8d 木葡萄糖酸醋杆菌 CGMCC 2955 的 BC 合成量均达到 3.20g/L，较对照组提高了 20%。添加 L-抗坏血酸钠和 D-异抗坏血酸钠后菌株的生长延迟期较长，进入对数期后菌体量低于对照组，但稳定期时菌体量与对照组差异不大，由于葡萄糖酸合成量减少，培养基的 pH 略高于对照组。测定了发酵第 5d 时菌体中心碳代谢关键酶的酶活性，结果如图 3-4 所示。添加 L-抗坏血酸钠和 D-异抗坏血酸钠后，与 BC 合成代谢相关的己糖激酶（Hexokinase，HK）活性分别提高了 110.89% 和 63.75%，UGPase 活性分别提高 22.47% 和 49.20%，这两个酶活性的提高有利于菌体利用葡萄糖高效合成 BC。另外，PFK 活性分别提高了 52.04% 和 41.22%，而丙酮酸激酶（Pyruvate kinase，PK）活性分别降低了 43.40% 和 45.53%。PFK 可催化葡萄糖转化为 6-磷酸果糖，6-磷酸果糖可经磷酸戊糖途径和糖酵解途径代谢。PK 催化磷酸烯醇式丙酮酸转化为丙酮酸，是 EMP 途径中的关键酶，此酶活性的降低，减少了丙酮酸的合成，相应 PPP 更具活性。通过代谢组学分析可知，实验组的 PPP 产生的中间代谢物，如与核酸的合成相关的核糖和嘧啶的含量明显高于对照组。另外，添加 L-抗坏血酸钠和 D-异抗坏血酸钠后，菌体三羧酸循环中的两个关

键酶, 异柠檬酸脱氢酶 (Isocitrate dehydrogenase, ICDHm) 和琥珀酸脱氢酶 (Succinate dehydrogenase, SDH) 的酶活性均明显下降, 这两个酶催化的反应均伴随有 NADH 的生成, 可以推测, 三羧酸循环活性较低, 但能够满足菌体对能量的需求。

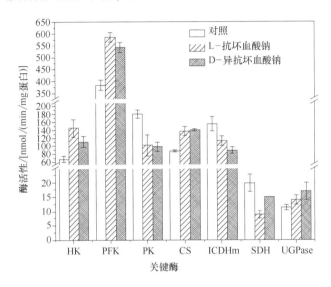

图 3-4　发酵第 5d 木葡萄糖酸醋杆菌 CGMCC 2955 中心碳代谢关键酶活性

HK: 己糖激酶; PFK: 果糖-6-磷酸激酶; PK: 丙酮酸激酶; CS: 柠檬酸合酶; ICDHm:

异柠檬酸脱氢酶; SDH: 琥珀酸脱氢酶; UGPase: 尿苷二磷酸葡萄糖焦磷酸化酶。

利用扫描电镜对菌体形态进行了观察, 结果表明, L-抗坏血酸钠和 D-异抗坏血酸钠对木葡萄糖酸醋杆菌 CGMCC 2955 菌体形态没有影响; 利用 RT-PCR 对群体感应基因 $luxR$ 和磷酸二酯酶基因 $pdeA$、$pdeB$ 的表达水平进行了验证, 发现添加 L-抗坏血酸钠和 D-异抗坏血酸钠后菌体 $pdeA$ 和 $pdeB$ 基因表达水平均显著降低 ($P<0.01$), $pdeA$ 基因的表达水平分别只有对照组的 50% 和 70%, $pdeB$ 基因的表达水平分别只有对照组的 10% 和 30%。磷酸二酯酶基因表达水平的显著降低可能使菌体细胞内 c-di-GMP 含量相应升高, 从而使 BCS 的活性提高, 进而提高 BC 合成量。另外, L-抗坏血酸钠和 D-异抗坏血酸钠的添加, 降低了活性氧自由基对菌体的毒害, 对照组需要更多的碳源用于合成还原性物质和细胞保护性物质。对合成的 BC 进行理化性质表征, 添加 L-抗坏血酸钠和 D-异抗坏血酸钠所合成 BC 与对照组相比, 微观结构、化学基团以及结晶度没有差异, 热稳定性差异不大。

Wu 等利用黄酒酿造废水替代去离子水制备 HS 培养基, 静态发酵 7d, BC 合成量较对照组提高了 2.5 倍, 达到 10.38g/L, 碳源糖与 BC 的转化率达 57%[60]。这是由于酒糟水中富含多种营养成分, 促进了菌体生长, 也提高了 BC 的合成。

第三节　发酵过程参数对细菌纤维素合成的影响

微生物对环境变化能做出迅速反应, 不同菌株做出的反应强度有所区别。与微生物发酵相关的主要的环境参数有菌种种龄、接种量、pH、温度、氧浓度和二氧化碳浓度等，对于动态发酵还涉及溶解氧浓度、搅拌速度等。

一、种龄与接种量

微生物菌种的质量，直接影响到发酵生产效率。种龄的长短与菌种的质量密切相关。种龄不够或过长，都会导致 BC 合成量下降。采用氧化葡萄糖杆菌 B-2 进行 BC 发酵，当种龄从 8h 到 24h 时，BC 合成量从 1.1g/L 增加到 3.77g/L；36h 时，BC 合成量达到 4.34g/L，种龄继续延长，BC 合成量下降[44]。

接种量的多少会影响到发酵周期，采用较大的接种量，可以缩短延迟期，加快菌体生长，使 BC 合成期提前。但是接种量过多，超过一定值后常导致底物前期消耗过快，不利于后期产物积累；接种量过少，会延长发酵周期，对生产纤维素不利。在一定的发酵周期内，不同的接种量对 BC 合成量有一定影响，接种量 0.5%～5%，BC 合成量增加，5%～8%的区间内时，BC 合成量达到最大值，继续增加接种量，合成量不再增长。当接种量为 6%时，木醋杆菌 M12 菌株的 BC 合成量达到最大值，为 2.54g/L[25]。

二、温度与 pH

温度影响菌体的生长和 BC 生成。大多数 BC 生产菌株的发酵最适温度范围是 28～30℃。在温度 20～40℃范围内，木醋杆菌 M12 菌株发酵合成 BC，超过 40℃时，菌体不能生长；低于 20℃时，菌体生长和 BC 合成速率甚低；最适发酵温度以 30℃为好。也有研究认为，发酵温度会影响 BC 的晶体结构，在 4℃条件下，木醋杆菌 ATCC 23769 发酵合成的 BC 膜中含有 II 型纤维素的纤维素带，而在 28℃条件下，则含有 I 型纤维素[61]。

发酵培养基初始 pH 和发酵过程中的 pH 均会影响到微生物细胞的生长和 BC 的合成。pH 会通过改变细胞膜的电荷以及菌体环境的离子强度，进而影响 BC 的合成量。虽然不同菌株的最适初始 pH 有所差别，但是大多数用于 BC 生产菌株的最适初始 pH 为 4.0～6.0。以木醋杆菌 M12 为例，30℃静态发酵 6d，初始 pH 在 4～6 范围内 BC 合成量最高[25]。

三、通风（氧浓度）与搅拌

大多数 BC 生产菌株，为专性好氧菌，具有趋氧性。静态发酵过程中，菌体细胞镶嵌在纤维素膜内部，漂浮于气液界面获取气液界面处的氧气，以维持生长和代谢。采用动态发酵，通过提高氧的供给，是否可以提高 BC 合成量试验表明，虽然采用机械搅拌或振荡培养有利于氧传递速率，也有利于菌体的生长与代谢，但是，与动态发酵相比，静态发酵时的 BC 合成效率更高。

郑鑫在木葡萄糖酸醋杆菌 CGMCC 2955 的静态发酵过程中，向液相通入含氧浓度分别为 40%、60% 和 80% 的富氧空气，通过提高发酵体系的供氧能力，以提高 BC 合成量[62]。结果表明，虽然在发酵前期，通入富氧空气的实验组较静态发酵的对照组的菌体生长速率有所提高，但是发酵结束时，BC 合成量相差不大。代谢组学分析表明，在发酵初期，通入富氧空气加快了葡萄糖的消耗，胞内葡萄糖含量低于对照组，中间代谢物葡萄糖酸快速积累，但随着葡萄糖被耗尽，葡萄糖酸被快速消耗。

Watanabe 等从另外一个角度，即改变静态发酵过程中气相氧浓度，考察其对 BC 合成及其物理特性的影响[63]。当氧浓度为 10%~15% 时，BC 合成量最大，随氧浓度提高，菌体生长量变化不大。通过测定不同氧浓度下 CO_2 的浓度，氧浓度越大，CO_2 的浓度越高，说明氧浓度增大时，细胞呼吸作用加强，从而使 TCA 循环加速，促使葡萄糖转向 TCA 循环，相对减少了 BC 的合成。另外，当氧浓度为 10%~15% 时，BC 膜呈柔软状态，随着氧浓度增大，BC 膜的韧性增强。通过电镜观察，氧浓度对微纤的直径没有显著影响，但影响到微纤两个分支点之间的距离。这一现象可以解释 BC 膜的韧性为何在不同氧浓度下有所不同。

针对气相 CO_2 分压对 BC 合成的影响，Kouda 等在 50 L 发酵罐中，在曝气或搅拌培养过程中通入含 10% CO_2 的空气或富氧空气，考察其对 BC 生成过程中的摄氧率、细胞生长速率、ATP 浓度的影响[64]。结果表明，高 CO_2 分压（15.2~20.3kPa）会减少细胞浓度、BC 生成速率与得率。当提高摄氧率与活细胞的 ATP 含量时，则 BC 的比生成速率提高。这表明高 CO_2 分压引起 BC 的生产速率降低是由于细胞生长速率降低，细胞浓度下降，而不是抑制细胞的 BC 合成。

氧气的供给方式不同，对菌体生长和 BC 合成影响明显。采用 50L 内循环气升式反应器，进行木醋杆菌 BPR2001 菌株发酵生产 BC，以通风比为 $2m^3/(m^3 \cdot min)$ 通入含氧 39% 的富氧气体，菌体浓度较对照组（通入空气）提高 4 倍，BC 合成量也由对照组的 3.8g/L 提高到 8g/L[65]。Kouda 等通过改进搅拌桨叶，研究了通风与搅拌培养对木醋杆菌亚种 BPR300lA 发酵合成 BC 的影响，当氧的传递速率由 10mmol/（L·h）提高到 40mmol/（L·h），BC 产率从 0.1g/（L·h）提高到 0.4g/（L·h）[66]。

已知气相氧浓度对于 BC 的合成及其网状结构有一定影响，当以葡萄糖为碳源时，氧分压对中间代谢物葡萄糖酸的合成与利用有显著影响，并且葡萄糖与 BC 的转化率较甘油为碳源时低。以甘油为碳源时，糖异生途径是菌体代谢的关键途径，FBP 是糖异生途径的限速酶。李思琦采用 fbp 过表达菌株木葡萄糖酸醋杆菌 CGMCC 2955-fbp+ 菌株和木葡萄糖酸醋杆菌 CGMCC 2955 为试验菌株，分别选择低氧浓度 15%、中氧浓度 21% 和高氧浓度 40% 三个条件，以葡萄糖为单一碳源为对照组，以相同摩尔浓度的甘油替代葡萄糖成为唯一碳源进行 BC 发酵[43]。结果表明，无论氧浓度高低，甘油为碳源时木葡萄糖酸醋杆菌 CGMCC 2955 和木葡萄糖酸醋杆菌 CGMCC 2955-fbp+ 两株菌的底物（甘油）与 BC 的转化率均高于对照组一倍左右。通过代谢组学和胞内相关酶活性水平分析结果表明，随着氧浓度的增大，EMP 途径关键酶以及 UGPase 酶活性降低，氨基酸以及脂肪酸的相对含量增加。在 15% 氧浓度条件下，FBP 蛋白的过表达会促进 D-木糖、D-塔格糖以及脯氨酸的显著积累。就木葡萄糖酸醋杆菌 CGMCC 2955 而言，以葡萄糖为碳源比以甘油为碳源合成的 BC 膜孔隙率降低，且随着氧浓度的增大，孔隙率增大。不同氧浓度，以甘油为碳源，木葡萄糖酸醋杆菌 CGMCC 2955-fbp+ 合成的 BC 膜孔隙率最大，且随着氧浓度的增大，孔隙率增大。同时甘油和 FBP 蛋白的表达可显著降低 BC 产物的结晶度，但对 BC 的热稳定性及机械强度无显著影响。

四、其他因素

在 BC 静态发酵过程中，菌体细胞在气液界面处生存，从气相中获得氧气，从液相中获得其他营养物质以合成 BC。营养物质的传质过程分为两个阶段：第一阶段是从培养基扩散至 BC 膜下层；第二阶段是从 BC 膜下层传递到活细胞周围为细胞所利用，第二阶段的传质过程相对更为复杂。在 BC 合成过程中传质的影响，特别是在 BC 膜中的传质研究少有报道。由于静态发酵中 BC 的合成是在气液交界处合成，因此，提高气液面积，有利于提高 BC 的合成。但当底物浓度一定时，BC 的合成量与培养基的体积也有关。合适的气液面积与液体的体积之比，是提高 BC 生产效率的主要因素之一。工业生产中多采用较大的浅盘进行发酵，一般这一比值在 $1 \sim 2.5 \mathrm{cm}^{-1}$ 范围内。

(1) BC 膜厚度为 3mm　　(2) BC 膜厚度为 2cm　　(3) BC 膜厚度为 10cm

图 3-5　不同形状发酵容器中合成的 BC 膜厚度[67]

静态发酵生产 BC 的过程中，实验室最常用的容器是培养皿、烧杯和三角瓶。采用前两种容器获得的最大 BC 膜厚度，一般大约为 4cm。采用上小下大的三角瓶进行培养时，BC 的合成量明显高于上大下小的漏斗状容器或上下相同平皿和烧杯时合成 BC 的量（图 3-5）。

人们认为其原因是"容器壁效应"，即随着 BC 在气液接触面的形成，BC 膜与培养容器之间逐渐接触，而容器壁与 BC 之间形成摩擦，阻碍 BC 膜在合成过程中的下移。而在三角瓶中由于培养容器上小下大，在上部形成的 BC 膜直径小于下部培养容器的直径，所以 BC 膜在下移的过程中不会受到容器壁的摩擦阻力，提高了 BC 的合成量。

第四节　静　态　发　酵

静态发酵法是目前 BC 生产采用最多的方法。静态发酵可采取接种后直接静态发酵的一步发酵法；也可采取先进行通气发酵获得大量生长良好、活力高的菌种，然后进行静态发酵；还可采取静态发酵到一定时间后，流加新鲜培养基的流加发酵法。流加发酵的方法可提高底物转化率。

由木葡糖酸醋杆菌 GO 静态发酵过程参数变化曲线可知（图 3-6），2d 后菌体由延滞期进入对数生长期，第 6d 菌体量达到最大值，随着发酵时间的延长，菌体量有所下降，开始进入衰退期。在 0~3d 葡萄糖浓度由初始的 25g/L 降至 7.5g/L，消耗的葡萄糖主要用于菌体生长与增殖，以及代谢前体物质与副产物，如葡萄糖酸等的生成。发酵第 3d，葡萄糖酸合成量为 10.6g/L，醋酸为 1.40g/L，此时 BC 合成量为 4.24g/L。随后，BC 合成量由 4.24g/L 增至 7.25g/L，菌体量由 0.90g/L 增至 1.72g/L。如前所述，发酵生成的副产物醋酸可作为能源物质被利用，进入 TCA 循环产生的 ATP 可抑制 NAD 相关的脱氢酶活性，使流向磷酸戊糖途径方向的碳流减少，碳流更多地流向 BC 合成方向。葡萄糖酸的生成，使得培养基 pH 降低，进而影响葡萄糖与 BC 合成量之间的转化率。但是，随着发酵的进行，葡萄糖酸浓度趋于降低，也就是葡萄糖酸作为碳源用于 BC 的合成。

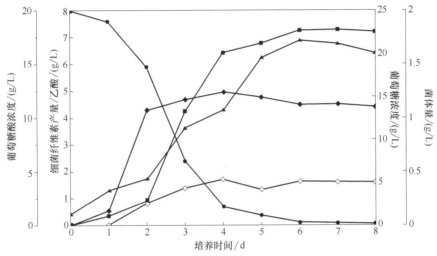

图 3-6　木葡萄糖酸醋杆菌 GO 静态发酵过程参数变化

■：BC；　▲：菌体量；　◇：醋酸；　◆：葡萄糖酸；　●：葡萄糖

由于木葡萄糖酸醋杆菌 GO 菌株的葡萄糖酸和醋酸合成能力较强，为此，李飞通过诱变筛选，获得一株较少合成葡萄糖酸和醋酸的诱变菌株木葡萄糖酸醋杆菌 GO2-9[28]。静态发酵表明，发酵过程中副产物有机酸的合成量仅为出发菌株木葡萄糖酸醋杆菌 GO 的一半，BC 合成量提高了 67%，达到 10g/L。运用代谢通量分析方法，对相关关键节点的代谢通量进行分析，可知木葡萄糖酸醋杆菌 GO2-9 菌株的生物量、BC 合成量，进入磷酸戊糖途径和三磷酸循环的代谢流量分别比出发菌株提高 0.7%、16%、10% 和 28%；生成副产物有机酸的代谢流减少 35%。出发菌株有 24.4% 的醋酸从醋酸节点分泌到胞外，木葡萄糖酸醋杆菌 GO2-9 菌株仅有 6.5%。减少合成有机酸——葡萄糖酸和醋酸的代谢流，可有效提高 BC 合成量。

李佳颖分别选择以葡萄糖酸为唯一碳源，葡萄糖和葡萄糖酸共同为碳源，初始碳源为葡萄糖后期流加葡萄糖酸三种添加碳源的方式，考察了发酵过程中葡萄糖酸含量的变化及其对木葡萄糖酸醋杆菌 CGMCC 2955 发酵合成 BC 的影响[68]。以葡萄糖酸为唯一碳源，分别采用静态和动态发酵，BC 的合成量分别是不添加碳源对照组（对照组培养基组成：酵母粉 7.5g/L，蛋白胨 10g/L，Na_2HPO_4 10g/L）的 9 倍和 2.3 倍。这表明该菌株可以利用葡萄糖酸合成 BC。初始培养基中含有 5g/L 葡萄糖和 5.4g/L 葡萄糖酸为碳源（5 g 葡萄糖中碳原子数与 5.4 g 葡萄糖酸中碳原子数相当），静态和动态发酵条件下 BC 的合成量分别是初始 10g/L 葡萄糖为唯一碳源时 BC 合成量的 85.96% 和 95.85%。这表明不同碳源会影响 BC 的合成量。当葡萄糖和葡萄糖酸两种碳源共存时，菌株优先利用葡萄糖合成 BC，葡萄糖消耗完全后，菌体利用葡萄糖酸继续合成 BC。在木葡萄糖酸醋杆菌 CGMCC 2955 菌株培养过程中分别在 32、56、104、120 和 128h 流加 5.4g/L 的葡萄糖酸，测定 144h 时 BC 合成量，分别比无添加对照组提高 16.7%、37.1%、39.3%、57.0% 和 31.0%。表明在发酵过程的一定阶段流加葡萄糖酸有利于提高 BC 合成量。

针对醋酸对菌株生长和 BC 合成的影响，尤勇的实验结果表明，添加一定浓度的醋酸，可有效提高 TCA 循环过程中关键酶以及 BC 合成途径中关键酶的活性，且抑制了糖酵解过程中关键酶活性，但当醋酸的添加量超过 4.5g/L，糖酵解途径活性有所提升，BC 合成途径中关键酶活性受到抑制，导致 BC 的合成量降低[55]。

为提高 BC 静态发酵效率，马霞设计了一套用于 BC 静态发酵的装置（图 3-7），该装置由直径为 42cm，高为 10cm 的圆柱状不锈钢反应器，空气通入系统和培养基流加系统组成[25]。反应器装液量为 13L。采用该装置，不仅可以进行静态发酵，也可以在通入空气条件下进行动态发酵，还能够进行流加发酵。流加静态发酵（Fed-batch static fermentation，FSF）是指在静态发酵过程中向反应器中间歇或连续地补加新鲜培养基，直至发酵过程完成。与静态发酵相比，流加静态发酵具有减少底物抑制、延迟生产周期、提高设备利用率等优点。利用该装置进行木醋杆菌 M2 静态发酵，第 8dBC 合成量达到最大值，为 3.40g/L（表 3-5）。相比较，采用流加静态发酵，发酵周期延长到 20d，BC 合成量达 11.7g/L。流加静态发酵的 BC 合成量是静态发酵时的 3.44 倍，前者的糖转化率为 0.138g BC/g 葡萄糖，较静态发酵提高 10.1%。

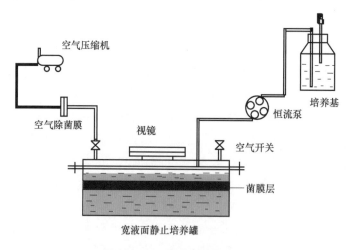

图 3-7　BC 静态发酵装置

反复静态发酵（Repeated static fermentation，RSF）是指静态发酵结束后，分离出产物，加入新鲜培养基继续发酵，发酵结束后重复前面的操作的一种发酵方式，目的是提高反应器的使用效率。反复静态发酵周期为 6d，反复进行五次静态发酵，取五次发酵合成 BC 量的平均值，BC 合成量为 3.04g/L（表 3-5），低于静态发酵的结果，但是反应器效率高于静态发酵的反应器效率。

表 3-5　　　　　　　　　　　不同发酵方式对 BC 发酵生产的影响

发酵方式	静态发酵	流加静态发酵	反复静态发酵	气升罐发酵
BC 合成量/(g/L)	3.40	11.7	3.04*	2.98
糖转化率/(g/g)	0.124	0.138	0.114	0.112
发酵时间/d	8	20	6	6
发酵液残糖/(g/L)	3.70	3.81	3.90	4.01
反应器效率/[g/(L·d)]	0.425	0.585	0.507	0.497

*反复进行五次静态发酵后的平均值。

第五节　动　态　发　酵

动态发酵是相对静态发酵而言，是指采用摇瓶、机械搅拌罐和气升罐等装置进行菌株培养，获得产物的过程。尽管静态发酵合成 BC 早已成功应用于商业领域，然而，有观点认为动态发酵更有利于提高 BC 生产效率。

刘淼将木葡萄糖酸醋杆菌 CGMCC 2955 接种于摇瓶，分别进行动态和静态发酵，结果如图 3-8 所示。动态发酵过程中，随着转速的提高，细胞浓度不断上升 [图 3-8（1）][69]。静态发酵时的细胞浓度始终大于 80r/min 的动态发酵条件下的细胞浓度，4d 时，细胞浓度为 $OD_{600} = 1.515$，略高于 180r/min 动态发酵时的细胞浓度（$OD_{600} = 1.433$）。

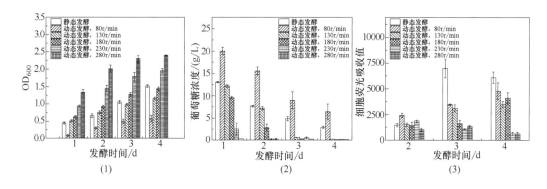

图 3-8　动态与静态发酵条件下相关参数的变化
（1）细胞浓度；（2）葡萄糖浓度；（3）细胞荧光吸收值（利用碘化丙啶对细胞进行染色，
利用酶标仪测定荧光强度，激发波长和发射波长分别为 535nm 和 617nm）

动态发酵过程中，在 130~280r/min 条件下的葡萄糖消耗速率快，特别是在 230r/min 和 280r/min 下，发酵第 2d，葡萄糖几乎耗尽 [图 3-8（2）]。葡萄糖酸是该菌株以葡萄糖为底物时的主要副产物，230r/min 和 280r/min 条件下，发酵第 1d 时葡萄糖酸生成量高，pH 下降。计算可知，动态发酵前期，细胞比生长速率较高，随着发酵时间的推移，比生长速率低于静态发酵组。虽然第 4d 时，230r/min 或 280r/min 条件下的细胞比生长速率显著降低，但是，与静态发酵组相比，细胞荧光吸收值分别下降 65.67% 和 37.54%，细胞活力大幅提高 [图3-8 (3)]。同时，通过扫描电镜观察，菌体细胞表面光滑，与静态发酵时的细胞形态相比较并无变化。由于动态发酵条件下，细胞保持了较高的代谢活力，所消耗的碳源更多地用于细胞生长及其代谢活动，合成的 BC 量比静态发酵的低。这一结果与朱会霞的动态发酵结果[37]一致，随着摇瓶转速的提高，BC 合成量下降，但细胞的生长活力高，反之亦然。

结合动静态发酵过程中木葡萄糖酸醋杆菌 CGMCC 2955 的代谢网络图与检测得到的细胞内相关代谢物的变化可知，随着培养时间的延续，180r/min 及以上时，培养基中葡萄糖消耗殆尽，相应胞内的葡萄糖含量也不断减少。3-磷酸甘油是糖酵解途径的重要中间产物，是 3-磷酸甘油醛合成的前体物，280r/min 下 3-磷酸甘油含量较其他实验组明显提高。甘油酸是三磷酸甘油酸合成的前体物，2～3d 时，动态发酵各组的含量显著低于对照组，动态发酵过程中有利于糖酵解途径相关酶活性的提高。

如前所述，葡萄糖酸是木葡萄糖酸醋杆菌 CGMCC 2955 以葡萄糖为底物合成 BC 时的主要副产物，多元统计分析结果显示，葡萄糖酸是一种生物标志物，对不同培养时间下，各实验组的聚类分组贡献率高。利用假稳态分析，钟成等研究该菌株以葡萄糖为底物的代谢流分布，结果表明，40% 的碳源流向葡萄糖酸[70]。木葡萄糖酸醋杆菌 CGMCC 2955 静态发酵时葡萄糖酸先积累，在葡萄糖耗尽后，用于合成 BC。动态发酵时葡萄糖酸的合成量相对静态发酵时显著下降，随发酵时间的延长无明显变化。说明动态发酵时，碳代谢流并没有流向葡萄糖酸，转向了其他代谢途径，这可能是其 BC 合成量低的原因。

除与碳代谢途径相关外，作为重要的初级代谢产物，氨基酸在这一过程中也发挥了重要作用。当微生物细胞受到环境因素，如强烈的剪切力、冷冻、高温、乙醇胁迫和氧化等影响时，胞内氨基酸含量会显著积累，起到细胞保护剂的作用。动态发酵过程中，随着转速增加，流体剪切力增大，不仅使得 BC 的形态和结构发生改变，而且给细胞的生长造成一定影响[71]。在 280r/min 条件下的发酵初期，胞内的缬氨酸、亮氨酸、异亮氨酸、丙氨酸、丝氨酸、苏氨酸、脯氨酸和谷氨酸显著性积累，其含量分别是同一时间点静态发酵时菌体细胞内氨基酸含量的 5.80、1.69、4.03、7.92、8.86、4.07、4.83 和 16.77 倍。这是细胞对流体剪切力胁迫做出的应激反应，以保护细胞的完整性。此外，流体剪切力也影响到木葡萄糖酸醋杆菌 CGMCC 2955 菌体细胞膜的流动性和完整性，脂肪酸和磷脂前体物质在胁迫过程中起主要的调节作用。

为对抗流体剪切力对细胞的影响，木葡萄糖酸醋杆菌 CGMCC 2955 细胞会通过一系列的代谢，生成有利于保护细胞的应激代谢物，如海藻糖、脯氨酸和谷氨酸等。280r/min 条件下发酵 2d 时，细胞内海藻糖生成量较静态发酵快速增加，提高了上千倍，随后合成速率减慢，但高于静态发酵时数倍的水平。脯氨酸和谷氨酸的相对含量变化趋势与海藻糖相同，即在 280r/min 条件下发酵 2d 时，两者的含量较静态发酵分别提高 380% 和 1570%，这也表明脯氨酸和谷氨酸起到了保护细胞的作用。

气升罐相对于机械搅拌罐具有剪切力相对较低、运行成本低等优势。马霞设计了一台内径10cm、高度39cm、不锈钢材料的气升罐。采用优化后的培养基，在通气量为 2m³/（m³·min），发酵时间 6d，BC 合成量到达 2.98g/L（表3-5）[25]。由表3-5可知，气升罐发酵合成 BC 量不仅最低，而且葡萄糖转化率、培养基残糖和生产效率均处于劣势。除菌株的原因以外，更多的是由于 BC 合成过程中，BC 本是与细胞交织在一起，剪切力不仅伤害到菌体，而且导致所合成的 BC 呈絮状等不规则形状。

另外，也有采用机械搅拌罐与内部环路气升式发酵罐进行 BC 动态发酵的报道[72]，但是，从生产效率而言，均略逊于静态发酵的方法。

第六节　细菌纤维素工业化规模生产

人们试图采用机械搅拌罐进行 BC 发酵，以利于产品的标准化生产，但是，与静态发酵相比，该法生产效率低，难以大规模化生产。为改进静态发酵占地面积较大、手工劳动强度大等问题，研究人员从发酵装备的机械化、自动化等方面，在中试的规模下进行了大量的研究，但是，收效甚微。Hornung 等设计了一套可以连续增加 BC 膜厚度的四方形反应器（体积为 500mm×900mm×500mm）进行静态发酵（图3-9）[73]。在这一反应器的顶部安装有向下喷洒发酵液的装置，相当于连续补料式发酵。采用这一装置连续发酵 6 周，取得了 BC 膜每天增厚 2mm，每天产 BC 膜干重 9g 的好成绩。但是，至今未见进一步的报道。

目前，BC 的工业化生产仍采用静态发酵方法。发酵装置采用气液界面面积大的浅盘。BC 生产工艺流程如图3-10 所示。原料为检验合格的椰子水，也可是椰子汁、菠萝汁、冬瓜汁、魔芋水解液、废糖蜜、豆粕水解液、玉米浆

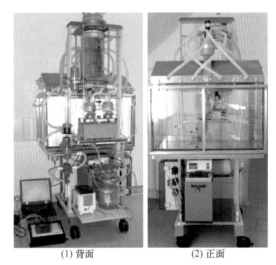

(1) 背面　　　　(2) 正面

图3-9　生物反应器

等。经配料制成适宜 BC 膜生产的发酵培养基［图3-10（1）］。经煮沸杀菌后在 80~85℃倒入发酵浅盘，待自然冷却至一定温度，将活化好的菌株［如木葡萄糖酸醋杆菌，图3-10（2）］接种到装有发酵培养基的浅盘中。发酵浅盘应放置在达到一定卫生要求的发酵间进行静态发酵［图3-10（3）］。经过 4~10d 时间发酵，获得 BC 膜。将 BC 膜片取出后，经过洗涤、分割成一定厚度的膜片［图3-10（4）］并进一步的漂洗筛选，也可进一步加工成其他形状的产品。再经产品检验，真空包装，即可得到合格的 BC 产品［图3-10（5）和（6）］。

(1) 培养基配料　　　　(2) 种子培养　　　　(3) 静态发酵

(4) 分割切片　　　　(5) 包装　　　　(6) 检验

图 3-10　椰纤果工业化生产流程的主要阶段

第七节　直流电场下细菌纤维素的合成

传统制造微型产品的方法，如精细加工等在控制产品尺寸及形状方面有着不小的局限性。由于不同的生物系统，如微生物、动物和植物等都能形成跨越多个尺度、精密复杂的层次结构，这种局限性很可能被"生物加工（Biofabrication）"这样一种利用生物系统自下而上的制造方法所打破。控制生物加工过程的方法很多，如控制电场、磁场、温度、pH 或化学梯度等，通过外界条件刺激有可能对生物过程进行人为的操作。基于此，将细胞置于直流电场中，使其运动方向受到调控，进而影响 BC 纳米纤维的排列组装方式，生成具有特定结构的 BC 膜，赋予 BC 材料新的性质。

一、直流电场对菌体细胞形态、分布和运动行为的影响

将木葡萄糖酸醋杆菌 CGMCC 2955 接种于直流电场发酵装置中（图 3-11），30℃ 培养72h 后，分别抽取阴阳两极处发酵液，采用稀释涂布平板法进行菌落计数，阴极处发酵液中的菌体浓度要高于阳极处（表 3-6）。随着电场强度的增加，阴阳两极附近菌体细胞数的比例上升，差距越来越大，阴极处的活菌数占总菌数的比例越来越高。阴极附近细胞浓度高的原因：一是阴极电解水形成的还原性环境有利于菌体细胞生长，另外有可能是菌体表面形成双电层，在库仑力的作用下迫使细胞向阴

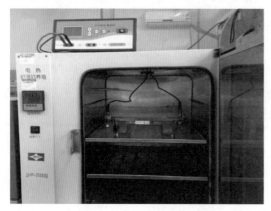

图 3-11　直流电场发酵装置

极移动。虽然阳极电解产生的 O_2 有利于好氧菌的生长，但是，在试验条件下 O_2 不是对菌体生长产生影响的主要因素。

表 3-6   不同电场强度下阴阳两极处菌液中活菌数的比例及菌体运动速度

电场强度/(V/cm)	0	0.25	0.5	0.75	1
菌落数比例(阴极:阳极)	0.95:1	2.07:1	2.27:1	3.58:1	7.64:1
菌体运动速度/(μm/min)	0	1.15	1.62	2.78	4.63

采用 DYCP-31DN 型电泳槽作为发酵容器，稳定的直流电场由 DYY-8C 型电泳仪提供，电泳槽使用前表面经 75%（体积分数）乙醇擦拭并用紫外线照射 2h 灭菌，培养时将电泳槽置于电热恒温培养箱中，保持 30℃ 温度。

发酵条件：30℃，72h。

分别取 0 和 1V/cm 直流电场条件下培养至 72h 的木葡萄糖酸醋杆菌 CGMCC 2955 细胞样品，进行扫描电镜显微观察。0 条件下细胞典型特征明显［图 3-12（1）］，结构完整，呈杆状，直或稍弯曲，两端略尖，直径为 0.3~0.4μm，长度为 3~4μm。在 1V/cm 条件下细胞形态［图 3-12（2）］与对照相比［图 3-12（1）］，细胞形态发生了变化。虽然保持完整，但相互粘连，细胞由细长形的杆状变为短粗形杆状，直径增大，长度缩短。部分细胞不能维持完整形态，表面局部出现孔洞或塌陷，有可能是电场导致的细胞膜穿孔，孔洞大量增加导致菌体细胞破裂，这也是高直流电场条件下活菌数下降的原因。另外，值得注意的是，同一直流电场强度下阴阳两极处生长的菌体细胞在外观形态上无显著区别。

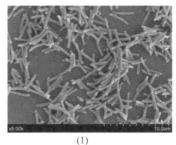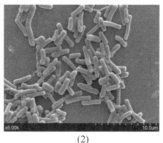

(1)   (2)

图 3-12   0（1）和 1V/cm（2）条件下木葡萄糖酸醋杆菌 CGMCC 2955 的扫描电镜照片

Adler 等采用游动平板法定量研究细胞趋化感应的行为，其原理是在培养体系中加入 0.2%~0.3% 较低浓度的琼脂，使得菌体细胞能够在琼脂培养液表面游动，以表现细胞的运动行为[74]。实验表明，琼脂浓度为 0.2% 的平板上木葡萄糖酸醋杆菌 CGMCC 2955 细胞的趋化性运动最强。为此，将含 0.2% 琼脂的发酵培养基倒入电泳槽中，在培养基中央处划线，将种子液均匀接种在所划线上，通入不同强度的直流电场。在直流电场的作用下，细胞不断向阴极移动，而且随着电场强度的增加，菌体偏离初始位置的距离增加，说明菌体的运动速率随电场强度的增加而变大。发酵结束后，根据初始划线位置与培养结束后菌群所在的位置，推算出菌体运动速度，结果如表 3-7 所示。

表 3-7   不同电场强度下菌体细胞在游动培养基上的运动速度

电场强度/(V/cm)	0	0.25	0.5	0.75	1
菌体运动速度/(μm/min)	0	1.15	1.62	2.78	4.63

二、直流电场对 BC 微观结构的影响

根据 Brown 等的报道，静态发酵时 BC 的合成速度为 2μm/min。假设在 0 ~ 1V/cm 电场强度下木葡萄糖酸醋杆菌 CGMCC 2955 合成 BC 的速度也为 2μm/min，那么当菌体细胞运动速度超过这一值时，是否会影响 BC 微纤维的排列组装过程，进而最终影响 BC 3D 网络的结构（图 3-13）[75]？

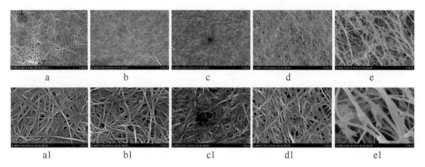

图 3-13　暴露在 0（a，a1）、0.25（b，b1）、0.5（c，c1）、0.75（d，d1）及
1.0V/cm（e，e1）电场强度下，木葡萄糖酸醋杆菌 CGMCC 2955 产生的细菌纤维素的扫描电镜照片

静态发酵条件（0V/cm）下生成的纤维素微观结构为一股股相连的微纤维通过无规则的层状重叠及相互缠绕，最终形成致密的、随机排列的三维网状结构，单纤维丝的宽度约 0.05μm。电场强度为 0.25 ~ 0.5V/cm 条件下生成的 BC 的网络结构，相对密度较小。此电场强度下，虽然细胞的运动速度会影响 BC 的密度，但对 BC 微纤维的排列方式的影响甚微。

随着电场强度的增加，细胞的运动速度也随之增加，进而影响纤维素网络的形成。在 0.75V/cm 条件下合成的 BC，其纤维束排列已呈现出不同，纤维束呈直线状，并不同于常规的弯曲状。表明在电场的作用下细胞的运动速度接近细胞生成 BC 的速度时，电场会影响 BC 网络中单纤维的形态，但还不能使各个纤维束按同一方向聚集。

在 1V/cm 条件下，细胞的运动速度足以快到影响 BC 纤维束的形成，此时，纤维束基本上有了一定的方向性。数条来自不同细胞生成的纤维束缠绕在一起形成一条直径更粗的纤维，直径为 0.15 ~ 0.2μm，粗纤维与粗纤维之间有少量分支细纤维相连。纤维束的同向排列和纤维直径的增加，能够提高 BC 沿纤维轴向的力学性能。

三、直流电场下细胞运动模式

静态发酵条件（0V/cm）下，木葡萄糖酸醋杆菌 CGMCC 2955 细胞在发酵液中做随机运动，这种运动伴随着细胞不断向胞外分泌 BC，各细胞分泌的微纤维交叉、聚合、结晶，最终形成典型的 BC 3D 网络结构，而细胞镶嵌在 BC 网络中 [图 3-14（1）]。施加直流电场后，细胞向阴极迁移，其迁移速度与电场强度呈正相关。当细胞的迁移速度大于其 BC 的合成速度时，合成的 BC 纤维会拖曳在其身后。由于细胞与细胞的运动方向大体一致，

不同细胞合成的 BC 纤维相互缠绕、聚集、交织，形成直径更大的纤维束，使之具有一定程度的方向性 [图 3-14（2）]。如果能够通过控制直流电场的强度与方向来控制细胞的运动速度与方向，有可能以 BC 纤维为"线"进行"纺织"，甚至能够直接合成定制规格的纤维素产品。

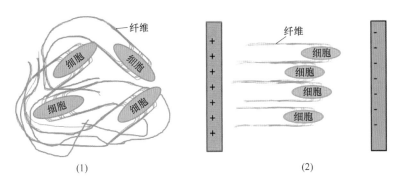

图 3-14　细胞的运动模式

（1）无电场下；（2）直流电场下

参 考 文 献

［1］ Yamada Y. *Acetobacter xylinus* sp. nov., nom. rev., for the cellulose-forming and cellulose-less, acetate-oxidizing acetic acid bacteria with the Q-10 system［J］. The Journal of General and Applied Microbiology, 1983, 29（5）：417-420.

［2］ Yamada Y., Kondo K. *Gluconoacetobacter*, a new subgenus comprising the acetate-oxidizing acetic acid bacteria with ubiquinone-10 in the genus Acetobacter［J］. The Journal of General and Applied Microbiology, 1984, 30（4）：297-303.

［3］ Yamada Y., Hoshino K., Ishikawa T. The phylogeny of acetic acid bacteria based on the partial sequences of 16S ribosomal RNA：the elevation of the subgenus *Gluconoacetobacter* to the generic level［J］. Bioscience, Biotechnology and Biochemistry, 1997, 61（8）：1244-1251.

［4］ Yamada Y., Yukphan P., Huong T. L. V., et al. Description of *Komagataeibacter* gen. nov., with proposals of new combinations（*Acetobacteraceae*）［J］. The Journal of General and Applied Microbiology, 2012, 58（5）：397-404.

［5］ Ross P., Mayer R., Benziman M. Cellulose biosynthesis and function in bacteria［J］. Microbiological Reviews, 1991, 55（1）：35-58.

［6］ Carolyn N., Frank D., David H. Production of cellulose microfibils by *Rhizobium*［J］. Applied Microbiology, 1975, 30（1）：123-131.

［7］ Canale-Parola E., Borasky R., Wolfe R. S. Studies on sarcina ventriculi Ⅲ localization of cellulose［J］. Journal of Bacteriology, 1961, 81：311-318.

［8］ Jonas R., Farah L. F. Production and application of microbial cellulose［J］. Polymer Degradation and Stability, 1998, 59：101-106.

［9］ Toyosaki H., Naritomi T., Seto A., et al. Screening of bacterial cellulose-producing *Acetobacter* strains suitable for agitated culture ［J］. Bioscience, Biotechnology and Biochemistry, 1995, 59（8）: 1498-1502.

［10］ Ishikawa A., Matsuoka M., Tsuchida T., et al. Increase in cellulose by sulfaguanidine-resisitant mutants derived from *Acetobacter xylinum* subsp. *Sucrofermentans* ［J］. Bioscience, Biotechnology and Biochemistry, 1995, 59（12）: 2259-2262.

［11］ Ishikawa A., Tsuchida T., Yoshinaga F. Relationship between sulfaguanidine resisitant and increased cellulose production in *Acetobacter xylinum* BPR3001E ［J］. Bioscience, Biotechnology and Biochemistry, 1998, 62（6）: 1234-1236.

［12］ Wulf P. D., Joris K., Vandamme E. J. Improved cellulose formation by an *Acetobacter xylinum* mutant limited in（keto）gluconate synthesis ［J］. Journal of Chemical Technology and Biotechnology, 1996, 67（4）: 376-380.

［13］ Vandamme E. J., Baets S. D., Vanbaelen A., et al. Improved production of bacterial cellulose and its application potential ［J］. Polymer Degradation and Stability, 1998, 59: 93-99.

［14］ Toda K., Asakura T., Fukaya M., et al. Cellulose production by acetic acid resistant *Acetobacter xylinum* ［J］. Journal of Fermentation and Bioengineering, 1997, 84（3）: 228-231.

［15］ Seto A., Kojima Y., Tonouchi N., et al. Screening of bacterial cellulose-producing *Acetobacter* strains suitable for sucrose as a carbon source ［J］. Bioscience, Biotechnology and Biochemistry, 1997, 61（4）: 735-736.

［16］ Kojima Y., Seto A., Tonouchi N., et al. High rate production in static culture of bacterial cellulose by a newly isolated *Acetobacter* Strain ［J］. Bioscience, Biotechnology and Biochemistry, 1997, 61（9）: 1585-1586.

［17］ Yang Y. K., Park S. H., Hwang J. W., et al. Cellulose production by *Acetobacter xylinum* BRC5 under agitated condition ［J］. Journal Fermentation and Bioengineering, 1998, 85（3）: 312-317.

［18］ 贾士儒, 傅强, 张恺瑞, 等. 葡萄糖氧化杆菌发酵生产细菌纤维素的方法. 发明专利, 授权公告号 CN1137268C, 授权公告日: 2004 年 2 月 4 日, 申请日, 1999 年 7 月 19 日, 申请号: 99109800. 5.

［19］ Watanabe K., Tabuchi M., Ishikawa A., et al. *Acetobacter xylinum* mutant with high cellulose productivity and ordered structure ［J］. Bioscience, Biotechnology and Biochemistry, 1998, 62（7）: 1290-1292.

［20］ 刘四新, 李从发, 李枚秋, 等. 纳塔产生菌的分离鉴定和发酵特性研究 ［J］. 食品与发酵工业, 1999, 25（6）: 37-41.

［21］ 余晓斌, 卞玉荣, 全文海, 等. 细菌纤维素高产菌的选育 ［J］. 纤维素科学与技术, 1999, 7（4）: 63-66.

［22］ 马承铸, 顾真荣. 醋菌纤维素高产菌株筛选和菌物鉴定 ［J］. 上海农业学报, 2000, 16（3）: 78-82.

［23］ 熊强. 细菌纤维素生产菌的筛选及其产物性质研究 ［D］. 南京: 南京农业大学, 2001.

［24］ Son H. J., Kim H. G., Kim K. K., et al. Increased production of bacterial cellulose by *Acetobacter* sp. V6 in synthetic media under shaking culture conditions ［J］. Bioresource Technology, 2003, 86（3）: 215-219.

[25] 马霞. 发酵生产细菌纤维素及其作为医学材料的应用研究 [D]. 天津：天津科技大学，2003.

[26] 汤卫华，李飞，贾原媛，等. 细菌纤维素高产菌株的诱变选育和发酵条件研究 [J]. 现代食品科技，2009，25（9）：1016-1019.

[27] Shigematsu T., Takamane K., Kitazato M., et al. Cellulose production from glucose using a glucose dehydrogenase gene（*gdh*）-deficient mutant of *Gluconacetobacter xylinum* and its use for bioconversion of sweet potato pulp [J]. Journal of Bioscience and Bioengineering，2005，99（4）：415-422.

[28] 李飞. 细菌纤维素高产菌株的选育及代谢通量分析 [D]. 天津：天津科技大学，2008.

[29] Hungund B., Gupta S. G. Production of bacterial cellulose from *Enterobacter amnigenus* GH-1 isolated from rotten apple [J]. World Journal of Microbiology and Biotechnology，2010，26（10）：1823-1828.

[30] Ma T., Ji KH., Wang W., et al. Cellulose synthesized by *Enterobacter* sp FY-07 under aerobic and anaerobic conditions [J]. Bioresource Technology，2012，126：18-23.

[31] 胡建颖，吴佳婧，王昕怡，等. 产纤维素菌株的分离鉴定及合成量相关性 [J]. 微生物学通报，2019，46（1）：93-102.

[32] 张桂才. 细菌纤维素高产菌株的选育及利用不同碳源发酵的研究发酵工艺及其应用 [D]. 天津：天津科技大学，2011.

[33] Tonouchi N., Horinouchi S., Tsuchida T., et al. Increased cellulose production from sucrose by *Acetobacter* after introducing the sucrose phosphorylase gene [J]. Bioscience Biotechnology and Biochemistry，1998，62（9）：1778-1780.

[34] Nakai T., Tonouchi N., Konishi T., et al. Enhancement of cellulose production by expression of sucrose synthase in *Aceterbacter xylinum* [J]. Proceedings of the National Academy of Sciences，1999，96（1）：14-18.

[35] Chien L. J., Chen H. T., Yang P. F., et al. Enhancement of cellulose pellicle production by constitutively expressing *vitreoscilla* hemoglobin in *Acetobacter xylinum* [J]. Biotechnology Progress，2006，22（6）：1598-1603.

[36] Nobles D., Brown R. M. Transgenic expression of *Gluconacetobacter xylinus* strain ATCC 53582 cellulose synthase genes in the cyanobacterium *Synechococcus leopoliensis* strain UTCC 100 [J]. Cellulose，2008，15：691-701.

[37] 朱慧霞. 细菌纤维素纳米复合物的生物合成与应用及 *vgbs*⁺ 和 Tn5G 突变子的筛选鉴定 [D]. 天津：天津科技大学，2011.

[38] 闫林. 一株新的葡萄糖醋杆菌的分离鉴定与其群体感应的初探 [D]. 天津：天津科技大学，2012.

[39] 郑欣桐. 醋酸杆菌群体感应与直流电场下细菌纤维素合成的初步研究 [D]. 天津：天津科技大学，2013.

[40] 叶莉. 木醋杆菌群体感应基因 *luxR* 的克隆及其功能分析 [D]. 天津：天津科技大学，2017.

[41] 李晶. 木葡萄糖酸醋杆菌趋化性的研究与相关基因的表达 [D]. 天津：天津科技大学，2012.

[42] 刘淼. 氧分压和透明颤菌血红蛋白对 *Gluconacetobacter xylinus* 合成细菌纤维素的影响及机制研究 [D]. 天津：天津科技大学，2018.

[43] 李思琦. 氧分压及碳源对细菌纤维素合成影响的研究 [D]. 天津：天津科技大学，2019.

[44] 傅强. 细菌纤维素的发酵工艺及其应用 [D]. 天津：天津科技大学，1999.

［45］ 马霞，王瑞明，关凤梅，等. 非碳水化合物对木醋杆菌合成细菌纤维素影响规律的初探［J］. 中国酿造，2004，127（4）：15-17.

［46］ 欧宏宇. 细菌纤维素培养基优化及应用研究［D］. 天津：天津轻工业学院，2000.

［47］ Masaoka S., Ohe T., Sakota N. Production of cellulose from glucose by *Acetobacter xylinum*［J］. Journal of Fermentation and Bioengineering，1993，75（1）：18-22.

［48］ Keshk S., Sameshima K. Influence of lignosulfonate on crystal structure and productivity of bacterial cellulose in a static culture［J］. Enzyme and Microbial Technology，2006，40（1）：4-8.

［49］ Oikawa T., Ohtori T., Ameyama M. Production of cellulose from D-Mannitol by *Acetobacter xylinum* KU-1［J］. Bioscience，Biotechnology and Biochemistry，1995，59（2）：331-332.

［50］ Oikawa T., Morino T., Ameyama M. Production of Cellulose from D-Arabitol by *Acetobacter xylinum* KU-1［J］. Bioscience，Biotechnology and Biochemistry，1995，59（8）：1564-1565.

［51］ Embuscado M. E., Marks J. S. BeMiller J. N. Bacterial cellulose. Ⅱ. Optimization of cellulose production by *Acetobacter xylinum* through response surface methodology［J］. Food Hydrocolloids，1994，8（5）：419-430.

［52］ Lu ZG., Zhang YY., Chi YJ., et al. Effects of alcohols on bacterial cellulose production by *Acetobacter xylinum* 186［J］. World Journal of Microbiology and Biotechnology，2011，27（10）：2281-2285.

［53］ Mikkelsen D., Flanagan B. M, Dykes G. A., et al. Influence of different carbon sources on bacterial cellulose production by *Gluconacetobacter xylinus* strain ATCC 53524［J］. Journal of Applied Microbiology，2009，107（2）：576-583.

［54］ Li YJ., Tian CJ., Tian H., et al. Improvement of bacterial cellulose production by manipulating the metabolic pathways in which ethanol and sodium citrate involved［J］. Applied Microbiology and Biotechnology，2012，96（6）：1479-1487.

［55］ 尤勇. 乙醇、醋酸、乳酸对木葡萄糖醋杆菌合成细菌纤维素的影响及其功能分析［D］. 天津：天津科技大学，2019.

［56］ Matsuoka M., Tsuchida T., Matsushita K., et al. A synthetic medium for bacterial cellulose production by *Acetobacter xylinum* subsp. Sucrofermentans［J］. Bioscience，Biotechnology and Biochemistry，1996，60（4）：575-579.

［57］ Fontana J. D., Joerke C. G., Baron M., et al. *Acetobacter* cellulosic biofilms search for new modulators of cellulogenesis and native membrane treatments［J］. Applied Biochemistry and Biotechnology，1997，63-65（6）：327-338.

［58］ Keshk S. M. A. S. Vitamin C enhances bacterial cellulose production in *Gluconacetobacter xylinus*［J］. Carbohydrate Polymers，2014，99：98-100.

［59］ 杨洋. 不同构型的抗坏血酸钠对木葡萄糖酸醋杆菌合成细菌纤维素的影响研究［D］. 天津：天津科技大学，2018.

［60］ Wu J. M., Liu R. H. Thin stillage supplementation greatly enhances bacterial cellulose production by *Gluconacetobacter xylinus*［J］. Carbohydrate Polymers，2012，90（1）：116-121.

［61］ Hirai A, Tsuji M., Horii F. Culture conditions producing structure entities composed of Cellulose Ⅰ and Ⅱ in bacterial cellulose［J］. Cellulose，1997，4（3）：239-245.

［62］ 郑鑫. 不同浓度富氧空气对细菌纤维素膜的合成及其理化性质的影响［D］. 天津：天津科技大

学，2017.

［63］ Watanabe K. , Yamanak S. Effects of oxygen tension in the gaseous phase on production and physical properties of bacterial cellulose formed under static culture conditions ［J］. Bioscience, Biotechnology and Biochemistry, 1995, 59（1）: 65-68.

［64］ Kouda T. , Naritomi T. I. , Yano H. , et al. Effect of oxygen and carbon dioxide pressure on bacterial cellulose production by *Acetobacter* in aerated and agitated culture ［J］. Journal of Fermentation and Bioengineering, 1997, 84（2）: 124-127.

［65］ Chao Y. , Ishida T. , Sugano Y. , et al. Bacterial cellulose production by *Acetobacter xylinum* in a 50-L internal-loop airlift reactor ［J］. Biotechnology and Bioengineering, 2000, 68（3）: 345-352.

［66］ Kouda T. , Yano H. , Yoshinaga F. Effect of agitator configuration on bacterial cellulose productivity in aerated and agitated culture ［J］. Journal of Fermentation and Bioengineering, 1997, 83（4）: 371-376.

［67］ Hornung M. , Ludwig M. , A Mark Gerrard , et al. Optimizing the production of bacterial cellulose in surface culture: Evaluation of product movement influences on the bioreaction（Part 2）［J］. Engineering in Life Sciences, 2006, 6（6）: 546-551.

［68］ 李佳颖. 葡萄糖酸对细菌纤维素生成的影响研究 ［D］. 天津：天津科技大学，2016.

［69］ 刘淼. 不同微环境下木葡萄糖醋杆菌的代谢组学研究 ［D］. 天津：天津科技大学，2014.

［70］ Zhong C. , Zhang GC. , Liu M. , et al. Metabolic flux analysis of *Gluconacetobacter xylinus* for bacterial cellulose production ［J］. Applied Microbiology and Biotechnology, 2013, 97（14）: 6189-6199.

［71］ Czaja W. , Romanovicz D. , Brown R. M. Structural investigations of microbial cellulose produced in stationary and agitated culture ［J］. Cellulose, 2004, 11（3-4）: 403-411.

［72］ Cheng HP. , Wang PM. , Chen JW. , et al. Cultivation of *Acetobacter xylinum* for bacterial cellulose production in a modified airlift reactor ［J］. Biotechnology and Applied Biochemistry, 2002, 35（2）: 125-132.

［73］ Hornung M. , Ludwig M. , Gerrard AM. , et al. Optimizing the production of bacterial cellulose in surface culture: A novel aerosol bioreactor working on a fed batch principle（Part 3）［J］. Engineering in Life Sciences, 2007, 7（1）: 35-41.

［74］ Adler J. Chemotaxis in Bacteria: Motile *Escherichia coli* migrate in bands that are influenced by oxygen and organic nutrients ［J］. Science, 1966, 153（737）: 708-715.

［75］ Brown R. M. , Willison J. H. M. , Richardson C. L. Cellulose biosynthesis in *Acetobacter xylinum*: visualization of the site of synthesis and direct measurement of the in vivo process ［J］. Proceedings of the National Academy of Sciences, 1976, 73（12）: 4565-4569.

第四章 氧对细菌纤维素生物合成的影响

细菌纤维素（Bacterial cellulose，BC）在作为生物医学材料使用过程中要确保 BC 膜的均匀一致，也就是 BC 膜的孔隙率和纤维密度均匀可控。BC 膜可采用静态发酵的方法直接生产，此时影响其合成的关键因素，除碳氮源等基质外，氧的供给也是不可忽略的。也可采用动态发酵的方法合成丝状的 BC 后，再加工成 BC 膜。动态发酵过程中可采用摇瓶、搅拌罐等，也可采用气相通风等方式，此时，氧的供给便于调控，有利于 BC 的合成。无论是静态发酵，还是动态发酵，氧（空气）的供给不仅影响 BC 膜（或 BC 丝）的合成量，而且直接影响其结构与性质。

第一节 动态发酵条件下氧的供给与细菌纤维素的合成

一、动态发酵对菌体生长和 BC 合成的影响

采用三角瓶进行木葡萄糖酸醋杆菌 CGMCC 2955 发酵过程中，静态发酵时，受损和死亡细胞比重大，即细胞活力最低，随着转速的增加，提高了溶氧速率，加速了葡萄糖的消耗与细胞生长，同时细胞活力提高，与之对应的 BC 合成量如表 4-1 所示[1]。无论是静态发酵还是动态发酵，BC 合成量随时间而增加，但动态发酵时 BC 合成量在前三天低于静态发酵时的 BC 合成量；第 4d 时，230r/min 和 280r/min 条件下的 BC 合成量略高于静态发酵。静态发酵时葡萄糖-BC 的转化率（BC 产量/葡萄糖消耗量）高于动态发酵（表 4-2）。虽然静态发酵条件下细胞活性低于动态发酵时的细胞活性，培养 4d 后，在 230r/min 和 280r/min 转速下，细胞活力分别比静态培养提高了 3.57 倍和 8.81 倍[2]。但静态发酵时单位质量细胞的 BC 合成量高于动态发酵条件时（表 4-3）。较高的细胞活性耗费了大量的碳源于细胞初级代谢上，导致葡萄糖向目的产物——BC 的转化率降低。通过检测细胞内小分子代谢产物，发现动态发酵时增加了葡萄糖至中间副产物葡萄糖酸的转化，进而造成 pH 下降。230r/min 和 280r/min 条件下，发酵第 1d 时葡萄糖酸生成量高，pH 下降。然而，当葡萄糖消耗殆尽时，葡萄糖酸可充当第二碳源，进而合成 BC，这也就是为什么在高转速发酵时，葡萄糖已经消耗殆尽时，BC 合成量依然持续增长的原因（表 4-1）。

表 4-1　　　静态和动态发酵时木葡萄糖酸醋杆菌 CGMCC 2955 的 BC 合成量　　　单位：g/L

时间/d	静态培养	80r/min	130r/min	180r/min	230r/min	280r/min
1	1.04±0.04	0.05±0.00	0.40±0.07	0.65±0.12	0.75±0.06	0.87±0.02
2	1.75±0.14	0.12±0.02	0.65±0.06	1.41±0.17	1.81±0.15	1.78±0.05
3	2.48±0.19	0.20±0.01	0.73±0.03	2.35±0.26	2.27±0.07	2.44±0.12
4	3.62±0.17	0.96±0.23	0.81±0.10	3.48±0.03	3.80±0.09	3.89±0.10

表4-2　静态和动态发酵时木葡萄糖酸醋杆菌 CGMCC 2955 的葡萄糖–BC 的转化率

单位：g/L

时间/d	静态培养	80r/min	130r/min	180r/min	230r/min	280r/min
1	168.65±4.37	8.22±0.35	34.78±2.18	40.63±1.22	31.83±0.56	36.33±0.50
2	176.47±2.42	10.70±0.49	31.58±1.04	66.35±2.17	76.82±2.02	75.55±0.21
3	161.46+6.12	12.70±0.54	30.96±2.01	101.46±3.00	96.35±3.20	103.57±0.12
4	199.26±2.16	50.31±1.30	34.38±3.01	151.08±3.12	161.29±2.02	165.11±0.20

表4-3　　静态和动态发酵时木葡萄糖酸醋杆菌 CGMCC 2955 的 BC 合成效率

单位：$\times 10^{-14}$cfu/g

时间/d	静态培养	80r/min	130r/min	180r/min	230r/min	280r/min
1	5.94±3.02	1.81±0.04	1.37±0.05	0.89±0.11	0.49±0.02	0.43±0.04
2	23.26±2.21	2.48±0.11	1.23±0.11	1.33±0.06	0.85±0.00	0.25±0.00
3	23.27±2.22	2.05±0.75	1.03±0.00	1.93±0.14	0.77±0.11	0.51±0.02
4	4.90±0.16	4.83±0.51	1.09±00.01	1.75±0.23	1.12±0.17	0.54±0.01

另外，在 230r/min 和 280r/min 条件下细胞生长所需碳源不足，缩短了细胞生长周期，使其提早进入指数期和稳定期，生长速率逐渐下降。代谢组学分析表明，高转速条件下细胞内碳中心代谢及 TCA 活性明显提高，发酵第 2d，葡萄糖几乎耗尽，相较于静态发酵葡萄糖消耗提高 75.84%，葡萄糖酸产量下降 65.09%，表明高转速下细胞新陈代谢旺盛，细胞活性高。而高转速使三角瓶内流体剪切力明显提高，细胞内的保护性物质，如海藻糖、脯氨酸和谷氨酸，在培养初期代谢水平，较静态发酵分别提高了 1867%、382.8% 和 1577%。当细胞培养 3d 时，细胞已适应环境胁迫，三种代谢物的含量较培养 2d 时明显下降。

二、氧浓度对菌体生长和 BC 合成的影响

液相通风发酵是指在静态发酵过程中，向发酵液液相通入空气，以提高供氧的一种发酵方法。为不影响 BC 膜的形成，选择较低的通风比 0.25m³/（m³·min），分别通入氧浓度为 40%、60% 和 80% 的富氧气体，结果见图 4-1。发酵前期，通入 40%、60% 和 80% 的高氧浓度组比静态发酵的对照组菌体提前进入对数生长期，在对数期（50~120h）内，试验组的菌体浓度高于对照组的菌体浓度［图 4-1（1）］，与之对应的葡萄糖消耗速率加快，pH 也快速下降［图 4-1（2）和（3）］，这一结果表明通入富氧气体有利于木葡萄糖酸醋

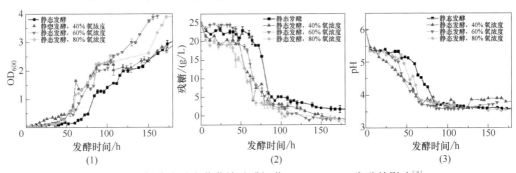

图 4-1　氧浓度对木葡萄糖酸醋杆菌 CGMCC 2955 发酵的影响[3]

杆菌 CGMCC 2955 的生长。在发酵后期，80%氧浓度组与对照组相比较，菌体量明显高于对照组。由于菌体生长与 BC 的合成是同步进行（细胞分泌 BC 的同时，将自身包埋在 BC 中），氧的供给更为充足时，更有利于细胞的生长和 BC 的合成。测定了 BC 合成量，80% 氧浓度组为 1.59g/L，比对照组 1.36g/L 提高了 16%，但是，40%和 60%氧浓度组的 BC 合成量分别为 1.37g/L 和 1.34g/L，与对照组基本持平。静态发酵过程中，合成的 BC 膜 悬浮于气液界面，膜中的菌体细胞主要是从界面上的空气中获得氧气，从液相中获得其他 营养，合成的 BC 膜不断下沉，在气液表面合成新的 BC 膜层。当通入富氧空气后，虽然 有利于提高液相中氧的浓度，但是，只有氧浓度达到 80%时，才会提高 BC 合成量。

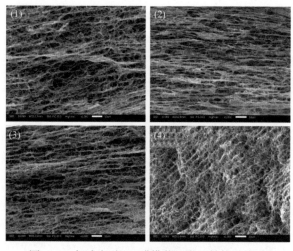

图 4-2　氧浓度对 BC 膜横截面微观结构的影响
（1）静态发酵；（2）（3）和（4）分别
是 40%、60%和 80%氧浓度组

通过扫描电镜观察了通入不同氧浓度富氧气体发酵条件下 BC 膜的横截面微观结构（图 4-2），氧浓度 80%组形成比较密集、整齐的网状结构，而 40%和 60%氧浓度组与对照组均出现明显的层层叠加的结构。40%、60%和 80%氧浓度组的 BC 膜孔隙率分别是 52%、55%和 50%，高于对照组静态发酵的 44%。

不同氧浓度对 BC 膜力学性能的影响如表 4-4 所示。随氧浓度由 40%增至 80%，BC 膜的杨氏模量、拉伸强度和断裂增长率呈增高的趋势，但与静态发酵的对照组相比，除

氧浓度 80%时杨氏模量与对照组持平以外，均低于对照组。氧浓度 40%的拉伸强度仅为对照组的 50%，氧浓度 60%时较对照组下降 11%。但是，氧浓度的变化，没有影响 BC 膜的纯度和化学成分，热分解特性参数和结晶度的变化并不明显。

表 4-4　　　　　　　　　　　氧浓度对 BC 膜力学性能的影响

氧浓度/%	杨氏模量/GPa	拉伸强度/MPa	断裂增长率/%
静态发酵	9.25	173.27	2.70
40	7.06	85.44	1.13
60	8.16	154.36	1.57
80	9.49	146.05	2.43

三、异源表达 VHb 蛋白对菌体生长的影响

Khosla 等研究表明[4]，在相同的发酵条件下，当发酵液溶解氧浓度降至临界值以下时，血红蛋白的表达可提高细胞的呼吸强度，有助于细胞在低氧条件下仍然具有生长优势。此时，异源表达 VHb 的菌株细胞量高于原始菌株。为研究发酵液低溶氧值时如何影响菌体生长，可采用微好氧（三角瓶瓶口使用胶塞密封）的动态发酵法。在 180r/min

30℃条件下对比木葡萄糖酸醋杆菌 CGMCC 2955 和异源表达 *vgb* 基因的木葡萄糖酸醋杆菌 – *vgb*⁺ 发酵过程特征[5]。在微好氧动态发酵时，由于胶塞阻隔了外界空气进入瓶内，瓶内氧的含量一定，氧气会随着菌体的生长繁殖而被消耗趋近于零。当初始接种浓度（OD_{600}）为 0.01 进行微好氧动态发酵，在 15~25h 时，菌体浓度出现差异，木葡萄糖酸醋杆菌 – *vgb*⁺ 细胞浓度较木葡萄糖酸醋杆菌 CGMCC 2955 细胞浓度提高，25h 后进入稳定期。当调整接种浓度（OD_{600}）为 0.02 时，两株菌在 15~20h 进入稳定期，相较于接种量（OD_{600}）为 0.01 时均提前了 10h 左右，并且此时段的木葡萄糖酸醋杆菌 – *vgb*⁺ 的菌体浓度高于木葡萄糖酸醋杆菌 CGMCC 2955。进一步提高接种浓度为 OD_{600}=0.1 时，两株菌在 8h 就进入稳定期，此时，两菌株的菌体浓度变化相同。随初始接种浓度 OD_{600} 的增加，进入稳定期的时间缩短了。这表明，在微好氧发酵条件下，当接种浓度较低，（OD_{600}）为 0.01，发酵初期 VHb 蛋白的表达，可在一定程度提高菌体利用环境中的氧的能力。随着接种浓度的提高，由于菌体量增加，其需氧量必然增加，当需氧量大于环境的供氧能力时，即使表达 VHb 蛋白，也难以提高菌体生长的能力。

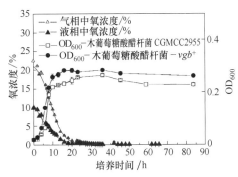

图 4-3　微好氧发酵过程中菌体浓度和发酵体系内氧浓度的变化（接种浓度 OD_{600}=0.02）

定量分析了微好氧发酵过程中气相与发酵液中的氧含量（图 4-3），在 8~10h 间，木葡萄糖酸醋杆菌 – *vgb*⁺ 菌体浓度开始高于木葡萄糖酸醋杆菌 CGMCC 2955，此时发酵体系内液相中的氧含量已低于 5%。这从另一个角度解释了微好氧发酵过程中 *vgb* 基因在低氧条件下，有助于菌体生长。但在 20h 后无论气相还是液相中氧的浓度均趋于零，此时 *vgb* 基因表达，已无助于菌体的生长繁殖。

第二节　静态发酵条件下氧的供给与细菌纤维素的合成

虽然动态发酵有助于提高液相溶解氧浓度，但在此条件下木葡萄糖酸醋杆菌合成 BC 的效率并未提高。为此，有必要在提高 BC 合成效率的基础上，通过气相氧浓度的变化，考察氧对 BC 的合成及其微观结构的影响。

一、氧传递过程分析

Hornung 等[6]研究认为，静态发酵过程中，BC 膜在气液界面不断堆积生成，在距离 BC 膜气相表面 1mm 处的溶氧值即趋近于零，将 BC 膜 1mm 厚度范围内界定为好氧区，更深区域为缺氧区（图 4-4）。此外，BC 膜中只有 10% 的菌体细胞保持着活性且可生产 BC，这些菌体细胞都生长在 BC 膜的靠近气相一侧的薄层中。即只有存在于 BC 膜上层（接近气相层）狭小空间内的菌体细胞具有合成 BC 的活力，而随着细胞所处空间位置向液相层

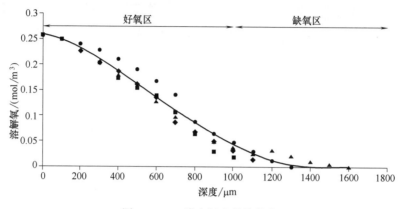

图 4-4　BC 膜内氧含量的分布

的深入，细胞逐渐进入休眠状态。根据静态发酵条件下氧传递特点与 BC 膜堆积合成的方式，改变气相中的氧浓度，有可能会影响到 BC 膜内菌体的活性与 BC 的合成量。

二、气相氧浓度和氧血红蛋白对 BC 合成的影响

为便于与动态微好氧发酵相对比，选择接种浓度为 $OD_{600} = 0.02$，进行静态发酵（图 4-5）。自第 8d，木葡萄糖酸醋杆菌 CGMCC 2955 的 BC 合成量增加缓慢，至 14d 时达到 2.73g/L。此时，木葡萄糖酸醋杆菌-vgb^+ 的 BC 合成量为 3.40g/L，相对木葡萄糖酸醋杆菌

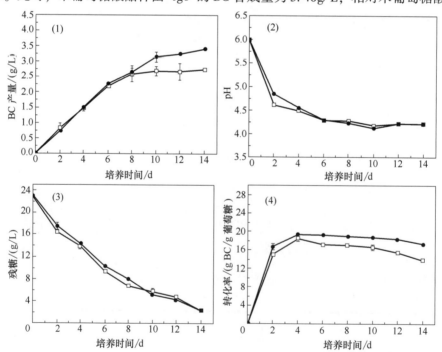

图 4-5　木葡萄糖酸醋杆菌 CGMCC 2955 和木葡萄糖酸醋杆菌-vgb^+ 静态发酵过程中的参数变化

（1）BC 合成量；（2）发酵液 pH；（3）残糖浓度；（4）葡萄糖-BC 转化率

—●—木葡萄糖酸醋杆菌 CGMCC 2955；—□—木葡萄糖酸醋杆菌-vgb^+

CGMCC 2955 提高 25%。利用 *vgb* 基因自身启动子（P_{vgb}）表达 VHb 时，受氧浓度的影响，只有氧的浓度低于临界值（或一定值）以下时，P_{vgb} 启动子才可启动基因表达[7-8]，而这里采用的是 P_{Bla} 启动子，该启动子不受氧气的调控，在正常发酵过程中亦可启动 *vgb* 基因表达，促进了 BC 的合成。

静态发酵过程中（温度 30℃，葡萄糖加入量为 25g/L），向培养液上方气相分别匀速通入气相氧浓度为 10%、15%、21%（空气，对照组）、40% 和 80% 的气体，不同氧浓度对木葡萄糖酸醋杆菌 CGMCC 2955 和木葡萄糖酸醋杆菌-*vgb*+菌体生长和 BC 合成的影响如图 4-6 所示。

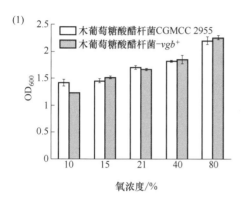

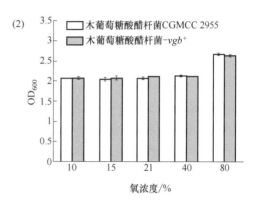

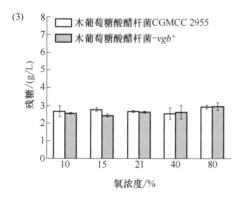

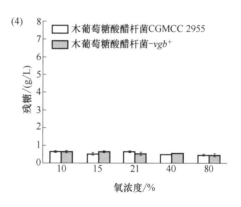

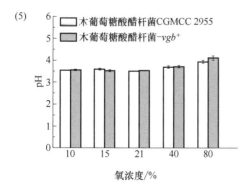

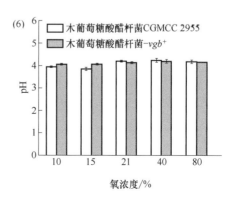

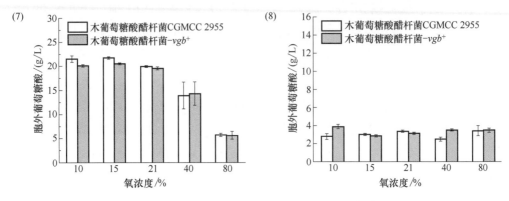

图 4-6　静态发酵过程中氧浓度对细胞密度 [（1）5d，（2）15d]、葡萄糖浓度 [（3）5d，（4）15d]、pH [（5）5d，（6）15d] 和葡萄糖酸浓度 [（7）5d，（8）15d] 的影响

在第 5d 时，随着气相氧浓度的提高，两株菌的细胞浓度逐渐增大，并无区别，VHb 的表达并未对细胞浓度产生影响 [图 4-6（1）]。第 15d 时，氧浓度在 10%～40% 范围内时，对两菌株的细胞终浓度无影响。但当氧浓度增加至 80% 时，两菌株的细胞浓度相对其他组显著提高，表明 80% 氧浓度促进了细胞生长。

不同氧浓度对两株菌的葡萄糖消耗能力并无影响 [图 4-6（3）（4）]，第 15d 时葡萄糖浓度已经低于 1g/L。第 5d 时，只有 80% 氧浓度的 pH 略高于其余各组，第 15d 时，各组的 pH 趋于一致 [图 4-6（5）（6）]。由于葡萄糖酸可以作为碳源用于木葡萄糖酸醋杆菌生长和代谢，以葡萄糖酸为唯一碳源时，相对对照组，实验组 BC 产量显著提高 14.17 倍，细胞干重提高 2.55 倍。因此，从图 4-6（5）和（7）可知，静态发酵 5d 时，富氧培养的葡萄糖酸含量相比于低氧培养显著降低，这表明随着气相氧浓度的提高，葡萄糖酸的利用加快，这与细胞浓度的变化相一致 [图 4-6（1）（2）]。

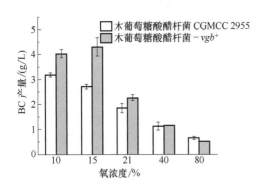

图 4-7　氧浓度对不同菌株
BC 合成量的影响（15d）

由图 4-7 可知，木葡萄糖酸醋杆菌-vgb^+ 的 BC 产量呈现先升后降。10% 和 15% 氧浓度时，与 21% 氧浓度对照组相比，木葡萄糖酸醋杆菌 CGMCC 2955 BC 合成量分别提高 71.5% 和 46.3%；木葡萄糖酸醋杆菌-vgb^+ BC 合成量分别提高 77.3% 和 89.8%。此外，在 10%、15% 和 21% 氧浓度条件下，木葡萄糖酸醋杆菌-vgb^+ 的 BC 产量相对木葡萄糖酸醋杆菌 CGMCC 2955 分别提高了 26.5%、58.6% 和 22.3%，这与图 4-6 的结果一致。这可能与 VHb 蛋白在低氧条件下具有生理活性，进而提高细胞内的氧传递速率相关。在 40% 和 80% 氧浓度条件下，两株菌的 BC 合成量并无显著区别，这可能是由于在富氧条件下 VHb 蛋白呈现不具有生理活性的氧合态[9]。也就是说，高氧浓度时，氧的供给已不再是主要影响因素，VHb 蛋白的表达只能在较低的氧浓度

范围，如 15% 时，最有助于菌株的 BC 合成（图 4-7）。另外，高氧浓度条件下，从 BC 合成相关的代谢途径分析，有可能降低了 BC 合成途径的通量，提高了 BC 合成前体物相关支路的通量[5]，加之底物浓度一定，因此 BC 合成量低于低氧分压时的 BC 合成量。

三、氧浓度对 BC 膜结构与性能的影响

通过扫描电子显微镜观测可知，氧浓度及 *vgb* 基因的表达对产物 BC 膜的纤维丝直径和网状结构均无明显影响（图 4-8）。当 BC 应用于组织支架材料时，其孔隙率决定了组织细胞的入侵和增长。作为伤口敷料时，BC 膜的孔隙率决定了药物的渗透和伤口的透气情况。通过灰度法计算了 10%、21% 和 40% 氧浓度条件下木葡萄糖酸醋杆菌 CGMCC 2955 合成的 BC 膜孔隙率，分别为 61.9%、64.7% 和 66.6%；木葡萄糖酸醋杆菌 -*vgb*+ 合成的 BC 膜孔隙率，分别为 62.6%、62.6% 和 66.8%，BC 膜的孔隙率在高氧浓度条件下更高。结合 BC 膜密度数据分析（图 4-9），随着氧浓度的提高，BC 的密度降低。另外，氧浓度和 VHb 蛋白的表达对 BC 膜的化学结构和结晶度无显著影响。但随着氧浓度的提高，所产 BC 的热稳定性和杨氏模量降低。同时，低氧浓度和 VHb 蛋白的表达使得所产 BC 膜弹性有所提高[5]。

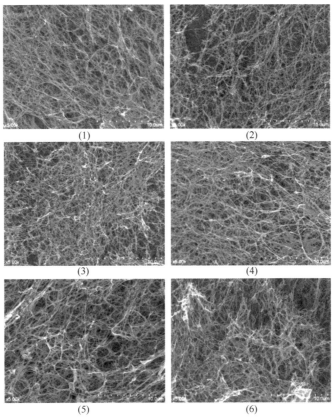

图 4-8　氧浓度及 *vgb* 基因的表达对 BC 网状结构的影响

（1）（2）氧浓度 10%；（3）（4）氧浓度 21%；（5）（6）氧浓度 40%

（1）（3）（5）木葡萄糖酸醋杆菌；（2）（4）（6）木葡萄糖酸醋杆菌 -*vgb*+

BC 膜的合成是伴随着菌体的不断迁移而进行的，这有可能影响到 BC 的分支结构（图 4-10）。根据 Watanabe 等[10] 推断的模型，计算不同氧浓度培养条件下 BC 的分支长度 L，结果如表 4-5 所示。随着氧浓度的提高，BC 分支长度逐渐缩短。且在低氧条件下，相对木葡糖酸醋杆菌 CGMCC 2955，VHb 蛋白的异源表达使得纤维素分支的长度增长。由此推断，氧浓度的降低和 VHb 的表达加快了菌体分泌 BC 的速度，与图 4-6、图 4-7 结论一致。纤维素分支长度长，单位体积内节点少，则 BC 的密度高，反之密度低，与图 4-9 结果一致，也验证了 Wanatabe 计算模型的准确性。

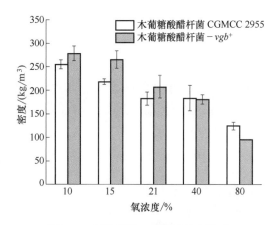

图 4-9 氧浓度及 *vgb* 基因的表达对
BC 密度的影响

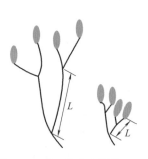

图 4-10 BC 的分支结构（左：
低氧浓度条件；右：高氧浓度条件）

表 4-5   氧浓度对 BC 分支长度（*L*）的影响   单位：μm

菌株名称	低氧		空气	富氧	
	10%	15%	21%	40%	80%
木葡糖酸醋杆菌 CGMCC 2955	225.6	195.5	132.8	78	36.1
木葡糖酸醋杆菌-*vgb*+	285.5	307	157.5	82.5	29.1

第三节 气相氧浓度对木葡糖酸醋杆菌
合成细菌纤维素基因表达的影响

一、转录表达谱的差异性

以 21% 氧浓度为对照组，选取对细胞生长和 BC 合成有显著影响的 15%、40% 以及 80% 氧浓度条件下进行静态发酵。选择对数生长期（第 5d）的菌体为研究样本，利用转录组学方法，分析了氧浓度与 VHb 蛋白的表达对木葡糖酸醋杆菌-*vgb*+ 与木葡糖酸醋杆菌 CGMCC 2955 菌体细胞内 BC 合成基因表达的影响。

转录组数据显示，80% 氧浓度条件下两株菌相对其他样本显著聚类。15% 低氧浓度条件的样本显著区分于 21% 和 40% 氧浓度而独自聚类。以 21% 氧浓度和木葡糖酸醋杆菌

CGMCC 2955 为对照组，统计不同氧浓度下木葡萄糖酸醋杆菌 CGMCC 2955 和木葡萄糖酸醋杆菌$-vgb^+$差异表达的基因数量（图 4-11），筛选阈值为相对表达差异在 2 倍以上及 P 值小于 0.05。相对 21%氧分压而言，低氧培养显著调控木葡萄糖酸醋杆菌 CGMCC 2955 内 98 个基因和木葡萄糖酸醋杆菌$-vgb^+$内 81 个基因，而 80%富氧培养调控木葡萄糖酸醋杆菌 CGMCC 2955 内 611 个基因和木葡萄糖酸醋杆菌$-vgb^+$内 396 个基因。进一步对比两株菌细胞的基因转录水平发现，vgb 基因的引入对细胞内基因的调控因氧浓度的不同而有所变化。且低氧条件下 vgb 基因的高水平表达对细胞内基因的转录图谱扰动很小。由于大多数差异基因所编码的蛋白功能未知，使得无法准确地从转录组数据中推测出 VHb 蛋白表达具体如何影响 BC 合成。一种氧化还原酶的编码基因（CT154_07645）在 15%氧浓度下因 VHb 蛋白的表达而显著上调。这符合 VHb 蛋白功能的氧化还原效应物假说。该假说推测 VHb 在低氧条件下的表达影响的是细胞内的关键氧化还原敏感分子的特性，从而使能量代谢提高。

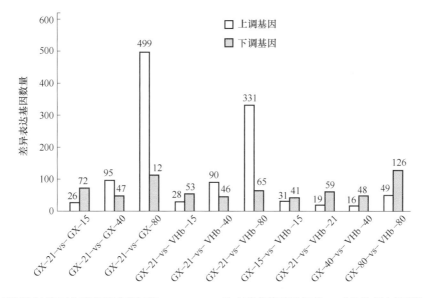

图 4-11　不同氧浓度下木葡萄糖酸醋杆菌 CGMCC 2955 和木葡萄糖酸醋杆菌$-vgb^+$差异表达基因数量统计图[8]

GX：木葡萄糖酸醋杆菌 CGMCC 2955；VHb：木葡萄糖酸醋杆菌$-vgb^+$（如 GX-21-vs-GX-15：木葡萄糖酸醋杆菌 CGMCC 2955 中，15%氧浓度培养相对 21%氧浓度培养上下调基因个数）。

二、中心碳代谢途径相关基因的表达调控

以筛选受氧浓度和 VHb 蛋白表达显著调控的基因为目标，对木葡萄糖酸醋杆菌 CGMCC 2955 和木葡萄糖酸醋杆菌$-vgb^+$细胞内的中心碳代谢途径中相关基因进行分析，以推测出氧分压和 VHb 蛋白对木葡萄糖酸醋杆菌 CGMCC 2955 和木葡萄糖酸醋杆菌$-vgb^+$基因表达的影响。

葡萄糖初级碳代谢途径（糖酵解途径、磷酸戊糖途径和三羧酸循环）：15%氧浓度培养条件下，两株菌细胞内的初级碳代谢活性普遍下降，这主要归结于低氧条件下氧供给不足。相对通入空气培养时，40%和 80%氧浓度培养条件抑制了 HK 和 PFK 的转录，但激活

了磷酸戊糖途径和三羧酸循环代谢，并且上调了细胞中磷酸烯醇丙酮酸-糖磷酸转移酶系统 ［Phosphoenolpyruvate (PEP)-sugar phosphate transferase system，PTS］ 中的基因转录水平提高，表明氧浓度的提高促进了细胞对葡萄糖的利用。

丙酮酸支路途径：丙酮酸经甘油磷脂代谢途径后大量积累，积累的丙酮酸转化为乙酰辅酶 A 进入 TCA 循环。丙酮酸脱氢酶复合体包括三个部分，其中丙酮酸脱羧化酶 (Pyruvate decarboxylase，EC 1.2.4.1) 负责丙酮酸的氧化，与硫胺素焦磷酸 (Thiamine pyrophosphate，TPP) 结合转化为 2-羟乙基硫胺素焦磷酸 (2-Hydroxyethyl-TPP)，再转化为 S-乙酰-二氢硫辛酰胺-E (S-Acetyl dihydrolipoamide-E)；二氢硫辛酸乙酰转移酶 (Dihydrolipoyl transacetylase，EC 2.3.1.12) 传递酰基至辅酶 A；而二氢硫辛酸脱氢酶 (Dihydrolipoyl dehydrogenase，EC 1.8.1.4) 负责硫辛酰胺再生。三个组分通常命名为丙酮酸脱氢酶 E1、E2 和 E3。在木葡萄糖酸醋杆菌 CGMCC 2955 和木葡萄糖酸醋杆菌-vgb^+ 细胞内，编码丙酮酸脱羧化酶的基因呈现随氧浓度的提高而显著上调的变化趋势。表明氧浓度的提高显著促进了两株菌细胞内丙酮酸向乙酰辅酶 A 的转化。在 80% 氧浓度下 VHb 蛋白的表达减弱了该促进作用。木葡萄糖酸醋杆菌 CGMCC 2955 基因组内还存在另外一组编码合成丙酮酸脱氢酶的基因，分别为 CT154_05775、CT154_05780、CT154_05785 和 CT154_05790。其中前两个基因编码 E1 组分的 α 和 β 亚基。该组基因随氧浓度的变化情况与前组基因相似，然而其转录水平变化倍数相较于前组基因明显下降。

$ptsH$ 是 PTS 的成分之一，主要参与糖类的吸收。木葡萄糖酸醋杆菌 CGMCC 2955 细胞内 $ptsH$ 基因的转录水平在富氧（40% 和 80% 氧浓度）培养条件下相对对照组显著提高，而 VHb 的表达降低了 $PtsH$ 基因的转录水平。考虑到 P_{Bla} 启动子不受氧含量的调控，推测氧浓度对木葡萄糖酸醋杆菌-vgb^+ 细胞内 $ptsH$ 基因的转录水平影响甚微。$ptsH$ 基因转录水平的变化表明氧浓度的提高促进了细胞对葡萄糖的吸收。即在富氧培养条件下葡萄糖的磷酸化除需 HK 外，还依赖于 PTS 系统将磷酰基团转移至葡萄糖。

在大肠杆菌中，葡萄糖的主要吸收形式是通过 PTS 系统，以基团转移方式摄入胞外的葡萄糖进入细胞内，将葡萄糖磷酸化为 6-磷酸葡萄糖，进而进入糖酵解途径[11]。6-磷酸葡萄糖的积累对 HK 具有反馈抑制作用，由此 HK 的编码基因在富氧培养条件下转录水平相对通入空气培养时显著下调[5]。这种依赖正常功能 PTS 系统的转运方式以消耗磷酸烯醇式丙酮酸 (PEP) 为代价，造成胞内 PEP 含量的降低（1mol 葡萄糖+1mol PEP→1mol 6-磷酸葡萄糖+1mol 丙酮酸）。丙酮酸脱氢酶、丙酮酸磷酸双激酶编码基因转录水平上调在细胞内扮演了填补 PEP 含量降低的角色。而以乳糖、丙氨酸和甘油酸等为底物合成丙酮酸的代谢途径激活保证了丙酮酸含量充足，再在丙酮酸脱氢酶的作用下转化为乙酰辅酶 A，进入 TCA 循环代谢为细胞提供充足的能量。

电子传递链相关基因：富氧培养条件下对能量储备的影响体现在电子传递链相关基因的表达被激活。木葡萄糖酸醋杆菌 CGMCC 2955 是需氧微生物，气相中氧浓度的改变必然对其电子传递链（即呼吸链）造成显著影响。电子传递链由一系列电子载体构成，是从 NADH 或 $FADH_2$ 向氧传递电子的系统。在葡萄糖的分解代谢中，一分子葡萄糖标准生成自由能 2564.8kJ（以 NADH 和 FADH$_2$ 的形式），在燃烧时可释放 2870.2kJ 热量，也就是说有 90%的能量贮存在还原型辅酶中。呼吸链使这些能量形成 ATP 和维持跨膜电势从而逐步释放，供其他代谢过程使用。呼吸链主要是由 4 种酶复合体（复合体 Ⅰ、Ⅱ、Ⅲ、Ⅳ）和 2 种可移动电子载体（泛醌和细胞色素 C）构成。复合体 Ⅰ 为 NADH：泛醌（亦称辅酶 Q）氧化还原酶复合体（CT154_03650、CT154_03655、CT154_04025）；复合体 Ⅱ 由一种以 FAD 为辅基的黄素蛋白：琥珀酸脱氢酶（CT154_06900）和一种铁硫蛋白组成，从琥珀酸经 FAD 得到的电子，经铁硫蛋白将其传递给辅酶 Q；辅酶 Q 从复合体 Ⅰ 或 Ⅱ 募集还原当量并穿梭传递到复合体 Ⅲ，后者再将电子传递给细胞色素 C，因此复合体 Ⅲ 又称泛醌-细胞色素 C 还原酶（CT154_02565）；复合体 IV：细胞色素 C 氧化酶复合体（CT154_08145），将电子传递给氧[12]。

在木葡萄糖酸醋杆菌 CGMCC 2955 和木葡萄糖酸醋杆菌-vgb^+ 细胞中，相对对照组，富养培养提高了呼吸链相关基因的转录水平。表明氧含量的提高，增加了电子传递链的活性，进而促进了细胞中的能量储备。然而相对木葡萄糖酸醋杆菌 CGMCC2955 细胞而言，木葡萄糖酸醋杆菌-vgb^+ 中 VHb 蛋白的表达并未显著影响电子传递链的相关基因。

磷酸戊糖途径：在木葡萄糖酸醋杆菌代谢过程中，大部分葡萄糖由葡萄糖脱氢酶转化为 D-葡萄糖基-1,5-内酯。后者在葡萄糖酸内酰胺酶的作用下转化为葡萄糖酸。葡萄糖酸通过葡萄糖酸转运蛋白进入细胞后，被葡萄糖酸激酶转化为 6-磷酸葡萄糖酸。在木葡萄糖酸醋杆菌 CGMCC 2955 基因组中包含 2 个编码醌蛋白葡萄糖脱氢酶的基因、2 个葡萄糖酸激酶基因、1 个 6-磷酸葡萄糖脱氢酶编码基因（CT154_14710）和 2 个 6-磷酸葡萄糖酸-1-脱氢酶编码基因（CT154_14205 和 CT154_05345）。结合对数期时富氧培养条件下胞外葡萄糖酸浓度及葡萄糖-葡萄糖酸转化率的数据可知，此时葡萄糖至葡萄糖酸的转化被激活。

富氧培养相对对照组而言显著提高了木葡萄糖酸醋杆菌 CGMCC 2955 和木葡萄糖酸醋杆菌-vgb^+ 胞内 6-磷酸葡萄糖-1-脱氢酶的转录水平。除 6-磷酸葡萄糖磷酸酶外，磷酸戊糖途径的其他关键酶转录水平皆随氧浓度的升高而上调。15%低氧培养则使得木葡萄糖酸醋杆菌 CGMCC 2955 细胞中的 6-磷酸葡萄糖脱氢酶、6-硫酸葡萄糖-1-脱氢酶和 6-磷酸葡萄糖内酯酶转录水平有所下调。而 VHb 蛋白的表达一定程度上提高了这几种酶的转录水平，VHb 的表达在富氧条件下对细胞内磷酸戊糖途径关键酶的调节则不尽相同，它上调了 6-磷酸葡萄糖脱氢酶和 6-磷酸葡萄糖酸磷酸酶的转录水平，却下调了 6-磷酸葡萄糖-1-脱氢酶和核酮糖磷酸-3-差向异构酶的转录水平。

研究表明在木葡萄糖酸醋杆菌 CGMCC2955 和木葡萄糖酸醋杆菌-vgb^+ 两细胞内葡萄糖酸激酶和热敏葡萄糖酸激酶的转录水平皆在富氧条件下有所提高。培养 5d 时，随着氧浓度的提高，木葡萄糖酸醋杆菌 CGMCC 2955 和木葡萄糖酸醋杆菌-vgb^+ 胞外葡萄糖酸含量显著下降。即表明富氧条件加快了葡萄糖酸的消耗。VHb 的表达对两种蛋白酶的 4 个编码基因调控作用亦有所不同（非显著性）。而 15%低氧培养相对对照组下调了醌蛋白葡萄糖脱氢酶和葡萄糖酸激酶的转录水平，VHb 蛋白的表达使得两种酶的转录水平有所上调。

低氧条件下 VHb 的存在，促使葡萄糖大量流入 PP 途径，减少了流向 TCA，使得底物水平磷酸化产生的 ATP 减少，而总 ATP 生成量加大。在 *E. coli* 中表达 VHb 蛋白，Kallio 等[13]提出在低氧条件下，VHb 的作用是增加胞内溶氧量，提高质子传递效率（Proton translocation efficiency），从而增加 ATP 的合成量。低氧条件下 VHb 的表达未对 PP 途径中各关键酶的转录水平产生显著影响。Naritomi 等[14]认为以乙醇为补充碳源，能够提高 BC 产量的原因是补充的乙醇增加了 ATP 的总合成量。ATP 含量的增加不仅有利于细胞生长，还可提高葡萄糖激酶和果糖激酶的活力，同时反馈抑制 6-磷酸葡萄糖脱氢酶和磷酸果糖激酶的活性，进而增加 BC 合成途径的代谢流，提高了 BC 产量。以上推论与关键酶活性测试结果基本一致，即相对木葡萄糖酸醋杆菌 CGMCC 2955，对数期时木葡萄糖酸醋杆菌-*vgb*+ 胞内的果糖激酶和丙酮酸激酶的活性下降。但 BC 合成途径关键酶编码基因转录水平和酶活性测定结果显示，低氧条件下木葡萄糖酸醋杆菌-*vgb*+ 胞内 BC 合成途径相对木葡萄糖酸醋杆菌 CGMCC 2955 未发生显著改变。

三、BC 合成相关基因的调控

BC 合成途径：在木葡萄糖酸醋杆菌中，葡萄糖经 HK 催化转化为 6-磷酸葡萄糖，在 PGM 的催化作用下转化为 1-磷酸葡萄糖，再经 UGPase 的作用转化为 UDPG，最后在纤维素合酶复合体的作用下合成并分泌 BC。经分析，15% 氧浓度低氧培养相对对照组显著提高了木葡萄糖酸醋杆菌 CGMCC 2955 和木葡萄糖酸醋杆菌-*vgb*+ 胞内 PGM 的转录水平，却显著下调了 UGPase 编码基因的表达。而 40% 和 80% 氧浓度富氧培养相对对照组显著下调了两株菌中 PGM 和 UGPase 的编码基因的表达。尽管 VHb 的表达在富氧条件下上调了这两个编码基因的表达，但相对于对照组，其转录水平仍然显著下调。

HK、PGM 和 UGPase 编码基因表达的下调使得合成 BC 的前体物质 UDPG 下降。15% 氧浓度培养组相对对照组提高了两细胞内的 *pgm* 的转录水平，相应下调了 UGPase 的表达。结合 15% 氧浓度条件下，碳源的初级代谢活性普遍下降，葡萄糖的消耗量在细胞培养 5d 时未受氧浓度显著影响的实验结果，可推测 BC 合成途径有所激活。

除了 BC 合成途径之外，氧浓度的改变显著影响了 BC 合成途径的支路代谢途径，主要包括 1-磷酸葡萄糖支路代谢和 UDPG 支路代谢。其中在 1-磷酸葡萄糖支路代谢中，富氧培养组相对对照组增加了 1-磷酸葡萄糖至 dTDP-4-酮基-6-脱氧-D-葡萄糖的转化途径活性，但降低了后者进一步转化为 dTDP-L-鼠李糖的转化活性。这表明积累的 dTDP-4-酮基-6-脱氧-D-葡萄糖可能进入了聚酮类化合物糖单元的生物合成途径。在 UDPG 支路代谢途径中，富氧培养组相对对照组激活了鸟苷二磷酸葡萄糖向尿苷二磷酸葡萄糖醛酸酯和经海藻糖转化为麦芽糖糊精两条支路代谢途径。以上两个支路代谢途径消耗了大量的 1-磷酸葡萄糖和 UDPG，使得流向 BC 合成的代谢流进一步下降，导致直接前体物含量不足，BC 合成量下降。

除 BC 合成途径调控外，BCS 的活性调控也是影响 BC 合成的关键因素之一。木葡萄糖酸醋杆菌 CGMCC 2955 基因组中含有四个纤维素合酶操纵子（*bcs*），其中 *bcs* I 是唯一一个结构完整的操纵子，包含 bcsA、bcsB、bcsC 和 bcsD 4 个基因。在木葡萄糖酸醋杆菌 CG-MCC 2955 细胞中，富氧培养组相对对照组显著下调 bcs I 操纵子中的 4 个基因。而在木葡萄糖酸醋杆菌-vgb⁺ 细胞中，富氧培养组相对对照组显著上调 bcs I 操纵子中的 4 个基因。VHb 蛋白的表达在富氧条件下显著上调以上 4 个基因的转录水平。在木葡萄糖酸醋杆菌 CGMCC 2955 细胞中，低氧培养组相对对照组下调 bcs I 操纵子中的 4 个基因。VHb 蛋白的表达在低氧条件下上调以上 4 个基因的转录水平。

木葡萄糖酸醋杆菌 CGMCC 2955 基因组的其他三个操纵子分别为 bcs II、bcs III 和 bcs IV，前两个操纵子分别包含 bcsAB、bcsC，bcsIV 只含有 bcsAB 基因。其在 BC 合成过程中的具体作用目前未知。在 bcs II 操纵子内，bcsAB 的转录水平因氧浓度的改变而显著上调，其中富氧培养组相对对照组上调倍数提高；bcsC 的转录水平在 80% 氧浓度下相对对照组而显著下调。在低氧和富氧培养条件下，VHb 的表达均使得 bcs II 操纵子内两基因的转录水平上调。在木葡萄糖酸醋杆菌 CGMCC 2955 和木葡萄糖酸醋杆菌-vgb⁺ 细胞的 bcs III 操纵子内，bcsAB 和 bcsC 基因皆因氧浓度的提高而显著下调。在木葡萄糖酸醋杆菌 CGMCC 2955 和木葡萄糖酸醋杆菌-vgb⁺ 细胞的 bcs IV 操纵子内，氧浓度对 bcsAB 转录水平的影响与 bcs II 相似，皆因氧浓度的改变而显著上调，且上调倍数随氧浓度的提高而增加，而 VHb 的表达对其转录水平无显著影响。

环二鸟苷酸合成与降解途径：在微生物细胞中，群体感应系统充当着传递细胞间信息的角色。在木葡萄糖酸醋杆菌 CGMCC 2955 基因组中，鉴定到其含有 LuxI/LuxR 群体感应系统中的 LuxR 蛋白。群体感应系统通过细胞间的信息传递做出群体性活动。不同氧浓度下，luxR 基因的转录水平有所改变。在木葡萄糖酸醋杆菌 CGMCC 2955 和木葡萄糖酸醋杆菌-vgb⁺ 细胞中，随着氧浓度升高至 80%，luxR 基因的转录水平显著下调，表明针对外界环境中 80% 氧浓度，细胞内群体感应系统被抑制。环二鸟苷酸（c-di-GMP）是细菌信号转导过程中的第二信使，在调节细胞代谢、毒力以及一些表型的改变方面发挥着重要作用。另有报道称，群体感应系统对 c-di-GMP 的含量有调节作用，主要是通过调节 DGC 和 PDE 编码基因的转录水平来实现。由基因组序列分析可知，在木葡萄糖酸醋杆菌 CGMCC 2955 基因组中存在多个 dgc 和 pde 的基因。其中相对空气培养而言，氧浓度的改变使得 PDE A 编码基因 CT154_01735、CT154_01740 和 PDE B 编码基因 CT154_08975 的转录水平发生显著改变。富氧培养条件使 dgc 转录水平显著下调，pde 转录水平显著上调。即表明富氧培养条件使得 c-di-GMP 水平下降。c-di-GMP 通过与 BCS 复合体中的 BcsA-BcsB 结合亚基相互作用而激活 BCS，从而促进 BC 的生物合成。由此可知，富氧培养条件下 c-di-GMP 水平下降，导致其对 BCS 的激活作用下降，是导致富氧条件下 BC 产量下降的原因之一。

c-di-GMP 是 BCS 的变构激活剂，因此也是调控 BC 合成的关键因子之一。在自然界中，菌体细胞随时在感受着培养环境的变化。每一次环境变化对细菌都是一次胞外刺激，只有感知并识别环境刺激因子，将胞外信号跨膜传递到细胞内，转化为胞内第二信使，并产生相应的生理反应才能使细胞适应环境的变化。c-di-GMP 可能是多种胞外信息跨膜转换为胞内信使的结点，因此，c-di-GMP 在菌体细胞内的平衡状态对菌体的生长和代谢至关重要。c-di-GMP 最早是在木葡萄糖酸醋杆菌中发现的，c-di-GMP 对 Bcs 起着变构效应调节因子的作用，DGC 和 PDE 蛋白分别负责 c-di-GMP 的合成和降解。根据其蛋白活性位点的保守残基，通常称 DGC 蛋白为 GGDEF 结构域蛋白，PDE A 蛋白为 EAL 结构域蛋白。随后又发现 HD-GYP 家族蛋白也具有降解 c-di-GMP 的活性。虽然，许多 GGDEF 和 EAL 蛋白通常同时包含两个结构域，但其只有其中一种酶的催化活性，而另一个惰性酶催化结构域可能充当着调控功能。GGDEF 和 EAL 结构域也被称为环境信号感知蛋白，其结构和功能已有较为细致的研究，然而由于实验条件的限制，目前 GGDEF 和 EAL 蛋白对胞内/胞外信号配体的感应，及其对 DGC 和 PDE 蛋白的活性调控研究仍然有限，主要包括分子氧、光、氮氧化物、金属、营养物和表面接触。以上蛋白通过调控 c-di-GMP 的水平，进而控制细菌的生长。

在一个细菌细胞内可能含有多个 *dgc* 和 *pde* 基因，如 *E. coli* K12 基因组共包含 12 个含有 GGDEF 结构域的蛋白、10 个含有 EAL 结构域的蛋白和 7 个同时含有两种结构域的蛋白[15]。而另一株 *E. coli* 中只包含一个 DGC 和一个环腺苷酸（cAMP）磷酸二酯酶。木葡萄糖酸醋杆菌 CGMCC 2955 包含一个 *dgc*（CT154_00890）基因，7 个 *pde*（CT154_00885、CT154_01735、CT154_01745、CT154_08940、CT154_08945、CT154_08975 和 CT154_14645）基因和 2 个功能注释为 DGC/PDE 的编码基因（CT154_05705 和 CT154_14650）。然而，在诸多研究中发现，某一种信号配体刺激通常只能影响一个 PDE 或 DGC 蛋白，由此推测这些基因很可能分别识别某一种或几种信号配体。氧是调控 DGC 和 PDE 活性的重要信号配体。有研究报道[16]，在木葡萄糖酸醋杆菌的纤维素合成中，O_2 可调控 $PDE-A_1$ 的活性，从而抑制纤维素的合成。Wan 等[17]在百日咳杆菌（*Bordetella pertussis*）中发现了二鸟苷酸合酶 Bpe Greg，并证实其有合成生物膜的能力且受 O_2 调控。由此可推断出 O_2 和 c-di-GMP 代谢之间存在着密切关系。这种由 O_2 配体调控的 PDE 和 DGC 蛋白也被称为 DOS（Direct oxygen sensor）蛋白。对氧信号感应蛋白进行氨基酸序列分析，发现 DGC 和 PDE 蛋白一样，在蛋白 N 末端含有血红素结合域 PAS[18-19]。该结构域赋予了蛋白在含亚铁离子状态下结合 O_2、CO 和 NO 的能力。结合后可调节临近 C 末端结构域的 DNA 结合活性，使其活性显著增加。其中 PDE 蛋白对 O_2 信号的感应研究较为透彻，该蛋白对 O_2 浓度有剂量响应机制，随着环境中 O_2 含量逐渐提高至与 PDE 结合饱和，PDE 的活性相较于非氧化态提高 17 倍。这也是菌体可在生物膜中梯度氧浓度空间下调控细胞生长的原理所在。由此推之，气相氧浓度的改变使得 *pde* 基因 CT154_01740 和 CT154_08975 发生了显著变化，可知这两个基因具有感受环境氧信号的功能，而其转录水平随氧浓度的升高而改变，可能是 c-di-GMP 水平变化所引起的反调控作用。其中 CT154_01740 编码 PDE A，随着氧浓度的上升而上调，CT154_08975 编码 PDE B，随着氧浓度的上升而显著下调。PDE A 将 c-di-GMP 降解为无活性的链状二核苷酸 pGpG，PDE B 将其进一步降解为两分子的 5′-GMP。结合 *dgc* 基因的表达水平可知，氧浓度的升高促进了 c-di-GMP 的降解，而 *pdeB* 和 *dgc* 基因转录水平皆显著下调，是抑制了 c-di-GMP 循环合成途径，从而降低

c-di-GMP 的合成量。

　　c-di-GMP 是通过与目标蛋白的直接激活来调控其活性的，而非调节目的蛋白的表达水平，这样的调控方式有利于细胞对短暂环境信号刺激快速做出反应。在木葡萄糖酸醋杆菌中，c-di-GMP 通过变构效应激活或抑制 Bcs 复合体的 BcsA-BcsB 亚基。因此 bcsA 和 bcsB 的转录水平不会受到氧浓度的显著影响。即便如此，bcs II 和 bcs IV 操纵子中 bcsAB 基因仍然因氧浓度的上升而显著上调，这些非完整的操纵子功能有待进一步研究证实。

参 考 文 献

［1］　Liu M., Zhong C., Wu XY., et al. Metabolomic profiling coupled with metabolic network reveals differences in *Gluonacetobacter xylinus* from static and agitated cultures ［J］. Biochemical Engineering Journal, 2015, 101: 85-98.

［2］　刘淼. 不同微环境下木葡萄糖醋杆菌的代谢组学研究 ［D］. 天津：天津科技大学，2014.

［3］　郑鑫. 不同浓度富氧空气对细菌纤维素膜的合成及其理化性质的影响 ［D］. 天津：天津科技大学，2017.

［4］　Khosla C., Curtis J. E., Bydalek P., et al. Expression of recombinant proteins in *Escherichia coli* using an oxygen-responsive promoter ［J］. Biotechnolgy, 1990, 8 (6): 554-558.

［5］　刘淼. 氧分压和透明颤菌血红蛋白对 *Gluconacetobacter xylinus* 合成细菌纤维素的影响及机制研究 ［D］. 天津：天津科技大学，2018.

［6］　Hornung M., Ludwig M., Gerrard A. M., et al. Optimizing the production of bacterial cellulose in surface culture: evaluation of substrate mass transfer influences on the bioreaction (Part 1) ［J］. Engineering in Life Sciences, 2010, 6 (6): 537-545.

［7］　Tsai P. S., Kallio P. T., Bailey J. E. Fnr, a global transcriptional regulator of *Escherichia coli*, activates the Vitreoscilla hemoglobin (VHb) promoter and intracellular VHb expression increases cytochrome d promoter activity ［J］. Biotechnology Progress, 1995, 11 (3): 288-293.

［8］　Liu M., Li SQ., Xie YZ., et al. Enhanced bacterial cellulose production by *Gluconacetobacter xylinus* via expression of Vitreoscilla hemoglobin and oxygen tension regulation ［J］. Applied Microbiology and Biotechnology, 2017, 102 (3): 1155-1165.

［9］　Park K. W., Kim K. J., Howard A. J., et al. Vitreoscilla hemoglobin binds to subunit I of cytochrome bo ubiquinol oxidases ［J］. Journal of Biological Chemistry, 2002, 277 (36): 33334.

［10］　Watanabe K., Yamanaka S. Effects of oxygen tension in the gaseous phase on production and physical properties of bacterial cellulose formed under static culture conditions ［J］. Bioscience, Biotechnology and Biochemistry, 1995, 59 (1): 65-68

［11］　Hernández-Montalvo V., Martínez A., Hernández-Chavez G., et al. Expression of *galP* and *glk* in a *Escherichia coli* PTS mutant restores glucose transport and increases glycolytic flux to fermentation products ［J］. Biotechnology and Bioengineering., 2003, 83 (6): 687 – 694.

［12］　王镜岩, 朱圣庚, 徐长法. 生物化学（下册）［M］. 3 版. 北京：高等教育出版社，2011.

［13］　Kallio P. T., Kim D. J., Tsai P. S., et al. Intracellular expression of Vitreoscilla hemoglobin alters *Escherichia coli* energy metabolism under oxygen-limited conditions ［J］. European Journal of Biochemistry, 1994, 219 (1-2): 201-208.

[14] Naritomi T., Kouda T., Yano H., et al. Effect of ethanol on bacterial cellulose production from fructose in continuous culture [J]. Journal of Fermentation and Bioengineering, 1998, 85 (6): 598-603.

[15] Sommerfeldt N., Possling A., Becker G., et al. Gene expression patterns and differential input into curli fimbriae regulation of all GGDEF/EAL domain proteins in *Escherichia coli* [J]. Microbiology, 2009, 155 (4): 1318 -1331.

[16] Chang A. L., Tuckerman J. R., Gonzalez G., et al. Phosphodiesterase A1, a regulator of cellulose synthesis in *Acetobacter xylinum*, is a heme – based sensor [J]. Biochemistry, 2001, 40 (12): 3420-342.

[17] Wan XH., Tuckerman J. R., Saito J. A., et al. Globins synthesize the second messenger bis-(3'-5')-cyclic diguanosine monophosphate in bacteria [J]. Journal of Molecular Biology, 2009, 388 (2): 262-270.

[18] Delgado-Nixon V. M., Gonzalez G., Gilles-Gonzalez M. A. Dos A heme-binding PAS protein from *Escherichia coli*, is a direct oxygen sensor [J]. Biochemistry, 2000, 39 (10): 2685-2691.

[19] Gilles – Gonzalez M. A., Gonzalez G. Heme – based sensors: defining characteristics, recent developments, and regulatory hypotheses [J]. Journal of Inorganic Biochemistry, 2005, 99 (1): 1-22.

第五章　原位发酵合成细菌纤维素产品

基于细菌纤维素（Bacterial cellulose，BC）合成的可调控性，通过选择一定的发酵方法，或利用外界条件驱使菌株沿着一定方向运动，可原位发酵合成形状或性质不同的满足不同需求的 BC 产品。例如：通过选择透气性和形状不同的模具，可原位合成任意形状的 BC 产品[1]。具有不同性能，且形状各异的 BC 产品（图 5-1）的开发，不仅可以丰富 BC 合成的方法，还有利于拓展其应用领域[2-3]。

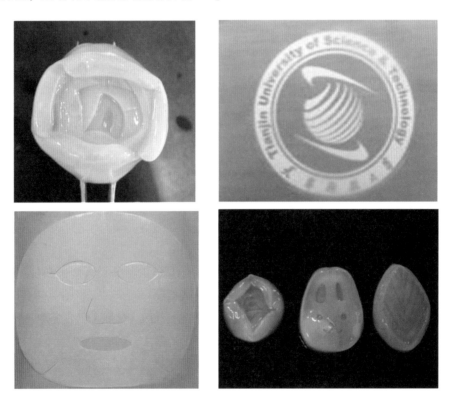

图 5-1　原位发酵一步合成的形状各异的 BC 产品

第一节　细菌纤维素管的制备与应用

一、原位发酵合成 BC 管

原位发酵一步合成管状的 BC 产品如图 5-2 所示。图 5-2（1）是使用不同直径的硅胶管为模具，原位合成的不同直径的 BC 管。图 5-2（2）是使用直径 9mm 的硅胶管合成的 BC 管。

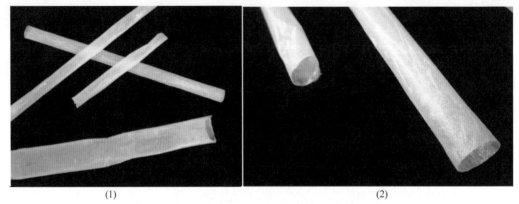

(1)　　　　　　　　　　　　　(2)

图 5-2　原位发酵一步合成的不同管径 BC 管

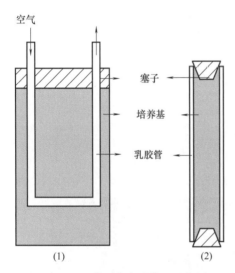

(1)　　　　　　　　　(2)

图 5-3　BC 管原位发酵装置示意图

（1）外合成发酵装置；（2）内合成发酵装置

空气

塞子

培养基

乳胶管

BC 管原位发酵装置如图 5-3 所示。从理论而言，模具可以选用能够透气的硅胶管、聚氯乙烯（Polyvinyl chloride，PVC）管和中空纤维管等，但是，从 BC 管合成的效率而言，采用硅胶管效率最高，并且合成的 BC 管厚度均匀。这与硅胶管具有较强的氧渗透能力有关，其氧渗透能力是其他聚合物的 100 倍[4]。另外，硅胶管能耐受高温和酸碱，并且高温灭菌后可反复使用。因此，硅胶管是较为理想的合成 BC 管的模具。

将一定直径、灭菌后的硅胶管放置于装有液体的培养基，并接入菌种的发酵容器中。发酵容器可以是发酵罐、浅盘、烧杯和三角瓶等，向硅胶管内通入空气，BC 管［图 5-3（1）］在硅胶管外侧合成。也可将液体培养基加入到一定直径、灭菌后的硅胶管中，接入菌种，BC 管［图 5-3（2）］在管内侧合成，所需的氧气（空气）从外部通过硅胶管渗透进入到管内。

在 30℃条件下原位发酵 6d，发酵结束后，从硅胶管外或内壁剥离得到 BC 管。用水冲洗，除去 BC 管表面培养基及杂质，然后将 BC 管浸泡于 0.1mol/L 的 NaOH 溶液中，100℃煮沸 20min，去除管中的菌体和残留培养基，BC 管呈乳白色半透明状，然后用蒸馏水冲洗至中性。冷冻干燥后 BC 管如图 5-2（1）和 5-2（2）所示。

采用外合成发酵装置，选择外径 6mm、内径 4mm 的硅胶管，接入木葡萄糖酸醋杆菌 CGMCC 2955，30℃培养，硅胶管中通入空气，静态发酵 6d，考察通气量对 BC 管合成的影响。通气量增加 4 倍，BC 管的合成量增加 10%。由于 BC 管是在硅胶管外壁处合成，当管径一定，硅胶管表面积一定，仅仅通过增加通气量，对于提高 BC 管合成量的作用有限。在硅胶管内容积一定的条件下，选用外径分别为 4mm、6mm、9mm 的硅胶管，通气量一定，接入相同菌株，30℃静态发酵 6d。结果表明，随硅胶管管径的增加，BC 管合成量减小。当硅胶管外径分别为 4、6、9mm 时，相应的每平方厘米硅胶管面积合成 BC 管的干重为 0.49、0.39 和 0.25mg 量。随着管径减小，相对比表面积增大，有利于通气量的增加，进而有助于 BC 管的合成。

采用内合成发酵装置，因 BC 管在硅胶管内合成，故选取管径较大的硅胶管，接入菌株后，30℃静态发酵 6d，获得不同管径的 BC 管如图 5-2（1）所示。使用外径 20mm，内径 16mm 的硅胶管，每平方厘米硅胶管合成的 BC 管干重为 0.66mg，发酵效率为 $0.11mg/(d \cdot cm^2)$。

采用外径 9mm、内径 6mm 的硅胶管为模具管材，相同的培养基与接种量，30℃静态发酵 6d，比较内外合成发酵装置合成 BC 管的效率。结果表明，采用内合成发酵装置合成的 BC 管的干重是外合成发酵装置时的 2 倍，而且前者仅需要硅胶管作为发酵容器，也不需要通入空气就可以合成 BC 管。

虽然可以采取多根硅胶管并行的方式发酵合成 BC 管，但是，这样的工艺仍存在 BC 管回收过程复杂等问题。

二、BC 管的性质分析

由图 5-4 可知，采用两种发酵装置合成的 BC 管，与硅胶管接触面均光滑且平整［图 5-4（1）和图 5-4（3）］，相比较，采用内合成发酵装置合成的 BC 管表面更为致密。两

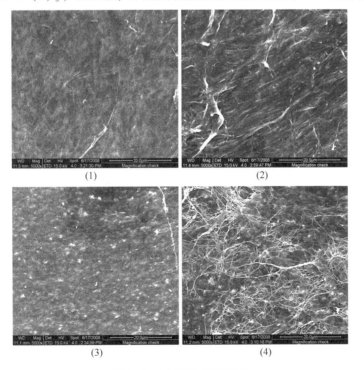

(1)　　　　　　　　　　　　(2)

(3)　　　　　　　　　　　　(4)

图 5-4　BC 管的 SEM 照片

外合成发酵装置原位合成的 BC 管与硅胶管接触面（1）和另一面（2）；
内合成发酵装置原位合成的 BC 管与硅胶管接触面（3）和另一面（4）

种发酵装置合成的 BC 管的另一面较粗糙 [图 5-4 (2) 和图 5-4 (4)]，其中采用外合成发酵装置合成的 BC 管表面纤维丝聚集，形成较大的纤维束，且具有同向性；而采用内合成发酵装置合成的 BC 管表面纤维束较细，其排布无一定的规则性。这可能与采用外合成发酵装置时空气在管材中定向流动有关，导致菌体合成的 BC 的微观结构具有同向性。另外，合成的 BC 管内外表面的纤维束直径也有差异，采用外合成发酵装置合成的 BC 管与硅胶管接触一面的纤维束比另一表面的要细，采用内合成发酵装置合成的 BC 管内外表面纤维束直径同样存在差异。

以 BC 膜为对照，测定了使用内合成发酵装置（下同）合成 BC 管的拉伸强度，可达到 50.25MPa，与 BC 膜的拉伸强度相当。采用傅里叶变换红外光谱（Fourier transform infrared spectroscopy，FTIR）、X 射线衍射（Xray diffraction，XRD）对 BC 管的结构进行表征，BC 管与 BC 膜呈现出相似的红外光谱谱图，两者的 XRD 图谱如图 5-5 所示。从 XRD 图谱中可以看出 BC 膜和 BC 管具有相似的衍射峰分布，BC 膜的三个主要衍射峰位于 2θ（θ 是掠射角，2θ 为衍射角）= 14.56°、16.80° 和 22.62°，与 BC 膜典型的衍射峰一致[5]；BC 管的三个主要衍射峰位于 2θ = 14.466°、16.52° 和 22.68°，分别对应于 BC 的晶面 （1$\bar{1}$0）、（110） 和 （200）。计算 BC 管和 BC 膜的结晶度，两者均具有较高的数值 （CrI^{XRD}），分别为 82.6% 和 83.9%。

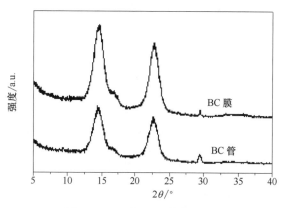

图 5-5　BC 膜和 BC 管的 XRD 图谱

三、ε-聚赖氨酸/BC 的制备与应用

BC 基于其良好的拉伸强度和可生物降解性，不仅可以用于制造生物医用敷料和组织工程支架等[6-7]，还可以作为高附加值食品包装材料[8]。BC 是一种安全的产品，虽然其是由革兰氏阴性菌发酵合成，经适当处理后，再采用纯净水（未检出内毒素）浸泡 14d 处理后，检测其内毒素含量远低于 FDA 规定的医疗器械内毒素限量 0.5EU/mL 的要求[9]。BC 本身无抗菌活性，利用其吸附特性，可以将抑菌材料，如 ε-聚赖氨酸（ε-polylysine，ε-PL）与之结合，得到具有抑菌活性的 ε-PL/BC 管。

ε-PL 是由 20~35 个赖氨酸通过 α-羧基和 ε-氨基聚合成的具有抑菌功效的多肽，安全性高，对革兰氏阳性菌、阴性菌和真菌等都有明显的抑制作用，且热稳定性好，易溶于水[10]。

ε-PL/BC 管的制作方法非常简单，只需将原位一步发酵法获得、经过洗涤处理的 BC 湿管浸渍于一定浓度的 ε-PL 溶液中，浸渍一定时间后，将 BC 管取出，用无菌蒸馏水将 BC 管上未吸附的 ε-PL 去除，即得到了 ε-PL/BC 湿管，80℃ 干燥，得到具有抑菌活性的 BC

干管。

通过 ε-PL 浓度和浸渍时间对 ε-PL/BC 管抑菌活性影响的研究，确定了当 ε-PL 溶液浓度大于 400mg/L、浸渍时间大于 2h 时可以满足具有抑菌活性的 ε-PL/BC 管制备要求。

将制备好的 ε-PL/BC 湿管与对照 BC 湿管分别放入接种大肠杆菌的培养液中，一定温度下培养 24h，观察两者的抑菌效果。装有 BC 湿管的试管中，由于大肠杆菌的生长繁殖，液体呈浑浊状 [图 5-6 (1)]；装有 ε-PL/BC 湿管的试管中，液体清澈，大肠杆菌的生长繁殖被抑制 [图 5-6 (2)]。

图 5-7 是典型的 BC 管的 FTIR 谱图，在 3200～3500cm^{-1} 具有强吸收峰，表明有羟基和氢键。通常，ε-PL 在 1680～1640cm^{-1} 和 1580～1520cm^{-1} 有强吸收峰[11]。ε-PL/BC 管的谱图在 1669cm^{-1} 和 1553cm^{-1} 有两个强吸收峰，表明 ε-PL 成功复合到 BC 的网络结构中。同时 ε-PL/BC 管在 3200～3500cm^{-1} 间的吸收峰由 3348cm^{-1} 向 3353cm^{-1} 发生位移，这表明 BC 与 ε-PL 之间具有相互作用，可能形成氢键。

(1)　　　(2)

图 5-6　BC 管 (1) 与 ε-PL/BC
管 (2) 的抑菌效果比较

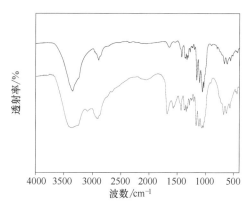

图 5-7　BC 管 (上) 和 ε-PL/BC
管 (下) 的 FTIR 谱图

图 5-8 是 BC 管、ε-PL 和 ε-PL/BC 管的 XRD 图谱，图中 (1) 线是典型的 BC 管

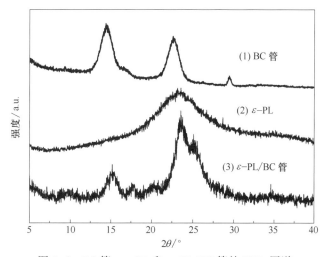

图 5-8　BC 管、ε-PL 和 ε-PL/BC 管的 XRD 图谱

XRD 图谱，有三个特征吸收峰。图中（2）线是 ε-PL 的 XRD 图谱，图中（3）线是 ε-PL/BC 管的 XRD 图谱。各衍射峰相对强度发生了变化，并且在 $2\theta=24.9°$ 处出现了一个新的衍射峰（表 5-1）。

表 5-1 ε-PL/BC 管和 BC 管的 XRD 表征数据

	ε-PL/BC 管			BC 管		
	$2\theta/°$	晶面间距/Å	衍射强度/a. u.	$2\theta/°$	晶面间距/Å	衍射强度/a. u.
峰 1	15. 4	5. 74	453	14. 5	6. 12	3653
峰 2	17. 7	5. 00	331	16. 5	5. 36	1109
峰 3	20. 3	4. 37	345	22. 7	3. 91	2959
峰 4	20. 9	4. 25	334	29. 4	3. 03	673
峰 5	23. 6	3. 76	916			
峰 6	24. 9	3. 57	707			

BC 管、ε-PL 和 ε-PL/BC 管的原子力显微镜（Atomic force microscopy，AFM）图像如图 5-9 所示。BC 管是由宽度为 60~100nm 的纳米纤维相互缠绕组成［图 5-9（1）］。图 5-9（2）为 ε-PL 的 AFM 图。BC 管浸渍于 ε-PL 后，ε-PL 均匀地镶嵌在 BC 纳米纤维内的 AFM 图见图 5-9（3）。

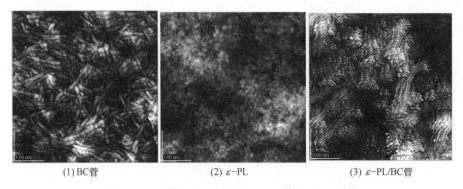

| (1) BC 管 | (2) ε-PL | (3) ε-PL/BC管 |

图 5-9   BC 管、ε-PL 和 ε-PL/BC 管的 AFM 图像

合成的 ε-PL/BC 管分别在 60、80、100 和 121℃ 温度下处理 30min 后，进行对金黄色葡萄球菌的抑菌实验。与未高温处理的对照组比较，高温处理后的 ε-PL/BC 管保持良好的抑菌效果，说明 ε-PL/BC 管热稳定性好，这有利于 ε-PL/BC 管在加工食品中应用。

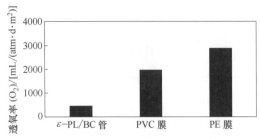

图 5-10 ε-PL/BC 管、PVC 膜和 PE 膜的透氧率
注：1atm=1. 013×10⁵Pa。

氧气是影响食品、药品等商品保质期质量的重要因素，通过测定包装材料的透氧率（Oxygen transmission rate，OTR），可预测包装材料应用于食品包装后的效果。从图 5-10 中 OTR 值的大小可知，聚乙烯（Polyethylene，PE）膜的透氧率最大，聚氯乙烯（Polyvinyl chloride，PVC）膜次之，ε-PL/BC 管的透氧率最小。纤维素是极性大分子聚合物,其结构致密,聚合度高,分子直径为 0.298nm 的氧气难以透过 BC 管。因此,制备的 ε-PL/BC 管对氧气具有一定的阻隔性。

制备的 ε-PL/BC 管的拉伸强度为 51.8MPa,略高于 BC 管的 50.3MPa。有报道天然肠衣的拉伸强度为 43.3MPa[12];Amin 报道其制备的天然肠衣拉伸强度为 6.17MPa,ε-PL/BC 管的拉伸强度高于天然肠衣的强度[13]。

第二节　细菌纤维素球的制备与应用

一、BC 球的制备

木葡萄糖酸醋杆菌 CGMCC 2955 为严格好氧菌,在静态发酵时,随着菌体细胞的生长、繁殖与合成 BC 的同时,BC 与菌体细胞悬浮于液体培养基表层。合成的 BC 在培养基中缓慢下沉,液体表层继续合成新的 BC,各层 BC 层叠交错,逐渐合成质地坚韧有弹性的 BC 膜 [图 5-11 (1)]。振荡培养时,液体培养基随之在瓶中振荡形成湍流和涡流,随转速增加,气液相界面积增加,剪切力也随之增加[14]。在湍流、涡流和剪切力的作用下,细胞分泌的微纤维不再沿细胞的长轴方向延伸,而是随培养基的流动而摆动,转速达到一定值后,细胞随涡流转动时自身也旋转,分泌的微纤维绕细胞延伸,由于剪切力的存在,微纤维之间的聚合和结晶受到影响,不同细胞之间微纤维的交联程度降低,难以合成静态发酵时结构致密的 BC 膜。

当转速小于 100r/min 时,合成的 BC 为粘连在一起的絮状。当摇床转速为 130r/min,48h 时合成的 BC 呈蝌蚪状 [图 5-11 (2)];转速为 160 和 190r/min 时 BC 呈球状 [图 5-11 (3)];转速为 220r/min 时 BC 呈雪花状和团状 [图 5-11 (4)],纤维素之间有粘连,不容易形成单球。摇床转速过高或过低均不能形成光滑、均匀的球状 BC。

摇床转速分别为 160r/min 和 190r/min,培养时间分别为 24、48、72、96 和 120h,可获得直径不同的 BC 球。培养时间小于 96h 时,随时间延长,BC 球的直径增加;培养时间超过 96h,BC 球之间的纤维素丝互相粘连缠绕,形成絮团。但是,动态发酵过程中,摇床转速增加,

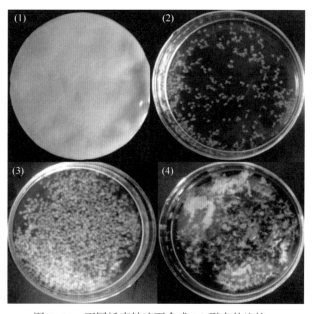

图 5-11　不同摇床转速下合成 BC 形态的比较
(1) BC 膜;(2) 蝌蚪状 BC;(3) 球状 BC;(4) 雪花状 BC

有利于增加培养基中的溶解氧浓度，但对 BC 的合成没有促进作用。另外，测定动态与静态发酵过程中液体培养基中的葡萄糖消耗与有机酸的合成，动态发酵过程中葡萄糖的消耗速率加快，葡萄糖酸、醋酸和柠檬酸三种有机酸的合成量减少。72h 时，动态发酵过程中这三种有机酸合成总量是静态发酵过程中的 60%，也就是说，静态和动态发酵过程中氧对菌体生长与 BC 合成的影响存在不同，其原因在氧对 BC 合成影响一章中已有讨论。

采用低于 10g/L 葡萄糖浓度培养基，160r/min 培养 72h 时，细胞可合成 BC 球，但大小不均匀，结构也较疏松，易变形；葡萄糖浓度在 15~25g/L 时，可形成均匀规则的 BC 球，且不易变形；浓度大于 25g/L 时，BC 球之间相互粘连，结构较致密。

图 5-12（1）为 160r/min、30℃发酵 72h 收获的 BC 球，因含有培养基成分，呈黄色 [图 5-12（1）（2）]，洗涤后为白色、半透明、结构疏松的圆球状或椭圆状 [图 5-12 （3）]，直径 3~5mm。观察图 5-12（2）可以发现，BC 球体内核心区结构较为致密，原因是球中心先合成，随球直径的增加，形成的纤维素较为疏松。Liu 等以天然纤维为原料，通过碱化、老化、碳化、溶解、反向悬浮再生等步骤制备纤维素球作为吸附剂，制备过程复杂，且产生废碱、废酸及有机溶剂等污染环境的物质[15]。相比之下，BC 球可以原位发酵一步合成，过程简单，条件易控，对环境影响小。

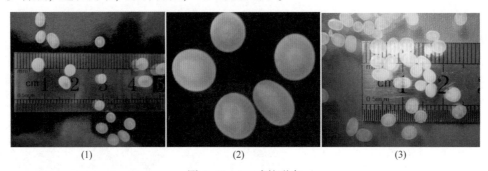

(1)　　　　　　　　　　(2)　　　　　　　　　　(3)

图 5-12　BC 球的形态

（1）（2）发酵后未洗涤的 BC 球；（3）洗涤后的 BC 球

动态发酵合成的 BC 球中的原纤维是弯曲的、彼此缠绕的，可能在缠绕时卷入大量菌体碎片等杂质，经 0.05mol/L NaOH 洗涤后杂质基本去除（图 5-13）。

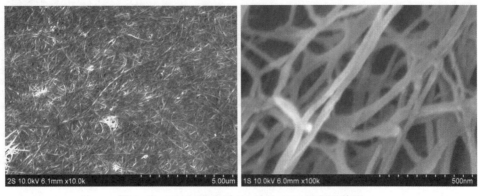

图 5-13　NaOH 洗涤后 BC 球的 SEM 微观形貌图

二、BC 球的性质分析

从图 5-14 可知，BC 球和 BC 膜均无明确的结晶锐衍射和非结晶漫散射之分，即在 BC 球和膜中均不存在单一的结晶相与非晶相，而是介于晶态和非晶态之间的有序变化，其变化程度与培养条件密切相关。BC 球的衍射峰强度与 BC 膜相比降低很多，尤其是 2θ 为 14.6°处的衍射峰（表 5-2）。采用 Jade5 软件计算得到 BC 球的结晶度指数（Crystallization index，CrI）与 BC 膜相比降低 48.85%[16]。结晶度降低的原因可能是振荡条件下原纤维相互之间的聚合受到阻碍，导致在原位合成过程中微纤维自组装过程发生变化，静态发酵过程中形成连续致密的网状结构受振荡

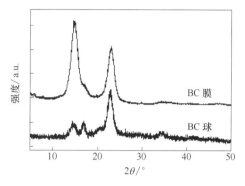

图 5-14　BC 球和 BC 膜的 XRD 图谱

作用拉扯变形，影响微纤维聚集形成致密带状，最终降低了 BC 的结晶度。

表 5-2　　　　　　　　　　　　　BC 膜和 BC 球的 XRD 表征数据

	BC 膜				BC 球		
	$2\theta/°$	晶面间距/Å	衍射强度/a.u.		$2\theta/°$	晶面间距/Å	衍射强度/a.u.
峰 1	14.6	6.08	9373	峰 1	14.6	6.07	3216
峰 2	16.6	5.34	2727	峰 2	17.0	5.23	3173
I_{am}	18.0		1558	I_{am}	18.0		1526
峰 3	22.6	3.92	7003	峰 3	22.8	3.90	6250
				峰 4	34.0	2.63	1869
				峰 5	34.7	2.58	1859
	结晶度指数=82.75%				结晶度指数=40.42%		

注：I_{am}：$2\theta=18$°时的衍射强度，即无定形区的衍射强度。

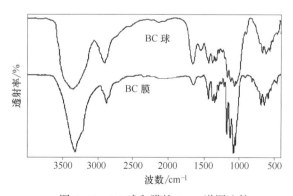

图 5-15　BC 球和膜的 FTIR 谱图比较

FTIR 谱图（图 5-15）显示，1650cm^{-1}处 BC 球与 BC 膜的纤维素特征峰存在不同，此处的峰受样品中结合水的影响，BC 球中结合水明显高于 BC 膜中结合水；2898cm^{-1} 和 2922cm^{-1} 处的吸收峰则是由 O—H 键的伸缩振动产生的；1429cm^{-1}处的特征峰由 C—H 弯曲振动引起，峰的高低与纤维素结晶度正相关，可看出 BC 球的峰显著高于 BC 膜，也与 XRD 图谱的结果吻合。

动态发酵时细胞旋转和液体的剪切力导致微纤维之间的聚合受到影响，交联程度降低。BC 球和 Fe₃O₄/BC 球（后述）的聚合度分别降低至 BC 膜的 18.30% 和 13.37%。另外，BC 球和 Fe₃O₄/BC 球的持水性略高于 BC 膜的持水性（表 5-3）。BC 球的聚合度低，其断裂强度必然低于 BC 膜。

表 5-3   Fe₃O₄/BC 球与 BC 球的聚合度与持水性比较

	聚合度	持水性/%
BC 膜	1534.62±65.09	98.7±0.026
BC 球	280.87±23.67	99.3±0.013
Fe_3O_4/BC 球	205.11±65.09	99.3±0.019

三、BC 球用于吸附牛血清白蛋白和重金属铅

牛血清白蛋白（Bovine serum albumin，BSA）溶液浓度不同，产生的浮力不同。BC 球在低于 2% 的 BSA 溶液中会沉降，浓度高于 2.5% 时 BC 球上浮。随着 BSA 不断向 BC 球中扩散并被吸附，BC 球加入 20min 后开始沉降，约 60min 时全部沉降。在 BSA 0.2～1.0mg/mL 的浓度范围内，BC 球对 BSA 的吸附量随 BSA 浓度的增加而增大，吸附率在 91.72%～97.80%；BSA 浓度为 1.50mg/mL 时，吸附率降至 78.80%；在大于 1.50mg/mL 的条件下，吸附率继续降低。以 0.01mol/L NaOH 为洗脱剂，BSA 的洗脱回收率最低为 92.10%。将洗涤后的 BC 球再次吸附 BSA 时，吸附趋势与第一次吸附相同，当 BSA 浓度 ≥1.00mg/mL 时，吸附量和吸附效率略低于第一次吸附，洗脱回收效率为 86.50%～92.90%。第三次的洗脱率为 85.10%～90.70%。经过水洗处理的 BC 球中会残留微生物菌体及其碎片，后者主要由多聚糖、蛋白质和脂类组成，这些物质的主要官能团有羧基、磷酰基、羟基、硫酸酯基、氨基和酰胺基等，也可与 BSA 相结合，影响 BC 球吸附率。采用 0.01mol/L NaOH 为洗脱剂，有助于去除 BC 球中的残留微生物菌体及其碎片，以减少 BC 球对 BSA 的吸附量和回收率的影响。

BC 球也可用于重金属离子的吸附，如 Pb^{2+}。在 Pb^{2+} 低于 100mg/L 的浓度范围内，经水洗涤处理的 BC 球对 Pb^{2+} 的吸附量随 Pb^{2+} 浓度的增加而增大，吸附率在 84.20% 以上，进一步增加 Pb^{2+} 浓度，吸附量增加变缓。以 0.10mol/L 柠檬酸钠为洗脱剂洗涤含 Pb^{2+} 的 BC 球，测定洗脱液 Pb^{2+} 浓度后计算得 Pb^{2+} 的回收率为 55.71%～75.22%。以 0.10mol/L 柠檬酸钠为洗脱剂洗涤已吸附 Pb^{2+} 的 BC 球时，死亡菌体与碎片不会被洗脱，只是解除 Pb^{2+} 与羧基、磷酰基、羟基、硫酸酯基、氨基和酰胺基等基团的络合，洗脱效率低于以 NaOH 洗脱剂洗脱 BSA 的效率。经三次吸附实验，证明 BC 球可重复用于 Pb^{2+} 的回收。

第三节　磁性细菌纤维素球的制备与应用

虽然 BC 球用于小规模吸附试验效果较好，但反复使用时，回收操作过程中 BC 球的结构易受破坏，是必须解决的问题。由于磁场分离时作用力可以调节控制，不会破坏易发生形变的分离物，如果选择一种具有超顺磁性（即在外加磁场条件下会被磁化收集，而一旦去除磁场后颗粒会重新分散，可循环使用）的纳米材料与 BC 结合制备成磁性 BC 球，在外加磁场存在的条件下磁化收集目的分离物，去除磁场后磁性消失，重新分散，就有可能使其循环使用。纳米 Fe_3O_4 粒子是目前最常用的超顺磁性材料之一。

一、Fe₃O₄/BC 球的制备

除将 Fe_3O_4 添加到液体培养基中以外，Fe_3O_4/BC 球的制备方法与 BC 球合成的方法类同。动态发酵过程中，伴随 BC 球的合成，培养基中分散的纳米 Fe_3O_4 粒子与 BC 结合，合成黑色不透明的 Fe_3O_4/BC 球（图 5-16）。由于 Fe_3O_4/BC 球复合大量 Fe_3O_4 而呈黑色，经流动水、去离子水多次洗涤，Fe_3O_4/BC 球保持稳定。其热稳定性好，经 121℃灭菌后 Fe_3O_4 仍与 BC 稳定结合。

图 5-16　Fe_3O_4/BC 球的形貌

磁性高分子球的制备方法一般分为共混包埋法、界面沉积法、单体聚合法、原位法、逐层自组装技术等五种[17]。Fe_3O_4/BC 球是在菌体细胞合成、分泌 BC 的过程中将 Fe_3O_4 层层包裹，使其牢固、均匀分布于合成的 BC 球中。合成过程类似于共混包埋法和逐层自组装法，但是又有明显的区别（图 5-17）。

在 Fe_3O_4/BC 球的合成过程中，培养基的 pH 是不断变化的，发酵初期的 pH 在 6~7 之间，随发酵的进行，培养基的 pH 不断下降，一定时间后降至 4 以下。由于原位发酵合成 Fe_3O_4 纳米粒子表面存在两性羟基，其等电点（Isoelectric point，IEP）为 p/ 7，此时极易团聚。研究表明，当培养基 pH 降至 4 以下时，远离 Fe_3O_4 纳米粒子的等电点，Fe_3O_4 纳米粒子得以均匀分散，确保了 Fe_3O_4/BC 球的合成。

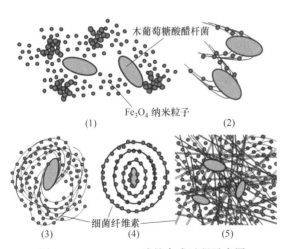

图 5-17　Fe_3O_4/BC 球的合成过程示意图

铁的含量直接关系到饱和磁化强度，为此，利用原子吸收光谱法对 Fe_3O_4/BC 球中的铁含量进行定量分析。随培养基中 Fe_3O_4 的增加，合成的 Fe_3O_4/BC 球中的铁含量也逐渐增加。但当 Fe_3O_4 加入量大于 1.0g/L 时，合成的 Fe_3O_4/BC 球中 Fe 含量曲线虽仍有上升趋势，但增加的趋势减缓，到 2.5g/L 时接近饱和，此时铁含量为 33.15%（干重）。

二、Fe₃O₄/BC 球的性质分析

基于 Fe_3O_4 的 XRD 所测数据［图 5-18（1）］，利用 Jade 软件测得 $2\theta = 35.44°$处的半峰宽为 0.01418rad，计算出样品的晶粒尺寸为 15.24nm。Fe_3O_4 微粒粒径的大小直接影响其饱和磁化强度（σ_s）。由于 Fe_3O_4 纳米粒子的 σ_s 值随着粒径降低而降低，磁微粒粒径越小其稳定性越好；粒径较大时，虽 σ_s 值变大，但相邻微粒之间异性磁极间的引力增大，

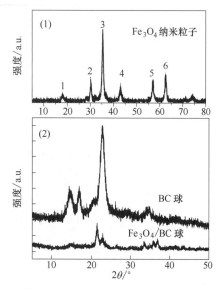

图 5-18 Fe_3O_4 、BC 球和 Fe_3O_4/BC 球 XRD 图谱

纳米微粒易聚集成团，产生沉淀。因此，Fe_3O_4 纳米颗粒粒径，一般在 10~30nm 较好。

2θ 为 14.56°、16.60°、22.64° 处是 BC 的特征衍射峰，对比 XRD 图谱 [图 5-18（2）] 可以看出，Fe_3O_4/BC 球中衍射峰强度降低，因为衍射强度直接与结晶度相关，计算可知 Fe_3O_4/BC 球中 BC 的结晶度为 7%，与 BC 球的 40.42% 相比明显降低。原因在于菌体分泌的 BC 亚纤维结晶形成原纤维，原纤维聚集成束，形成带状结构，最终形成网状结构。而共沉淀法制备的 Fe_3O_4 纳米粒子表面存在两性羟基，与菌体细胞分泌的 BC 亚纤维、原纤维的羟基之间形成氢键，阻止了亚纤维结晶合成原纤维、原纤维聚合形成微纤维束，导致 Fe_3O_4/BC 球的结晶度与 BC 球相比大大降低。

位于 1060cm^{-1} 处的峰是纤维素的特征吸收峰（图 5-19）；2898cm^{-1} 和 2922cm^{-1} 处的吸收峰是由 O—H 键的伸缩振动产生的；在 1429cm^{-1} 和 1427cm^{-1} 处的吸收峰是由 C—H 键弯曲振动引起的，峰高和峰谷深度与纤维素结晶度有关[18]，可以看出 Fe_3O_4/BC 球的峰很低，这与 XRD 图谱的结果吻合。

冷冻干燥后 Fe_3O_4/BC 球的磁滞回线如图 5-20 所示，Fe_3O_4/BC 球表现出超顺磁特征，且 BC 的复合不会对 Fe_3O_4 纳米粒子的磁性产生影响，在外磁场作用下具有较好的磁响应性，当外加磁场撤去后，磁性马上消失，几乎无磁滞产生。这种良好的磁响应性和"磁开关"性质，能够应用于生物分离和磁控发酵。

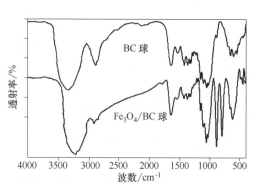

图 5-19 BC 球与 Fe_3O_4/BC 球 FITR 特征峰的比较

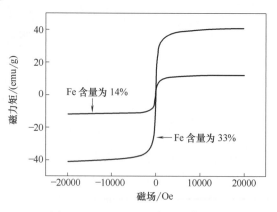

图 5-20 Fe_3O_4/BC 球的磁滞回线

1Oe＝79.577A/m。

图 5-21 是 0.05mol/L NaOH 洗涤后 Fe_3O_4/BC 球的 SEM 图。由图可知，Fe_3O_4/BC 球疏松多孔，麻点状物质就是 Fe_3O_4 纳米颗粒，均匀地分布于 BC 球中，直径略小于 20nm，

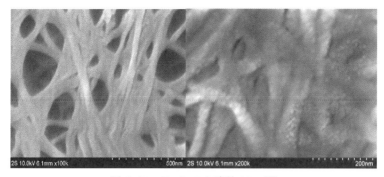

图 5-21　Fe$_3$O$_4$/BC 球的 SEM 图

与之前计算出的 Fe$_3$O$_4$ 晶粒尺寸为 15.24nm 吻合。

三、Fe$_3$O$_4$/BC 球的应用

1. Fe$_3$O$_4$/BC 球对 BSA 的吸附与重复使用

与 BC 球的应用相类似，在一定范围内，Fe$_3$O$_4$/BC 球对 BSA 的吸附量随 BSA 浓度的增加而增大（图 5-22），当吸附量达到 366.96mg/g 时，吸附达到饱和。在 BSA 0.2~1.0mg/mL 的浓度范围内，吸附率在 71.79%~96.7%；浓度为 1.5mg/mL 时，吸附率降至 52.8%；在浓度大于 1.5mg/mL 的条件下，吸附率继续降低。Fe$_3$O$_4$/BC 球对 BSA 的吸附量和吸附效率均低于同样条件下 BC 球的吸附量和吸附效率。

以 0.01mol/L NaOH 为洗脱剂，洗涤吸附 BSA 的 Fe$_3$O$_4$/BC 球，BSA 的回收率最低为 93.2%，说明 NaOH 的洗脱效果很好。洗涤后的 Fe$_3$O$_4$/BC 球进行第二、第三次吸附，BSA 的浓度在 0~1.0mg/mL 范围内，Fe$_3$O$_4$/BC 球的吸附量和吸附效率与第一次吸附基本相同，当 BSA 浓度 ≥1.0mg/mL，吸附量和吸附效率逐渐降低；用 0.01mol/L NaOH 洗脱，其洗脱率均在 80% 以上。

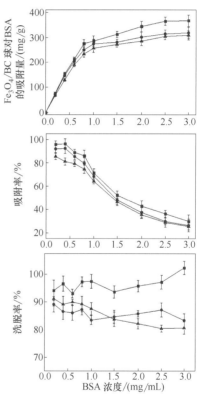

图 5-22　Fe$_3$O$_4$/BC 球在不同 BSA 浓度下
对 BSA 的吸附量、吸附率和洗脱率
——第一次吸附；——第二次吸附；
——第三次吸附

Fe$_3$O$_4$/BC 球吸附 BSA 的机理与 BC 球吸附 BSA 的机理相同。但由于 Fe$_3$O$_4$ 纳米粒子表面存在两性羟基，其与菌体细胞分泌的 BC 亚纤维、原纤维的羟基之间形成氢键，导致 Fe$_3$O$_4$/BC 球的游离羟基数量比 BC 球少，所以 Fe$_3$O$_4$/BC 球的吸附量和吸附效率低于同样 BSA 浓度下 BC 球的吸附量和吸附效率。

2. Fe$_3$O$_4$/BC 球对重金属离子的吸附与重复使用

不同重金属离子浓度下，Fe$_3$O$_4$/BC 球对重金属的吸附量随其浓度的增加而增大（图

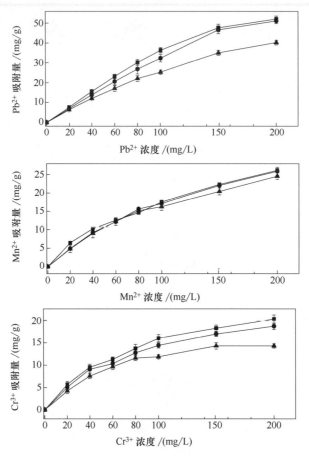

图 5-23　Fe₃O₄/BC 球在不同重金属离子浓度下的重金属离子吸附量

—■— 第一次吸附；—●— 第二次吸附；—▲— 第三次吸附

5-23)，逐渐趋向饱和。Pb^{2+} 浓度在 0~100mg/L，Mn^{2+} 和 Cr^{2+} 的浓度在 0~60mg/L 时，吸附量与溶液中三种重金属的浓度成正比。同样的离子浓度下，Fe_3O_4/BC 球对三种重金属离子的吸附量有显著差异，$Pb^{2+} > Mn^{2+} > Cr^{3+}$。经 0.1mol/L 柠檬酸钠反复洗脱后，$Pb^{2+}$ 和 Cr^{3+} 的吸附量明显降低，而 Mn^{2+} 则没有明显的变化。表 5-4 给出了 Fe_3O_4/BC 球与其他材料进行重金属吸附能力的比较，前者不仅吸附能力强，而且可反复使用，体现出优异的应用前景。

　　当 Pb^{2+} 浓度在 0~200mg/L 时，Fe_3O_4/BC 球的吸附率为 65.06%~94.45%；其中在 0~100mg/L 范围内吸附率高于 90%，随 Pb^{2+} 浓度继续增加，在 100~200mg/L 时吸附率逐渐降低至 65.06%。以 0.1mol/L 柠檬酸钠为洗脱剂，Pb^{2+} 的洗脱率为 68.65%~81.02%。第二次吸附 Pb^{2+} 的吸附率为 68.90%~86.05%，再次用柠檬酸钠洗脱，第二次的洗脱率为 57.24%~74.36%；第三次吸附率为 50.27%~79.56%，洗脱率为 40.26%~69.41%。吸附率与洗脱率均逐步降低。

　　Mn^{2+} 和 Cr^{3+} 的三次吸附率与洗脱率（0.1mol/L 柠檬酸钠为洗脱剂）的变化趋势与 Pb^{2+} 相似，呈逐步降低的趋势。但 Mn^{2+} 和 Cr^{3+} 的三次吸附率在 30%~60% 范围内，而洗脱

率却在 $60\% \sim 90\%$ 的范围内，说明柠檬酸钠作为 Mn^{2+} 和 Cr^{3+} 的洗脱剂洗脱效率高于 Pb^{2+} 的洗脱效率。三种重金属离子的洗脱率比较为：$Mn^{2+} > Cr^{3+} > Pb^{2+}$。

表 5-4　　　　　　　　　Fe_3O_4/BC 球与其他材料重金属吸附能力的比较[19]

材料	吸附能力/(mg/g)	是否重复	洗脱液
Fe_3O_4/BC 球	Pb^{2+}, 65.06 Mn^{2+}, 32.66 Cr^{3+}, 25.40	是	0.1mol/L 柠檬酸钠
再生的 Fe_3O_4/BC 球	Pb^{2+}, 55.95 Mn^{2+}, 33.35 Cr^{3+}, 21.97	是	0.1mol/L 柠檬酸钠
鲁氏毛霉生物体	Pb^{2+}, 4.06 Cd^{2+}, 3.76 Ni^{2+}, 0.36 Zn^{2+}, 1.36	是	0.05mol/L HNO_3
棕榈叶鞘	Cd^{2+}, 10.8 Pb^{2+}, 11.4 Zn^{2+}, 6.0	否	
稻壳灰	Cd^{2+}, 20.24 Hg^{2+}, 66.66	否	
黑吉豆壳	Cd^{2+}, 49.74	否	

Fe_3O_4/BC 球中含有少量有机物（如蛋白质、核酸、多聚糖等），这些有机物含有羧基、磷酰基、羟基、硫酸酯基、氨基和酰胺基等多种活性基团。活性基团直接以离子键或共价键吸附重金属离子，其中氮、氧、磷、硫作为配位原子与金属离子配位络合吸附。改变溶液 pH 或离子强度等条件可减弱、破坏这些作用力，使已吸附物质解吸，从而与 Fe_3O_4/BC 球分离。磁性球的表面结构和纳米尺度的形貌导致的物理吸附也会吸附重金属离子，但不是重金属离子吸附的主要原因。

Pb^{2+}、Mn^{2+} 和 Cr^{3+} 平衡吸附量随重金属离子初始浓度的增加而增大，但吸附效率却随之降低。原因是随重金属离子初始浓度的逐渐增加，Fe_3O_4/BC 球上大部分活性基团已与重金属离子结合，剩余可结合位点逐渐减少，导致吸附效率降低。

根据表 5-4 的数据，可将 Fe_3O_4/BC 球用于重金属废水的处理。当废水中重金属的浓度较低时，用传统的电化学法来处理，不仅效率较低，而且电能消耗较高。Fe_3O_4/BC 球吸附重金属后分离、洗脱，可降低废水处理的成本，并且，整个处理过程不会产生对自然环境有危害的物质，减少二次污染的可能性。

第四节　异形细菌纤维素产品的开发

在前述 BC 管和 BC 球制备的基础上，利用模具合成各种形状 BC，从而避免二次加工。通过过程参数的调控，可以在一定程度上控制异形 BC 产品的形状、厚度和机械强度等性状。

一、异形 BC 产品的制备

采用类似 BC 管合成的方法，选用具有良好氧渗透率的材料作为封闭异形发酵模具，如硅胶手套（图 5-24），原位发酵一步合成异形 BC 产品。将活化的液体菌种接入液体发酵培养基，混匀后注入硅胶手套中，无菌密封后 30℃ 静态发酵 5~11d。由于木葡萄糖酸醋杆菌 CGMCC 2955 具有趋氧性，即附着在模具的内表面合成 BC。发酵结束后，从发酵模具中将异形 BC 产品取出，冲洗除去表面培养基及杂质后，再浸泡于 0.05mol/L 的 NaOH 溶液中，100℃ 煮沸 5min，去除菌体和残留培养基。最后得到异形 BC 产品——手套（图 5-25），产品呈乳白色半透明状。

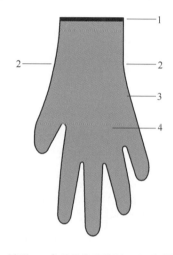

图 5-24　异形 BC 产品的发酵装置（以手形模具为例）
1—封口；2—空气；3—模具（兼发酵容器）；4—培养基

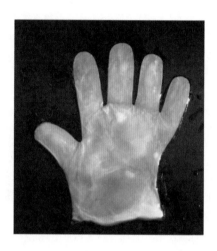

图 5-25　异形 BC 产品——手套

二、异形 BC 产品——手套的性质分析

BC 膜与异形 BC 产品——手套的聚合度与持水性比较的结果见表 5-5。

表 5-5　BC 膜与不同发酵装置获得的异形 BC 产品——手套的聚合度与持水性比较

	聚合度	持水性/%	合成速度/[g/(d·L)]
BC 膜	1534.62±65.09	98.70±0.026	1.4424
异形 BC 产品 A	1360.16±32.94	98.90±0.031	0.4488
异形 BC 产品 B	1327.73±42.15	99.10±0.049	0.3744

注：采用内发酵装置原位合成的异形 BC 产品为 A；采用外发酵装置原位合成的异形 BC 产品为 B。

500mL 三角瓶中装入 100mL 培养基静态发酵 4d，BC 膜合成量达到最高，为 5.77g/L；而采用内发酵装置静态发酵，异形 BC 合成量最高值达到 4.49g/L，需要 10d；外发酵装置静态发酵 10d，产量为 3.744g/L。计算可得 BC 的合成速度（表 5-5），BC 膜的合成速度是内发酵模具培养合成速度的 3.214 倍，是外发酵模具培养合成速度的 3.853 倍。合成速度的降低影响到微纤维分泌到细胞外的聚合过程，内、外发酵装置原位合成异形 BC 的聚合度比 BC 膜低 11.37% 和 13.48%，但持水性没有变化。另外，测定了异形 BC 产品 A 的拉伸强度为 22.1MPa，明显低于 BC 膜的拉伸强度 49.3MPa。拉伸强度的降低在一定程度上不利于异形 BC 产品应用领域的拓展。

图 5-26 为 BC 膜与异形 BC 产品 A 的红外光谱图。位于 1060cm^{-1} 处的峰是纤维素的特征吸收峰；在 1429cm^{-1} 和 1427cm^{-1} 处的吸收峰是由 C—H 键弯曲振动引起的，强度与纤维素结晶度有关；在 1200~1500cm^{-1} 之间出现多个吸收峰，主要是—CH，—CH$_2$ 以及—OH 的弯曲与摇摆振动引起的。

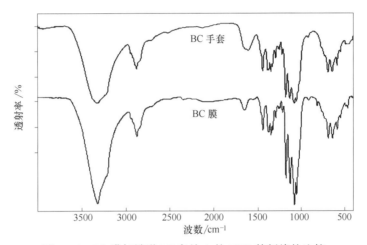

图 5-26　BC 膜与异形 BC 产品 A 的 FITR 特征峰的比较

第五节　聚乙烯醇/细菌纤维素复合膜的开发

聚乙烯醇（Polyvinyl alcohol，PVA）具有良好的成纤性、成膜性、黏接性、生物相容性和生物降解性[20]，特别是有可能增强材料的韧性。另外，PVA 对某些细胞生长有促进作用，原因是 PVA 对细胞膜表面的某些受体产生了直接或间接作用，给细胞的增殖提供了某种信号[21]。基于此，针对一步发酵法合成异形 BC 产品存在的拉伸强度较低的问题，可以通过在发酵过程中添加 PVA，在促进木葡萄糖酸醋杆菌 CGMCC 2955 细胞生长的同时，有可能获得性能优良的 BC 异形产品。

一、PVA/BC 复合膜的制备

采用静态发酵方法，分别添加相应质量 PVA（20，40，60 和 80g/L），以无添加为对照，合成 PVA/BC 复合膜。添加 20g/L 和 40g/L 的 PVA 对 BC 的合成起促进作用，96h 时 BC 合成量分别为 9.37g/L 和 7.80g/L，比对照组提高 40.48% 和 16.9%；而 60g/L 和 80g/L PVA 组的 BC 产量低于对照组。其原因是随 PVA 浓度增大，培养基黏度增大，传质阻力加大，菌体运动受到限制，在同样直径的培养皿中形成膜的面积相同，但 BC 膜变薄，导致产量降低。

二、PVA/BC 复合膜的机械性能表征

低 PVA 浓度时，复合膜的弹性模量随生物合成时间的增加而增大。当 PVA 浓度为 40g/L 时，复合膜在 96h 时弹性模量达到最大，为 4.56GPa；当 PVA 浓度为 20g/L 时，复合膜在 120h 时弹性模量达到最大，为 4.82GPa。在高 PVA 浓度时（60g/L 和 80g/L），复合膜的弹性模量则在 96h 之后有明显的下降。此外，复合膜的断裂伸长率在 72h 达到最大，继续培养断裂伸长率降低。当 PVA 浓度为 20g/L 和 40g/L 时，培养 72h，膜的断裂伸长率分别为 5.61% 和 4.97%，大于其他各组。

当 PVA 浓度为 20、40 和 60g/L 时，膜的拉伸强度在 96h 达到最大。当 PVA 浓度为 40g/L 时，在培养 96h 时，膜的拉伸强度达到 66.8MPa。当 PVA 浓度为 80g/L 时，膜在 72h 后其拉伸强度越来越低。因此，通过 PVA 添加量和发酵时间的控制，可以提高 PVA/BC 复合膜的拉伸强度。

三、PVA/BC 复合膜的晶体结构和微观形貌分析

XRD 图谱表明（图 5-27），PVA 在 $2\theta = 19.46°$ 处有特征衍射峰。相比于纯 BC 膜，PVA 浓度为 40g/L 和 80g/L，发酵 96h 时合成的 PVA/BC 复合膜分别在 $2\theta = 19.90°$ 和 $2\theta = 19.5°$ 处各有一个衍射峰，表明膜中复合有 PVA。PVA 浓度为 40g/L 的复合膜衍射峰的相对强度高于对照组和 PVA 浓度 80g/L 组。PVA 浓度为 40g/L 和 80g/L，发酵 96h 时合成的 PVA/BC 膜的结晶度分别为 87.21% 和 61.82%，对照组 BC 膜的结晶度为 79.62%。虽然低浓度的 PVA 可以提高复合膜的结晶度，而高浓度的 PVA 可以降低膜的结晶度，相关影响机制并不清楚，但是，BC 膜的力学性能与其结晶度直接相关，膜的结晶度越高，弹性模量越大，反之亦然。

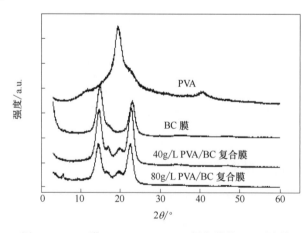

图 5-27 BC 膜、PVA、PVA/BC 复合膜的 XRD 图谱

SEM 图（图 5-28）表明，BC 膜具有由微纤维弯曲缠绕形成的超精细网状结构。PVA/BC 复合膜保留了 BC 膜的三维网状结构，但与纯 BC 膜相比，复合膜的结构更为致

密，有大量的 PVA 聚合物填充于 BC 网络结构中。

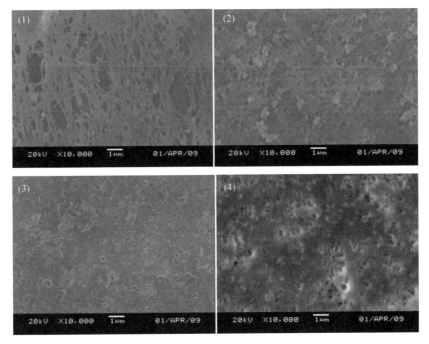

图 5-28　SEM 图

（1）BC 膜的 SEM 图；（2）~（4）不同浓度 PVA 下合成的 PVA/BC 复合膜的 SEM 图：

（2）20g/L PVA，（3）40g/L PVA，（4）60g/L PVA

参 考 文 献

［1］ 汤卫华. BC 的生物合成、性质分析及其应用 ［D］. 天津：天津科技大学，2009.

［2］ 朱会霞. BC 纳米复合物的生物合成与应用及 *vgbs*⁺ 和 Tn5G 突变子的筛选鉴定 ［D］. 天津：天津科技大学，2011.

［3］ Nimeskern L.，Ávila H. M.，Sundberg J.，et al. Mechanical evaluation of bacterial nanocellulose as an implant material for ear cartilage replacemen ［J］. Journal of the Mechanical Behavior of Biomedical Materials，2013，22：12-21.

［4］ Giambernardi T. A.，Klebe R. J. Use of oxygen-permeable silicone rubber pouches for growing mass culture of bacteria ［J］. Letters in Applied Microbiology，1997，24：207-210.

［5］ 贾士儒，欧竑宇，马霞，等. 细菌纤维素结构与性质的初步研究 ［J］. 纤维素科学与技术，2002，10（3）：25-30.

［6］ 马霞. 发酵生产 BC 及其作为医学材料的应用研究 ［D］. 天津：天津科技大学，2003.

［7］ Hong L.，Wang Y. L.，Jia S. R.，et al. Hydroxyapatite/bacterial cellulose composites synthesized via a biomimetic route ［J］. Materials Letters，2006 60：1710-1713.

［8］ Zhu H. X.，Jia S. R.，Yang H. J.，et al. Characterization of bacteriostatic sausage casing: a composite of bacterial cellulose embedded with ε-Polylysine ［J］. Food Science and Biotechnology，2010，19

（6）：1479-1484.

［9］ Sulaeva I., Henniges U., Rosenau T., et al. Bacterial cellulose as a material for wound treatment： Properties and modifications. A review ［J］. Biotechnology Advances, 2015, 33：1547-1571.

［10］ 贾士儒. 生物防腐剂 ［M］. 北京：中国轻工业出版社, 2009.

［11］ Shima S., Sakai H. Poly-L-lysine produced by *Streptomyces*. Part Ⅲ. chemical studies ［J］. Agriculture. Biology. Chemical, 1981, 45 （11）：2503-2508.

［12］ Cagri A., Ustunol Z., Osburn W. et al. Inhibition of *Listeria monocytogenes* on hot dogs using antimicrobial whey protein-based edible casings ［J］. Journal of Food Science, 2003, 68 （1）：291-299.

［13］ Amin S., Ustunol Z. Solubility and mechanical properties of heat-cured whey protein-based edible films compared with that of collagen and natural casings ［J］. International Journal of Dairy Technology, 2007, 60 （2）：149-153.

［14］ Czaja W., Romanovicz D., Brown M. Jr. Structural investigations of microbial cellulose produced in stationary and agitated culture ［J］. Cellulose, 2004, 11：403-411.

［15］ Liu M., Huang J., Deng Y. Adsorption behaviors of L-arginine from aqueous solutions on a spherical cellulose adsorbent containing the sulfonic group ［J］. Bioresource Technology, 2007, 98 （5）：1144-1148.

［16］ Keshk S., Sameshima K. Influence of lignosulfonate on crystal structure and productivity of bacterial cellulose in a static culture ［J］. Enzyme and Microbial Techonology, 2006, 40：4-8.

［17］ Sun Y., Wang B., Wang H., et al. Controllable preparation of magnetic polymer microspheres with different morphologies by miniemulsion polymerization ［J］. Journal of Colloid and Interface Science, 2007, 308 （2）：332-336.

［18］ Watanabe K., Tabuchi M., Morinaga Y., et al. Structural features and properties of bacterial cellulose produced in agitated culture ［J］. Cellulose, 1998, 5 （3）：187-200.

［19］ Zhu H., Jia S., Wan T., et al. Biosynthesis of spherical Fe_3O_4/bacterial cellulose nanocomposites as adsorbents for heavy metal ions ［J］. Carbohydrate polymers, 2011, 86 （4）：1558-1564.

［20］ 李敏, 堵国成, 陈坚. 生物降解聚乙烯醇研究进展 ［J］. 食品与生物技术学报, 2008, 27 （5）：8-12.

［21］ 仝志明, 李焱, 曹竹安. 高分子聚合物对杂交瘤细胞生长的促进作用 ［J］. 清华大学学报 （自然科学版）, 1999, 39 （12）：32-37.

第六章 细菌纤维素的改性及其应用

细菌纤维素作为一种新型生物材料，因其独特的性质，广泛应用于医学、造纸、化工、食品以及环境工程等领域。从一定角度而言，采用原位发酵的方法，一步合成不同形状的 BC 产品，不仅简便、易行，而且能够满足一定的应用需求。但是，BC 本身不具抗菌性能，热压干燥后的干膜柔韧性和延展性较差，使其在医学材料、能源工程、环境工程和电子显示器等领域的应用受到一定的限制。因此，有必要发酵获得 BC 后，通过改性或再制备，获得具有独特性能的 BC 产品。

第一节　氧化细菌纤维素

一、氧化细菌纤维素的制备

BC 的分子链上存在大量的醇羟基，这些醇羟基易被氧化剂氧化成醛基或羧基，并引入新的官能团，赋予其新的特性。2，2，6，6-四甲基-1-哌啶酮/溴化钠/次氯酸钠（2，2，6，6-Tete-methyl-1-ketone，TEMPO/NaBr/NaClO）氧化体系可以在水溶液中选择性氧化 C6 伯羟基形成羧基，但不氧化 C2 和 C3 仲羟基（图 6-1）。这种方法不会破坏纤维素中葡萄糖单元的碳骨架，并保持纤维素的优良特性，是一种反应条件温和、耗能低的纳米纤维素制备方法[1]。具体操作步骤如下[2]：首先，将 BC 样品（干重 1g）与 100mL H_2O 混合，并加入 TEMPO（0.1mmol/g BC 干重）和 NaBr（1.0mmol/g BC 干重）混合水溶液 20mL，搅拌均匀；其次，以滴加的方式将 0.5mmol/L NaClO 溶液在 1min 内全部加入到上述混合体系中，从开始滴加时计时，反应过程中用 0.5mol/L NaOH 调节体系 pH，保持体系 pH 在 10.5~11；再次，当反应体系的 pH 几乎不变时，向体系中加入 5mL 无水乙醇终止反应；最后，用 0.5mol/L HCl 将体系 pH 调至中性，并离心清洗，直至 0.1mol/L $AgNO_3$ 检测不出 Cl^- 存在为止，收集沉淀物，即为氧化细菌纤维素（Oxidized bacterial cellulose，OBC）。

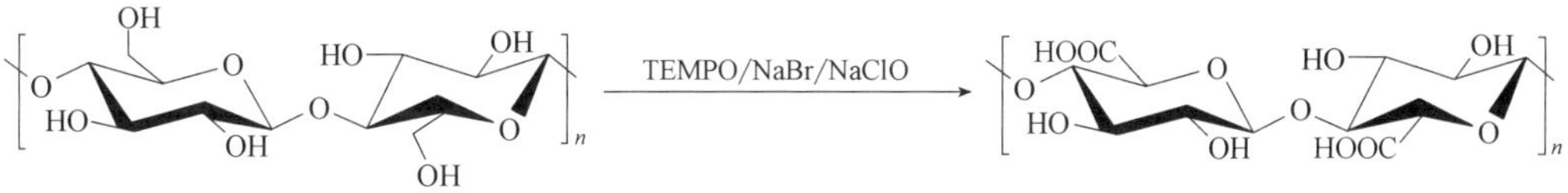

图 6-1　TEMPO/NaBr/NaClO 体系选择性氧化 BC 生成 OBC 的示意图

从 OBC 已有研究可知[3]，BC 氧化过程复杂，并且反应过程中会伴随着 BC 的降解反应，造成其损失。利用 TEMPO/NaBr/NaClO 氧化体系制备 OBC 时，产物氧化程度及羧基含量受纤维素的形态、NaClO 用量和温度等因素影响，这些因素还会影响到产物的收集、废液的处理等。

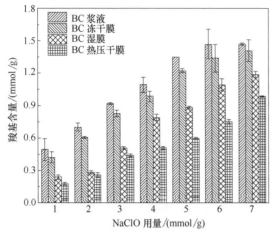

图 6-2　BC 的形态对 OBC 羧基含量的影响

相同温度下，不同形态的 BC 样品（浆液、冻干膜、湿膜和热压干膜）经 TEMPO/NaBr/NaClO 氧化后生成的 OBC 中羧基的含量如图 6-2 所示。由图 6-2 可知，在相同的 NaClO 用量下（1~7mmol/g），OBC 的羧基含量高低依次为：浆液>冻干膜>湿膜>热压干膜。对发酵合成的 BC 膜进行打浆处理，会破坏纤维素网络结构，减小纤维尺寸，导致更多的 C6 位伯羟基暴露在 BC 纤维表面，因此，BC 浆液氧化后的羧基含量明显高于其他样品。BC 热压干膜具有比冻干膜更紧密的结构，导致 C6 位伯羟基不能有效地和氧化剂接触，因此，BC 热压干膜氧化后的羧基含量低于 BC 冻干膜，也低于 BC 湿膜。

使用 TEMPO/NaBr/NaClO 体系氧化 BC 时，NaClO 的用量对 OBC 的羧基含量有重要的影响，在一定范围内，随着 NaClO 用量的增加，OBC 的羧基含量增加（图 6-3）。以 BC 浆液为例，当 NaClO 用量≤6mmol/g BC 干重时，OBC 的羧基含量与 NaClO 用量呈线性正相关。当 NaClO 用量为 6mmol/g BC 干重时，可以将 BC 微纤维表面暴露出来的 C6 位羟基完全氧化，OBC 的羧基含量为 1.47mmol/g BC 干重。继续增加 NaClO 用量，OBC 的羧基含量不再随 NaClO 用量的增加而增大。另外，随着温度从 20℃升高至 50℃，四种 BC 样品（浆液、冻干膜、湿膜和热压干膜）的氧化产物羧基含量都呈下降的趋势，进而拟合 BC 氧化产物羧基含量随温度变化的曲线斜率，可知四种 BC 形态对其氧化产物的羧基含量的

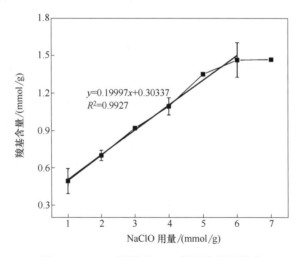

图 6-3　NaClO 用量对 OBC 羧基含量的影响

影响较小（图6-4）。

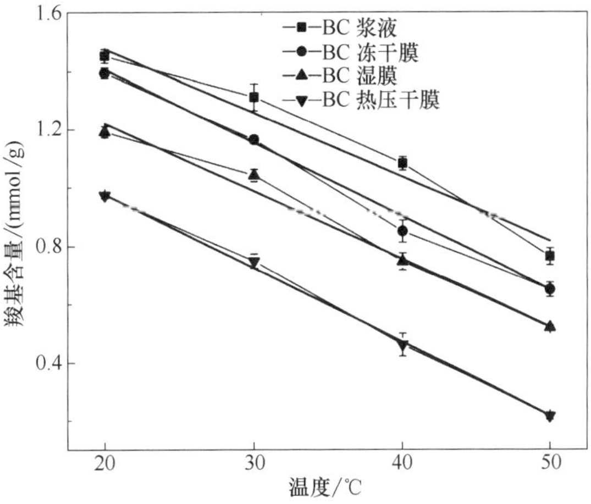

二、结构分析

图6-5为BC和OBC的FTIR图谱。在BC的红外光谱中，3380cm^{-1}处的吸收峰是纤维素分子中—OH的伸缩振动峰；2890cm^{-1}和1428cm^{-1}处的吸收峰分别是纤维素分子中C—H的伸缩振动峰和弯曲振动峰；1060~970cm^{-1}处的吸收峰是纤维素分子中C—O—C的伸缩振动峰[4]。OBC在1754cm^{-1}处出现一个新的特征吸收峰，是生成的葡聚糖羧酸（—COOH）中羰基（—C＝O）的伸缩振动峰，表明反应产物中有羧基生成[5]。

图6-4 反应温度对产物羧基含量的影响
（—：实际测量的数据值；—：模拟值）

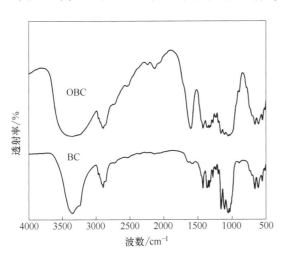

图6-5 BC和OBC的FTIR图谱

图6-6为BC和OBC的^{13}C-核磁共振光谱（^{13}C-NMR）。从BC和OBC的^{13}C-NMR图谱上可以观察到BC特征晶态的化学位移峰，分别是来自葡萄糖单元中端极C1的$\delta \approx 105$ppm、C4的晶型和非晶型的$\delta \approx 86$~92ppm和$\delta \approx 79$~86ppm，以及来自于C2、C3和C5的$\delta \approx 72$~79ppm，C6的$\delta \approx 64$ppm[6-7]。上述结果表明，氧化后BC的晶型结构没有发生变化。此外，从BC的^{13}C-NMR谱图中可以看到C4和C6各自有2个共振区，偏上场1个尖锐的共振峰毗连偏下场1个宽钝的共振峰，前者归属于BC有序区，后者归属于无序区，无序区包括2种纤维素链，一种是无定形区的纤维素链，另一种是结晶微纤维表面的纤维素[8]。OBC的^{13}C-NMR谱上C6偏下场宽钝的共振峰消失，并在$\delta \approx 175.24$ppm处出现了源于C6羧基碳原子的共振峰，据研究报道，该处的共振峰是由—COOH中C＝O引起的[9]。C2和C3的化学位移在氧化前后没有变化，这些现象表明TEMPO/NaBr/NaClO体系只选择性催化氧化BC中C6位的伯醇羟基生成羧基，C2和C3位的仲醇羟基没有被氧化。

XRD能够反映晶型和结晶度的信息，图6-7是BC和OBC的XRD图谱。BC图谱在$2\theta = 14.2°$和$22.4°$处有2个主要的结晶峰，分别对应于BC的（1$\bar{1}$0）和（200）晶面，这些特征衍射峰表明BC为典型的I_α型纤维素[10]。OBC保留了BC的晶体特征峰，表明氧化

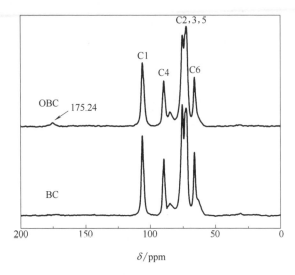

图 6-6　BC 和 OBC 的 ^{13}C-NMR 图谱

后 BC 的晶型结构没有发生变化，与 ^{13}C-NMR 结果一致。衍射强度能够反映 BC 和 OBC 的结晶度，结晶度计算公式如下：

$$CrI^{XRD} = \frac{I_{200} - I_{min}}{I_{200}} \times 100\% \qquad (6-1)$$

式中　CrI^{XRD}——结晶度；

　　　I_{200}——（200）晶面的吸收强度；

　　　I_{min}——（1$\overline{1}$0）晶面和（200）晶面之间的最小吸收强度。

计算得到的 BC 和 OBC 的结晶度分别为 90.57% 和 86.84%，氧化后 BC 的结晶度略有减小。结晶度降低的原因可能是一些结晶纤维素分子在氧化过程中转变为了无序结构[11]。

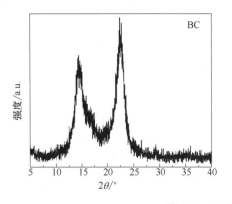
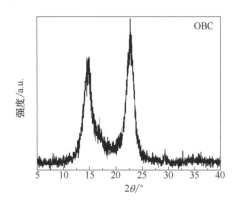

图 6-7　BC 和 OBC 的 XRD 图谱

BC 和 OBC 的 SEM 图（图 6-8）表明，BC 具有由微纤维弯曲缠绕形成的超精细网状结构，微纤维宽度为 50~100nm。TEMPO 氧化后，网状结构变得稀疏，网孔变大，微纤维

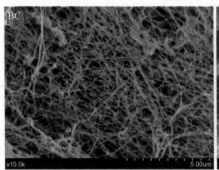
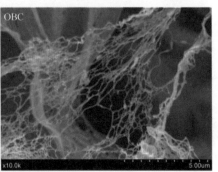

图 6-8　BC 和 OBC 的 SEM 图

束直径略有减小。

三、理化性质分析

图 6-9 是 BC 和 OBC 的热重（Thermogravimetry，TG）和微商热重（Derivative thermo-gravimetry，DTG）曲线，相关热分解特征参数见表 6-1。由图 6-9 可知，在升温速率相同的条件下，OBC 与 BC 的失重变化基本一致，主要分为三个阶段：在 200℃ 以下，失重缓慢，是由 OBC 中全部游离水和部分结合水的蒸发引起的；250~400℃ 为主要的失重区，是由纤维素的分解引起的，如解聚[12]，370℃ 附近出现最大分解率；400~900℃ 为纤维素分解产物的燃烧阶段，挥发性物质如二氧化碳较少，此时的纤维素样品质量小，因此 TG 图的趋势较为平缓且失重量很小。

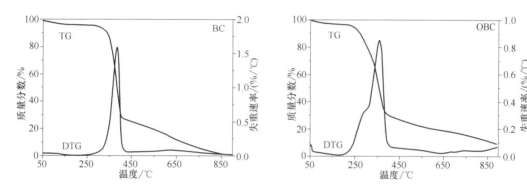

图 6-9　BC 和 OBC 的 TG 和 DTG 曲线

表 6-1	BC 和 OBC 的热分解特征参数		
样品	$T_{max}/℃$	$T_{on}/℃$	$T_{off}/℃$
BC	369.70	259.10	415.46
OBC	319.53	189.16	418.00

注：T_{max} 为最大失重温度；T_{on} 为热解起始温度；T_{off} 为热解终止温度。

根据 DTG 曲线和表 6-1 中相关的热解特征参数可得，OBC 的热解起始温度（T_{on} = 189.16℃）和最大失重温度（T_{max} = 319.53℃）低于 BC 的热解起始温度（T_{on} = 259.10℃）和最大失重温度（T_{max} = 369.70℃）。OBC 的热解起始温度和最大失重温度降低了约 50℃，两者热解终止温度基本相同，表明氧化后细菌纤维素的热稳定性下降。

图 6-10 显示了 BC 和 OBC 在不同 pH 环境下的溶胀性能。BC 在不同的 pH 环境中溶胀率基本一致，约为 100%。OBC 的溶胀性能具有 pH 响应性，在 pH 为 2 的环境中溶胀率为 60%，低于 BC 的溶胀率，随着 pH 的增大，其溶胀率不断增大，当 pH 为 8 时，其溶胀率达到 200%，之后不再增加。由于 OBC 纤维表面存在大量羧基，在低 pH 环境下，羧基亲水性低，材料溶胀性低，结构紧密；随着 pH 的升高，羧基亲水性增强，材料溶胀性高。

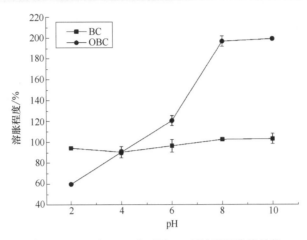

图 6-10　BC 和 OBC 在不同 pH 环境下的溶胀性能

第二节　细菌纤维素的表面氨烷基化改性

一、BC-NH$_2$ 和 OBC-NH$_2$ 的制备

基于 BC 具有的优良特性，通过对 BC 进行化学改性，可以赋予其抑菌性能，从而有效拓展其在生物医学领域的应用范围。为此，从 BC 和 OBC 出发，以硅烷偶联剂改性法，对其表面进行 3-氨丙基三甲氧基硅烷（3-Aminopropyl trimethoxysilane，APTMS）修饰，分别制备了氨烷基化细菌纤维素 [（3-Aminopropyl）trimethoxysilane-modified bacterial cellulose，BC-NH$_2$] 和氨烷基化氧化细菌纤维素 [（3-Aminopropyl）trimethoxysilane-modified oxidized bacterial cellulose，OBC-NH$_2$] 两种抑菌材料[13]。

1. BC-NH$_2$ 的制备

首先将发酵合成的 BC 膜浸泡于 10%（体积分数）的 APTMS-丙酮溶液中，室温振荡 5h。浸渍结束后，取出 BC 膜，用丙酮冲洗去除 BC 膜表面未反应的 APTMS。然后将风干的 BC 干膜加热至 110℃，反应 2h。反应结束，降至室温，丙酮索氏抽提 10h，风干，获得 BC-NH$_2$ 干膜。

2. OBC-NH$_2$ 的制备

首先用丙酮置换出 OBC 浆液中的水分，然后将得到的 OBC 浆分散于 10% 的 APTMS/丙酮溶液（V/V）中，加入催化剂 1-乙基-（3-二甲氨基丙基）碳二亚胺盐酸盐/N-羟基琥珀酰亚胺 [1-Ethyl-3-（3′-dimethylaminopropyl）carbodiimide hydrochloride/N-Hydroxysuccinimide，EDC/NHS，浓度比=4∶1]，室温下磁力搅拌反应 5h。反应结束后，离心洗涤去除未反应的 APTMS，并用丙酮重悬。得到的 OBC 浆液用装有四氟乙烯膜（110mm，0.45μm）的装置抽滤成膜，之后用纸页成形器在 95℃下干燥 15min，得到 OBC-NH$_2$ 膜。OBC-NH$_2$ 膜进一步加热至 110℃，反应 2h；反应结束，降至室温，丙酮索氏抽提 10h，风干，获得 OBC-NH$_2$ 干膜。

二、结构分析

采用杜马斯定氮法测定 BC-NH$_2$ 和 OBC-NH$_2$ 中 N 元素含量，结果如表 6-2 所示。BC-NH$_2$ 和 OBC-NH$_2$ 中 N 元素含量分别为 8.28% 和 7.39%，表明 APTMS 可以实现对 BC 和 OBC 膜的修饰。

表 6-2　　　　　　　　　　BC-NH$_2$ 和 OBC-NH$_2$ 膜的 N 元素含量

样品	BC-NH$_2$	OBC-NH$_2$
N 元素含量/%	8.28±0.08	7.39±0.04

氨烷基化反应过程中，硅烷衍生物水解形成硅醇衍生物，硅醇衍生物自缩合形成链状或三维的聚硅氧烷结构。SEM 图（图 6-11）表明，BC-NH$_2$ 和 OBC-NH$_2$ 材料保留了 BC 膜的三维网状结构，纤维尺寸因覆盖有聚硅氧烷层而增大。与 BC-NH$_2$ 相比，OBC-NH$_2$ 表面更为平滑，聚硅氧烷层分布更均匀，这可能是因为 OBC 的纤维尺寸小，氨烷基化反应过程中微纤维与硅烷偶联剂接触面积大，反应更充分。

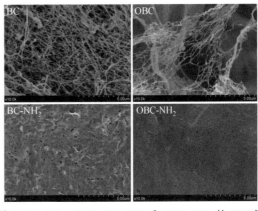

图 6-11　BC、OBC、BC-NH$_2$ 和 OBC-NH$_2$ 的 SEM 图

图 6-12 为 BC、OBC、BC-NH$_2$ 和 OBC-NH$_2$ 的 FTIR 图谱。如图所示，BC-NH$_2$ 和 OBC-NH$_2$ 中均可以观察到纤维素的特征吸收峰，说明氨烷基改性过程中没有改变纤维素

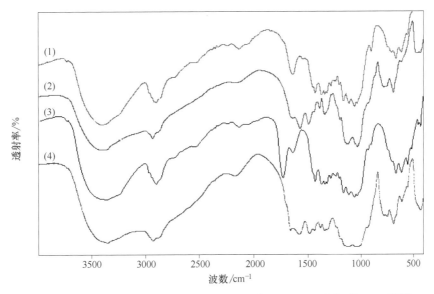

图 6-12　BC（1）、BC-NH$_2$（2）、OBC（3）和 OBC-NH$_2$（4）的 FTIR 图谱

原有的碳骨架结构。BC-NH$_2$ 在 1580cm^{-1} 处出现一个新的特征吸收峰，是生成的-NH$_2$ 的变角振动峰，在 3300cm^{-1} 处 N—H 的伸缩振动峰与—OH 的伸缩振动峰相互重叠。由硅烷衍生物羟基和纤维素羟基缩合而成 Si—O—BC 键以及硅烷醇自身缩合而成的 Si—O—Si 键的伸缩振动发生在 1150cm^{-1} 和 1135cm^{-1} 附近，被 C—O—C 键的伸缩振动所掩盖，因此在 FTIR 中不容易观察到[14]。氨烷基改性后 OBC 在 1742cm^{-1} 处的葡聚糖羧酸（—COOH）中羰基（—C=O）的伸缩振动峰消失[5]，说明氨烷基化过程中羧基参与了反应。此外，OBC-NH$_2$ 在 1560cm^{-1} 处的—NH$_2$ 变角振动吸收峰减弱，可能是部分氨基与羧基发生了缩合反应，形成了酰胺键。

图 6-13 为 OBC-NH$_2$ 和 BC-NH$_2$ 的 ^{13}C-NMR 图谱。在 ^{13}C-NMR 图谱中化学位移 60~105ppm 之间的共振峰源于纤维素碳骨架中 C1、C4、C2、C3 和 C5 碳原子（C1：$\delta \approx 105.6$ppm；C4：$\delta \approx 89.6$ppm；C2、C3 和 C5 共振峰重叠位于 $\delta \approx 72 \sim 79$ppm；C6：$\delta \approx 64$ppm）。与图 6-6 中测定的 BC 的 ^{13}C-NMR 图谱的结果一致，表明氨烷基化过程没有破坏纤维素原有的结构。此外，除了纤维素链的碳共振外，BC-NH$_2$ 在 $\delta \approx 12.2$ppm、25.6ppm 和 44.7ppm 处出现三个新的共振峰，这是由嫁接到 BC 纳米膜上的氨烷偶联剂中氨丙基的 αCH$_2$、βCH$_2$ 和 γCH$_2$ 共振产生的，这一结果与 Fernandes 等人在纤维素的氨烷基

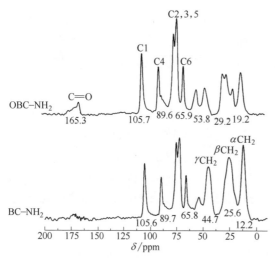

图 6-13 OBC-NH$_2$ 和 BC-NH$_2$ 的 ^{13}C-NMR 图谱

改性实验中得到的结构一致[15]，表明氨烷基成功嫁接到了 BC 膜上。OBC-NH$_2$ 在 $\delta \approx$ 165.3ppm 处出现的共振峰源于 C6 的羧基碳原子。除了 $\delta \approx 12.2$ppm、25.6ppm 和 44.7ppm 处出现的氨丙基的 αCH$_2$、βCH$_2$ 和 γCH$_2$ 中碳原子的共振峰外，OBC-NH$_2$ 还在 $\delta \approx$ 19.2ppm、29.2ppm 和 53.8ppm 处出现三个共振峰，表明氨烷基中氨丙基可能以两种不同的方式连接到了 OBC 的表面，推测部分氨基与羧基发生了缩合反应，与 FTIR 分析结果一致。

三、理化性质分析

采用热重分析法对 BC-NH$_2$ 和 OBC-NH$_2$ 的热稳定性进行表征，结果如图 6-14 所示。两种材料在 200℃之前失重幅度均较小，这一阶段的质量损失主要由失水引起，包括自由水、键合水和糖环上脱水。BC 在 370℃附近出现最大分解率，失重率约为 70%。OBC 在 260℃和 330℃附近出现 2 个主要失重峰，其中，第一个失重峰为结构中羧基受热分解发生脱羧反应引起的，分子链发生一定程度的降解，生成挥发性气体及中间产物；第二个失重峰为中间产物的进一步分解形成残留物引起。BC-NH$_2$ 膜在 350℃（失重约 30%）和

520℃（失重约 60%）出现 2 个主要失重峰。OBC-NH₂ 膜在 350℃附近（失重 25%）和 500℃（失重 50%）附近分别出现 2 个主要失重峰，与 BC-NH₂ 的热重曲线相似，失重温度略有提前。在加热到 900℃的过程中，BC-NH₂ 和 OBC-NH₂ 膜中无机残渣明显多于 BC 和 OBC 膜的无机残渣，这进一步表明 APTMS 能够对 BC 和 OBC 膜产生化学修饰，增加的无机残渣主要是 SiO_2。此外，通过失重曲线可以看出温度在 100℃以下时，BC 膜和 BC-NH₂、OBC-NH₂ 膜的水分损失范围相同（~10%），表明用 APTMS 功能化修饰对 BC 水亲和力没有明显的影响。

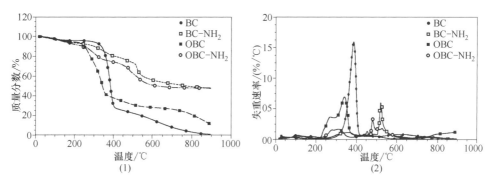

图 6-14　BC、OBC、BC-NH₂ 和 OBC-NH₂ 的 TG（1）和 DTG（2）曲线

四、抑菌性能

采用琼脂扩散法表征 BC-NH₂ 膜和 OBC-NH₂ 膜的抑菌性能，结果如图 6-15 所示。BC 膜和 OBC 膜在金黄色葡萄球菌（S. aureus）的固体琼脂平板上均无抑菌圈出现，表明 BC 膜和 OBC 膜没有抑菌活性。在 BC-NH₂ 膜和 OBC-NH₂ 膜周围出现明显的抑菌圈，表明 BC-NH₂ 膜和 OBC-NH₂ 膜能够明显抑制金黄色葡萄球菌的活性。由于氨烷基团的引入，使得微纤维素表面富含 NH₂，具有了聚阳离子特性，从而赋予 BC 和 OBC 抑菌性能[16]。在 OBC-NH₂ 膜中，虽然部分氨基可能与羧基发生了酰胺化反应，但并未影响其抑菌性。

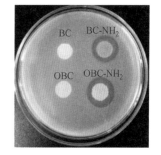

图 6-15　琼脂扩散法
表征 BC-NH₂ 膜和
OBC-NH₂ 膜的抑菌性能

分别测定了 BC-NH₂ 和 OBC-NH₂ 的抑菌曲线，结果如图 6-16 所示。金黄色葡萄球菌培养至 OD_{600} 为 0.20 ± 0.05 时，将不同量的 BC-NH₂ 粉末分别加入培养液中，37℃、180r/min 培养，每隔 1h 取样，测定培养液 OD_{600}，当 BC-NH₂ 加入量为 0.5mg/mL 时，对金黄色葡萄球菌的生长繁殖几乎没有影响，加入量为 1.0mg/mL 时具有一定的抑制作用，进一步加大加入量到 1.5mg/mL 及以上时，可以抑制金黄色葡萄球菌生长。以同样的方法考察 OBC-NH₂ 的抑菌性，当 OBC-NH₂ 加入量为 2.0mg/mL 及以上时，可以抑制金黄色葡萄球菌生长。

分别将不同量的 BC-NH₂ 或 OBC-NH₂ 粉末加入到金黄色葡萄球菌培养液中，培养 2h 和 4h 后，取样，采用菌落计数法测定了培养液中的活菌数，结果如图 6-17 所示。当 BC-

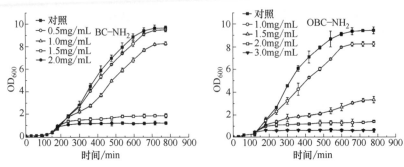

图 6-16　BC-NH$_2$ 和 OBC-NH$_2$ 对金黄色葡萄球菌的抑菌曲线

NH$_2$ 或 OBC-NH$_2$ 的加入量达到 2mg/mL 时，与对照组相比，每毫升培养液中活菌数降低了 4 个数量级。4h 时每毫升培养液中活菌数的对数值分别为 4.90±0.05 和 4.81±0.22，表明两种材料在同一浓度时对金黄色葡萄球菌的抑菌活性无显著差异。

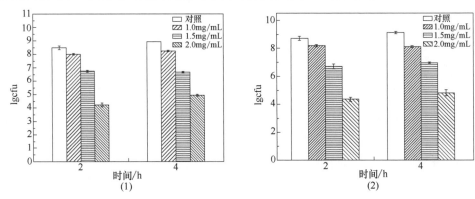

图 6-17　BC-NH$_2$（1）和 OBC-NH$_2$（2）对金黄色葡萄球菌活性的影响

碘化丙啶（Propidium iodide，PI）不能进入完整的活细胞，但能穿过破损的细胞膜，进而与胞内的 DNA 形成复合物。PI-DNA 复合物的荧光强度是 PI 的 20 倍左右，因此可以通过测定 PI 染色后样品荧光强度的变化表征细胞膜完整性。与对照组相比，添加 BC-NH$_2$ 组，培养金黄色葡萄球菌 2h 和 4h 后，荧光强度均显著增强（图 6-18）。分别添加 1.0mg/mL、1.5mg/mL 和 2.0mg/mL BC-NH$_2$ 组，培养 2h 后，荧光强度分别是对照组的 1.19 倍、2.59 倍和 2.81 倍，4h 时具有相似的结果。荧光强度的增强表明 BC-NH$_2$ 可以破坏金黄色葡萄球菌细胞膜的完整性，使 PI 进入胞内，与 DNA 结合形成

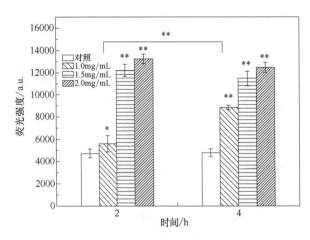

图 6-18　BC-NH$_2$ 对金黄色葡萄球菌的
细胞膜完整性的影响

PI-DNA 复合物，并且 BC-NH$_2$ 的浓度越高，破坏程度越严重。

从图 6-19 中可以看出，未添加 BC-NH$_2$ 组的金黄色葡萄球菌细胞饱满圆润。添加 1.0mg/mL 低浓度 BC-NH$_2$ 组，少量菌体的细胞出现凹陷，随着 BC-NH$_2$ 浓度增加至 1.5~2.0mg/mL 时，多数菌体的细胞出现凹陷、孔洞，表明 BC-NH$_2$ 作用于金黄色葡萄球菌的细胞膜，破坏细胞膜的完整性，进而导致细胞质泄露。

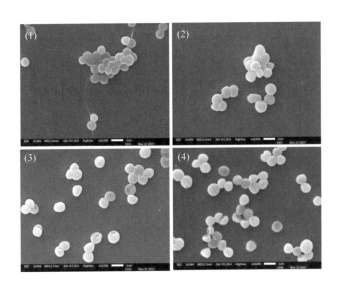

图 6-19　金黄色葡萄球菌菌体细胞的 SEM 图
（1）对照组；（2）1.0mg/mL BC-NH$_2$；（3）1.5mg/mL BC-NH$_2$；（4）2.0mg/mL BC-NH$_2$

通过代谢组学的方法分析了添加 BC-NH$_2$ 对金黄色葡萄球菌胞内小分子代谢物含量的变化。共检测到小分子代谢物 66 种，主成分分析和偏最小二乘分析结果表明，从对照组与添加 BC-NH$_2$ 实验组提取的金黄色葡萄球菌胞内代谢物之间存在一定的差异，说明 BC-NH$_2$ 干扰了金黄色葡萄球菌的代谢；同时，BC-NH$_2$ 对金黄色葡萄球菌的代谢扰动具有一定的浓度依赖性。从载荷图和 VIP 图中分析得出对代谢差异贡献率较大的物质，包括赖氨酸、天冬氨酸、谷氨酸、乙酰-L-赖氨酸、乙酰-L-谷氨酸、腺苷、谷氨酰胺等潜在生物标志物。进一步分析金黄色葡萄球菌中心碳代谢变化，如图 6-20 所示。糖酵解途径的重要原料——葡萄糖在实验组菌体细胞内的含量增加，表明细胞对葡萄糖的利用速率减慢。在代谢的下一步反应中，3-磷酸甘油酸和 2-磷酸甘油酸的含量降低，说明 EMP 代谢受到一定抑制。TCA 中，柠檬酸积累量有所上升，异柠檬酸合成量减少，TCA 的中间代谢物琥珀酸含量有所上升而延胡索酸含量下降，表明 TCA 循环的活性受到 BC-NH$_2$ 的影响。TCA 循环和 EMP 途径是金黄色葡萄球菌获得能量的主要途径，这两个重要代谢途径的受阻会极大地降低胞内 ATP 的含量。同时，作为糖、脂肪和氨基酸等物质的代谢枢纽，TCA 循环中的中间代谢物多是合成其他物质的原料，如 α-酮戊二酸是合成谷氨酸的原料，草酰醋酸是合成天冬氨酸的原料，BC-NH$_2$ 的作用导致天冬氨酸和谷氨酸含量下降，这可能是因为 TCA 循环受到抑制。

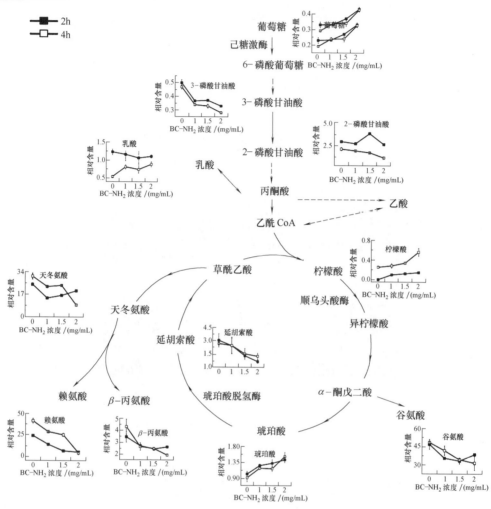

图 6-20　BC-NH$_2$ 对金黄色葡萄球菌中心碳代谢变化的影响

第三节　氧化细菌纤维素-聚醚胺-氧化石墨烯复合膜

一、OBC-PEA-GO 复合膜的制备

通过表面的氨基化改性可以赋予 BC 抗菌性能，但热压干燥得到的 BC 干膜柔韧性和延展性较差，限制了其在医用材料工程、组织工程等领域的应用。以聚醚胺（Polyether Amine，PEA）为交联剂，氧化石墨烯（Graphene oxide，GO）为强化材料，制备以 BC 为基质的复合材料，能够增强 BC 的柔韧性能和机械强度。首先，将 BC 膜用组织破碎机打成匀浆状，取一定量的匀浆，用 TEMPO/NaBr/NaClO 体系进行氧化（详细步骤见本章第一节），得到 OBC 沉淀物，并用 2-（N-吗啉）乙磺酸（2-Morpholinoethanesulfonic acid monohydrate，MES）缓冲液分散；其次，将得到的 OBC 悬浮液与超声处理的 GO 溶液

（1g/L）混合，磁力搅拌器搅拌 12h，之后加入 PEA 乙醇溶液混合，磁力搅拌 12h；再次，用 1mol/L HCl 调节上述混合溶液 pH 至 5.0，并加入 EDC/NHS（浓度比＝4∶1），常温下磁力搅拌反应 24h；最后将得到的混合物离心，得到的沉淀物浸泡于 0.1mol/L 的磷酸氢二钠溶液中 1h，终止反应，用去离子水清洗，得到 OBC-PEA-GO 悬浮液，并用四氟乙烯膜抽滤成膜状，之后用纸页成形器在 95℃下干燥 15min，得到氧化细菌纤维素-聚醚胺-氧化石墨烯（Oxidized bacterial cellulose-polyetheramine-graphene oxide，OBC-PEA-GO）复合膜（图 6-21）[3]。

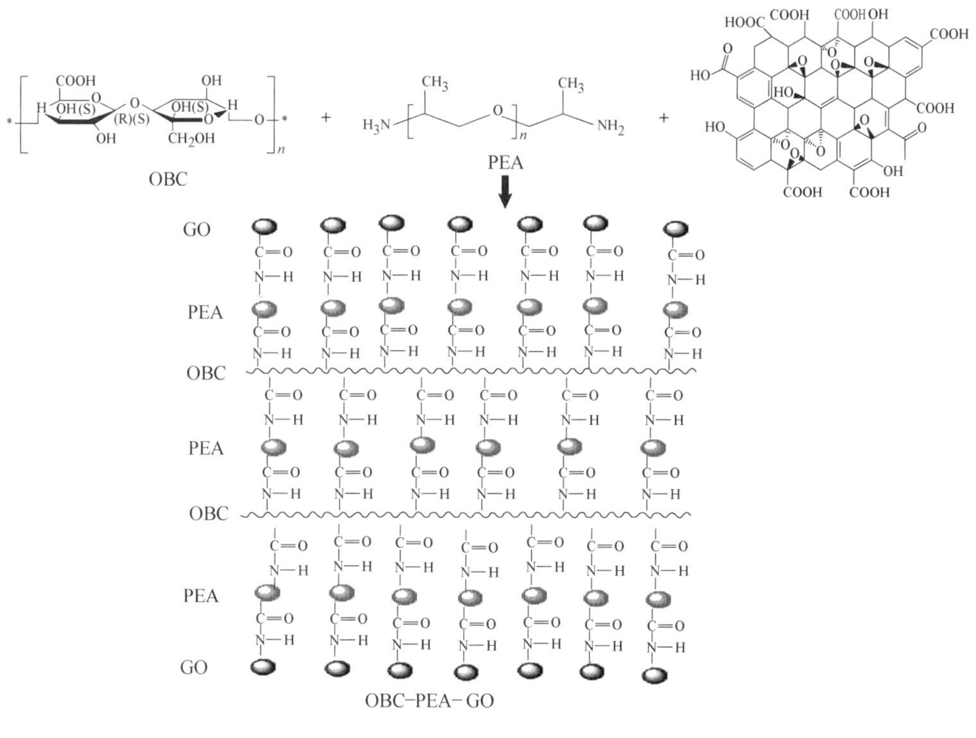

图 6-21　OBC-PEA-GO 复合膜交联反应的示意图

二、结构分析

图 6-22 为 OBC、OBC-GO、OBC-PEA 和 OBC-PEA-GO 膜的 FTIR 图谱。如图所示，4 种膜的 FTIR 图谱中都有 BC 的特征吸收峰。在 OBC-GO 和 OBC-PEA-GO 膜的光谱图中没有观察到 GO 在 $1625cm^{-1}$ 附近有未氧化的石墨域的 C＝C 碳骨架振动引起的吸收峰，这可能是由于复合膜中 GO 的含量太少。OBC-GO 膜在 $1754cm^{-1}$ 附近有一个特征吸收峰，这是羧基和羰基的 C＝O 伸缩振动。OBC-PEA 和 OBC-PEA-GO 膜在 $2972cm^{-1}$、$1708cm^{-1}$、$1664cm^{-1}$ 处有新的特征吸收峰，而在 $1754cm^{-1}$ 处的吸收峰消失。其中，$2972cm^{-1}$ 附近是—CH_3 的反对称伸缩振动吸收峰；$1707cm^{-1}$ 和 $1664cm^{-1}$ 主要为酰胺基 I 带中 C＝O 伸缩振动和 N—H 弯曲振动引起的[17-20]。结果表明，在材料复合过程中 PEA 中的氨基与 OBC 和 GO 中的羧基发生反应，生成了酰胺键。因此，在 OBC-PEA-GO 复合膜中，PEA

为交联剂，以牢固的酰胺键将 GO 复合到 OBC 基质材料中。

图 6-23 为 OBC、OBC-GO、OBC-PEA 和 OBC-PEA-GO 膜的固体 ^{13}C-NMR 图谱。与 OBC 膜相比，OBC-PEA 和 OBC-PEA-GO 膜的共振光谱在化学位移 $\delta \approx 17.35$ ppm、18.84ppm、36.92ppm、43.39ppm 和 155.03ppm 处各出现 5 个新的共振峰。在 $\delta \approx 17.35$ ppm 和 18.84ppm 处的共振峰分别源于 PEA D2000 分子中的末端—CH$_3$ 和分支—CH$_3$ 基团；在 $\delta \approx 36.92$ ppm 和 43.39ppm 处的共

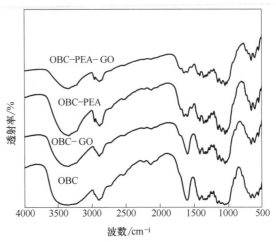

图 6-22　OBC、OBC-GO、OBC-PEA 和 OBC-PEA-GO 膜的 FTIR 图谱

振峰源于 PEA D2000 分子中两个主要的碳骨架氧化乙烯（EO）和氧化丙烯（PO）中的碳原子。化学位移 155.03ppm 处的共振峰源于酰胺键中的羰基碳原子，表明交联剂 PEA D2000 与 OBC 和 GO 发生了酰胺化反应。

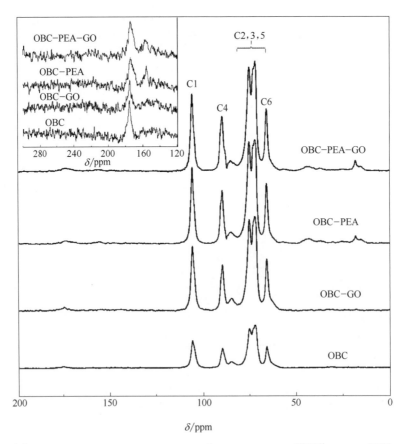

图 6-23　OBC、OBC-GO、OBC-PEA 和 OBC-PEA-GO 膜的 ^{13}C-NMR 图谱

图 6-24 为 OBC、OBC-GO、OBC-PEA 和 OBC-PEA-GO 膜的 X 射线光电子能谱（X-ray photoelectron spectroscopy，XPS）图谱，表 6-3 总结了 4 种膜表面的元素含量和结合能。由图 6-24 和表 6-3 可知，4 种膜表面都含有 C、O 和 Na 元素。此外，OBC-PEA 和 OBC-PEA-GO 膜表面还含有 N 元素，源于膜中 PEA D2000 上的氨基氮。

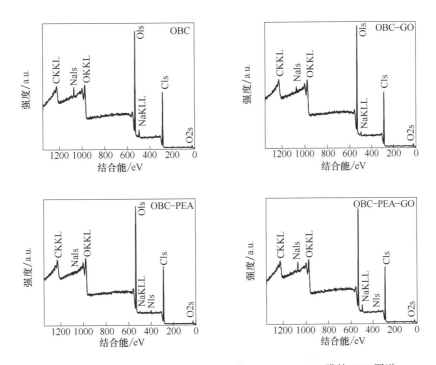

图 6-24　OBC、OBC-GO、OBC-PEA 和 OBC-PEA-GO 膜的 XPS 图谱

（图中 OKKL、CKKL 为 O 和 C 的俄歇电子谱线）

表 6-3　OBC、OBC-GO、OBC-PEA 和 OBC-PEA-GO 膜表面元素的相对含量和 1s 结合能

样品	元素	相对含量/%	1s 结合能/eV
OBC	C	59.94	284.8
	O	38.26	531.18
	Na	1.7	1070.1
OBC-GO	C	60.94	284.8
	O	38.36	531.27
	Na	0.7	1070.39
OBC-PEA	C	61.03	284.8
	N	1.24	398.51
	O	37.27	531.13
	Na	0.47	1069.67
GO-OBC-PEA	C	59.59	284.8
	N	1.8	398.6
	O	38.07	531.27
	Na	0.54	1070.15

为了探究 GO 作为填充材料，以及 PEA 为交联剂与 OBC 复合是否对其晶型结构和结晶度产生影响，对 OBC、OBC-GO、OBC-PEA 和 OBC-PEA-GO 进行 XRD 表征。由图 6-25 可知，OBC、OBC-GO、OBC-PEA 和 OBC-PEA-GO 均在 $2\theta = 14.2°$、16.6° 和 22.4° 处出峰，它们分别归属于（1$\overline{1}$0）、（110）和（200）晶面。出峰位置能够反映材料的晶型结构，OBC、OBC-GO、OBC-PEA 和 OBC-PEA-GO 材料的出峰位置一致，表明 OBC 作为基质材料，当添加 GO 和 PEA 后，对纤维素的晶型结构没有明显的影响。根据公式（6-1）计算可得到各材料的结晶度。从表 6-4 中可以看到，OBC、OBC-GO、OBC-PEA 和 OBC-PEA-GO 复合材料的结晶度有明显的差异，OBC 基质材料中添加 GO 和 PEA 后，纤维素结晶度发生明显的变化。这可能是由于：①GO 作为强化材料填充在 OBC 纤维素网状结构中，有利于纤维素结晶度的提高，因此，OBC-GO 的结晶度高于 OBC 的结晶度；②PEA 作为交联剂，当添加到 OBC 材料后，在催化剂的作用下，OBC 中的羧基与 PEA 的氨基发生化学反应，有利于纤维素丝之间的结晶，所以 OBC-PEA 的结晶度高于 OBC；③PEA 的疏水基团 PPO 形成的内核结构与外部亲水基团—NH_4^+ 组成离子胶束，GO 与离子胶束外的氨基发生酰胺化反应，最后形成纳米离子胶束基团，而该纳米离子胶束基团可以作为晶核，纤维素纳米纤维丝可以围绕纳米粒子胶束进行结晶，从而有利于复合材料的形成。因此 OBC-PEA-GO 的结晶程度最高。

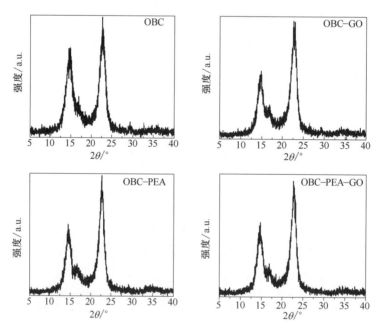

图 6-25　OBC、OBC-GO、OBC-PEA 和 OBC-PEA-GO 的 XRD 图谱

表 6-4　　　　　　　OBC、OBC-GO、OBC-PEA 和 OBC-PEA-GO 的结晶度

样品	OBC	OBC-GO	OBC-PEA	OBC-PEA-GO
结晶度/%	86.84	94.31	96.25	98.76

从 OBC、OBC-GO、OBC-PEA 和 OBC-PEA-GO 膜的表面 SEM 图（图 6-26）可知，4 种膜都具有三维网状结构。其中，OBC 和 OBC-GO 膜的纤维比 OBC-PEA 和 OBC-PEA-GO 膜的纤维尺寸小，这是由于 OBC 微纤维表面的羧基和聚醚胺的氨基发生了反应，使得 OBC 微纤维之间发生交联，从而形成粗的纤维束。此外，OBC-PEA 和 OBC-PEA-GO 膜的纤维束间交互排列，形成较大的微孔。

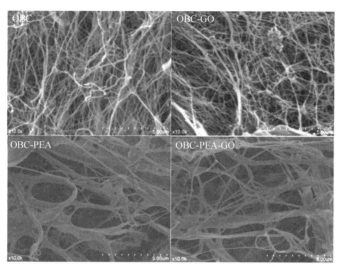

图 6-26　OBC、OBC-GO、OBC-PEA 和 OBC-PEA-GO 膜的表面 SEM 图

从 OBC、OBC-GO、OBC-PEA 和 OBC-PEA-GO 膜的截面 SEM 图（图 6-27）可知，这些膜具有分层结构。GO 与 PEA 胶束外的氨基发生酰胺化反应，形成纳米结构，并均匀分散在纤维素的表面，有利于膜形成过程中结构的有序排列，从而使得 OBC-PEA-GO 膜的结构排列最为整齐规则。此外，GO 与 PEA 离子胶束间的酰氨反应，使得纤维素丝之间以及纤维素层之间的交联反应减少，从而使层间距增大，因此，OBC-PEA-GO 膜的结构比 OBC-PEA 膜的结构疏松。

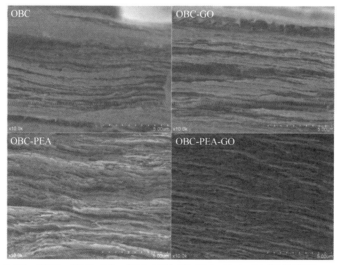

图 6-27　OBC、OBC-GO、OBC-PEA 和 OBC-PEA-GO 膜的截面 SEM 图

三、理化性质分析

OBC、OBC-GO、OBC-PEA 和 OBC-PEA-GO 膜的 TG 和 DTG 曲线如图 6-28 所示。相比较于 OBC 膜，OBC-GO 膜在 274.35~308.68℃间出现新的失重温度范围，是由 GO 碳骨架的分解引起的，失重比例为 19.04%；在 50~184.09℃的失重为游离水和部分结合水蒸发引起的，失重比例为 4.23%；在 308.68~419.28℃的失重为纤维素的分解引起，失重比例为 64.71%。从 OBC-GO 的 DTG 曲线可知，GO 在 274.35℃处具有最大的分解速度，OBC 在 369.70℃处具有最大的分解速度。相比较于 OBC 膜，OBC-PEA 膜在 388.77~415.36℃间新增一个失重范围，是由 PEA 的分解引起[17]，其失重比例为 5.9%。OBC-PEA 膜在 50~200.62℃的失重是由游离水和部分结合水引起的，失重比例为 4.89%；200.62~388.77℃的失重是由纤维素的分解引起的，失重比例为 63.53%。从 OBC-PEA 的 DTG 曲线可知，OBC 在 353.17℃处具有最大分解速度，PEA 在 425.46℃处具有最大分解速度。在相同的升温速率下，OBC-PEA-GO 膜的失重主要分为 4 个阶段：50~63.75℃的失重是由游离水蒸发引起的，失重比例 2.96%；163.17~313.72℃的失重是由 GO 的分解引起的，失重比例为 19.9%；313.72~405.29℃的失重是由纤维素的分解引起的，失重比例为 52.27%；405.29~470.13℃的失重是由 PEA 的分解引起的，失重比例为 11.87%。由表 6-5 可知，GO 的加入会降低材料的热解起始温度，OBC、OBC-GO 和 OBC-PEA-GO 的热解起始温度分别为 203.16℃、184.69℃和 163.15℃。添加 PEA 后，对复合材料的热解起始温度没有明显的影响。

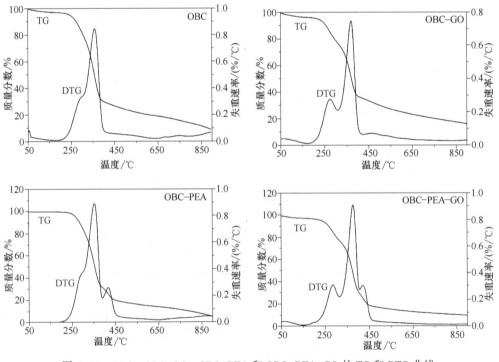

图 6-28　OBC、OBC-GO、OBC-PEA 和 OBC-PEA-GO 的 TG 和 DTG 曲线

表 6-5　　OBC、OBC-GO、OBC-PEA 和 OBC-PEA-GO 的热分解特征参数

样品	$T_{max-OBC}$/℃	T_{max-GO}/℃	$T_{max-PEA}$/℃	T_{on}/℃	T_{off}/℃	ΔGO/%	ΔPEA/%
OBC	359.53	—	—	203.16	418	—	—
OBC-GO	369.7	274.35	—	184.69	419.28	19.04	—
OBC-PEA	353.17	—	425.46	200.62	479.02	—	5.9
OBC-PEA-GO	378.6	287.06	420.55	163.15	470.12	19.9	11.87

注：T_{max} 为最大失重温度；T_{on} 为热解起始温度；T_{off} 为热解终止温度；ΔGO 为 GO 的失重比；ΔPEA 为 PEA 的失重比。

为了考察 GO 和 PEA 对 OBC 材料机械性能的影响，对 OBC、OBC-GO、OBC-PEA 和 OBC-PEA-GO 膜的杨氏模量、拉伸强度和单位膜厚伸长量进行表征。表 6-6 为 OBC、OBC-GO、OBC-PEA 和 OBC-PEA-GO 膜的机械性能参数。由表可知，OBC-GO 膜的杨氏模量（5.07 GPa）大于 OBC 膜的杨氏模量（4.71 GPa）。杨氏模量不仅与微纤维的模量有关，也受微纤维排列的方向和排列规则程度的影响。由图 6-27 可知，GO 有利于膜中纤维层之间的有序排列，因此，OBC-GO 膜的杨氏模量大于 OBC 膜的。PEA 作为一种柔韧性的固化剂，能够增强 OBC-PEA-GO 复合膜的柔韧性能。一方面，PEA 作为交联剂能促使 OBC 中的微纤维之间发生交联，形成纤维束；另一方面，PEA D2000 附着在 OBC 的微纤维表面，对其有溶胀作用，使得微纤维变粗。因此，PEA 能够增强 OBC-PEA 和 OBC-PEA-GO 复合膜的拉伸强度和断裂伸长量。与 OBC 膜相比，OBC-PEA-GO 复合膜的杨氏模量没有明显的差别，但拉伸强度和断裂伸长量增加了约一倍。

表 6-6　　OBC、OBC-GO、OBC-PEA 和 OBC-PEA-GO 的机械性能

样品	杨氏模量/GPa	拉伸强度/MPa	单位膜厚伸长量/（mm/mm）
OBC	4.71	45.03	4.35
OBC-GO	5.07	36.30	4.14
OBC-PEA	4.21	70.99	7.67
OBC-PEA-GO	4.15	68.14	7.33

第四节　细菌纤维素/氧化石墨烯-氧化铜复合材料

一、BC/GO-CuO 复合材料的制备

本章第二节中通过对 BC 表面进行 APTMS 化学修饰，获得了具有抗菌性能的 BC-NH$_2$ 材料。此外，将金属、金属氧化物纳米颗粒、石墨烯、碳纳米管等具有抗菌性能的纳米颗粒或材料引入到 BC 中是较为常见的制备 BC 基抗菌复合材料的方法。通过一种非原位的方法制备细菌纤维素/氧化石墨烯-氧化铜（Bacterial cellulose/graphene oxide-Copper oxide，BC/GO-CuO）复合材料。首先将 BC 膜用组织破碎机打成匀浆状，之后取一定量的匀浆与不同浓度的经超声处理的 GO-CuO 溶液混合，超声分散，搅拌均匀。然后将得到的混合物用醋酸纤维素膜抽滤成膜状，并用纸页成形器在 80℃下干燥 20min，最终得到了 BC/GO-

CuO 复合材料。GO-CuO 在 BC/GO-CuO 复合材料中的比例是通过加入的 GO-CuO 的量与最后得到的 BC/GO-CuO 复合材料的干重比得到的。制备得到的 BC/GO-CuO 复合材料中 GO-CuO 的占比分别为 5%、10% 和 15%。得到的复合材料为 BC/GO-CuO$_{5\%}$、BC/GO-CuO$_{10\%}$、BC/GO-CuO$_{15\%}$。BC/CuO 复合材料的制备方法，除用 CuO 粉末代替 GO-CuO 纳米复合物之外，其他步骤与 BC/GO-CuO 复合材料的制备过程相同（图 6-29）[21]。

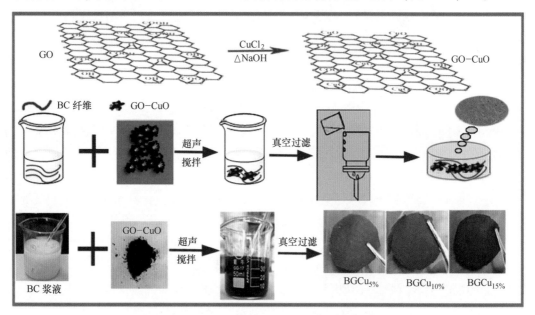

图 6-29　BC/GO-CuO 复合材料的制备过程示意图

二、结构分析

图 6-30 为原始 BC 膜、BC/GO$_{10\%}$、BC/GO-CuO$_{5\%}$、BC/GO-CuO$_{10\%}$ 的 XRD 图谱。由图 6-30（2）可知，BC/GO$_{10\%}$ 复合的 XRD 图谱除了 BC 的特征衍射峰之外，在 $2\theta = 11°$ 处有一个较宽泛的衍射峰，此峰对应于 GO 片的（002）晶面反射[22]。图 6-30（3）和图 6-30（4）分别为 BC/GO-CuO$_{5\%}$ 和 BC/GB-CuO$_{10\%}$ 的 XRD 图谱。图 6-30（4）在 $2\theta = 35.8°$、$39.0°$、$49.0°$、$58.2°$、$61.8°$、$66.6°$ 和 $68.2°$ 处出现衍射峰，这些峰分别对应于单斜晶相 CuO 的（002）、（111）、（20$\bar{2}$）、（202）、（113）、（$\bar{3}$11）和（220）晶面（JCPDS，No.65-2309）[23]。这些衍射峰的存在表明了 CuO

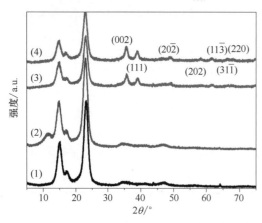

图 6-30　BC（1）、BC/GO$_{10\%}$（2）和 BC/GO-CuO 纳米复合材料［BC/GO-CuO$_{5\%}$（3）、BC/GO-CuO$_{10\%}$（4）］的 XRD 图谱

的成功合成。图 6-30（3）中 CuO 的衍射峰强度由于 CuO 含量的减少而显著降低。图 6-30（3）和图 6-30（4）中均未发现 GO 的衍射峰，可能是由于 GO 含量太低造成的。

　　如图 6-31A1 所示，原始 BC 膜为白色半透明状。BC 的 SEM 图表明具有三维缠结网络结构的纳米纤维组成了 BC 膜。形成 BC 薄膜的纳米纤维直径为 50~100nm（图 6-31A2）。BC 膜的截面 SEM 图像显示了纳米纤维素纤维的分层结构（图 6-31A3）。由于 GO 纳米薄片和 CuO 纳米颗粒的加入，BC/GO-CuO$_{10\%}$ 膜呈棕褐色不透明状，纤维的孔洞变小（图 6-31B1）。BC 水凝胶的天然多孔结构可以使 GO-CuO 纳米复合物在 BC 基质中大量负载。与原始 BC 膜相比，BC/GO-CuO$_{10\%}$ 膜的上表面由于 GO-CuO 纳米杂化物的均匀分布变得更加光滑（图 6-31B2）。采用匀浆共混法引入到 BC 膜中的 GO-CuO 纳米杂化物具有一定的团聚性。BC/GO-CuO$_{10\%}$ 膜的截面 SEM 图像与 BC 膜相比结构更加致密（图 6-31B3）。

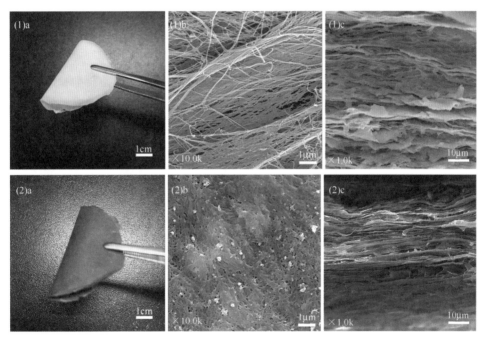

图 6-31　纳米复合膜的微观纳米结构和化学成分

[（1）a BC 膜的宏观图；（1）b 表面的 SEM 图；（1）c 截面的 SEM 图；

（2）a BC/GO-CuO$_{10}$ 复合膜的宏观图；（2）b 表面的 SEM 图；（2）c 截面的 SEM 图]

　　BC/GO-CuO$_{10\%}$ 纳米复合膜的 TEM 图像显示了 CuO 纳米颗粒在 GO 纳米薄片上原位生长并且均匀分布 [图 6-32（1）]。由于缺乏封盖剂或者表面活性剂，氧化石墨烯薄片中原位生长的 CuO 纳米颗粒似乎是结合在一起的，而不是以单个的纳米颗粒形式存在。此外，氧化石墨烯纳米片具有高密度的成核位点，这也导致了 CuO 纳米颗粒分支网络的形成。GO 纳米片上原位生长的 CuO 纳米颗粒粒径在 8~18nm，平均粒径为 13nm [图 6-32（2）]。从 HRTEM 图像 [图 6-32（3）] 中可以看出，GO 上这些暗点的晶格条纹的间距为 0.253nm，对应于 CuO-NPs 的（002）晶格平面[24]。能谱分析（EDS）结果表明复合材料中含有碳、氧、铜这几种元素，侧面证实了 BC/GO-CuO$_{10\%}$ 膜中 CuO 的存

在 [图6-32 (4)]。

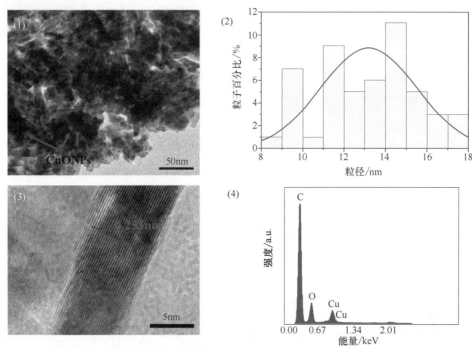

图6-32 （1）BC/GO-CuO$_{10\%}$复合材料的TEM图像；（2）GO纳米片上CuO NPs的粒径分布；

（3）CuO NPs的HRTEM图像；（4）BC/GO-CuO$_{10\%}$复合材料的能谱图

三、理化性质分析

图6-33显示了原始BC膜、BC/GO$_{10\%}$膜和不同GO-CuO负载量的BC/GO-CuO复合

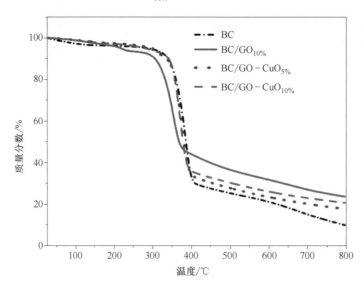

图6-33 BC、BC/GO$_{10\%}$和BC/GO-CuO纳米复合材料膜

（BC/GO-CuO$_{5\%}$，BC/GO-CuO$_{10\%}$）的TGA实验结果

膜的 TGA 曲线。在升温速率相同的条件下，BC/GO-CuO 复合材料与 BC 膜的失重变化速率随温度增加而变化的大致趋势基本一致，在 200℃ 以下的质量损失主要是由于样品表面水分子的蒸发以及结合水的损失造成的。BC/GO-CuO 纳米复合材料薄膜的 TGA 曲线显示 310 ~400℃ 为主要的失重区，并且在 370℃ 附近出现最大分解率。到终点 800℃ 时，BC 的剩余质量为 9.66%，而 BC/GO-CuO$_{5\%}$ 和 BC/GO-CuO$_{10\%}$ 的剩余质量分别为 17.44% 和 20.35%，可见 GO-CuO 纳米复合物的加入提高了纳米复合材料的热稳定性。

表 6-7 显示了 BC 以及不同复合比率的 BC/GO-CuO 复合膜的机械强度。细菌纤维素纤维呈无规则排布，导致纤维间空隙和孔洞的形成。由于 GO-CuO 纳米复合物填充在纤维素纤维的微孔当中，在纤维间起到交联的作用，从而增强了复合材料的机械性能。随着纳米填充物 GO-CuO 的复合比率的增加，复合材料的拉伸强度和杨氏模量逐渐增大。GO-CuO 复合比率为 5% 时，拉伸强度和杨氏模量分别增加了 9.3% 和 9.7%。GO-CuO 复合比率为 15% 时，拉伸强度和杨氏模量分别增加了 48.3% 和 63.0%。

表 6-7 BC 和 BC/GO-CuO 的力学性能参数

样品名称	拉伸强度/MPa	杨氏模量/GPa
BC	29.39±0.66	3.08±0.10
BC/GO-CuO$_{5\%}$	32.13±0.93	3.38±0.16
BC/GO-CuO$_{10\%}$	39.66±1.66	3.91±0.10
BC/GO-CuO$_{15\%}$	43.60±0.56	5.02±0.12

BC/GO-CuO 纳米复合膜的 pH 稳定性是通过将复合膜分别浸泡在 100mL 酸性溶液（0.1mol/L HCl）、100mL 中性溶液（0.1mol/L PBS）和 100mL 碱性溶液（0.1mol/L NaOH）中测定的。在 0.1mol/L HCl 溶液中，棕色的 BC/GO-CuO 复合膜颜色迅速变浅，这表明 CuO-NPs 与 HCl 反应生成了 Cu^{2+}。图 6-34（1）为 BC/GO-CuO 纳米复合膜在不同 pH 溶液中浸泡 24h 后 CuO-NPs 的损失情况。浸泡 24h 后，0.1mol/L HCl 中 CuO 纳米颗粒的质量损失为 95.23%。0.1mol/L NaOH 溶液中 CuO 纳米颗粒的质量损失为 1.48%，PBS 溶液中 CuO 纳米颗粒的质量损失仅为 0.16%。BC/GO-CuO 纳米复合膜的 Cu^{2+} 释放持久性是通过在 PBS 溶液中浸泡 6d 测定的。从图 6-34（2）可以看出，复合膜在 PBS 溶液中浸泡 6d 后，CuO 纳米颗粒的质量损失仅为 0.25%。

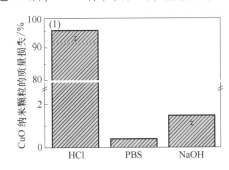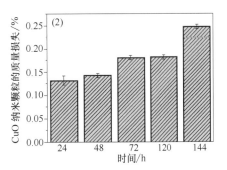

图 6-34 复合材料 BC/GO-CuO$_{10\%}$ 在酸性、中性和碱性溶液中
CuO 纳米粒子的质量损失（1）以及 PBS 溶液中 CuO 的释放持久性（2）

四、抑菌性能

由图 6-35 和表 6-8 可知，BC 在 4 种菌的固体琼脂平板上均没有抑菌圈出现，这是因为 BC 本身并不存在任何抑菌活性[25-26]。而 GO 含量为 10% 的复合材料 BC/GO 在 4 种菌的固体琼脂平板上也没有抑菌圈，一方面可能是由于制备得到的 BC/GO 中的 GO 尺寸太大，在琼脂平板上难以扩散；另一方面可能是由于 GO 主要是通过直接接触抑制的机理来发挥抑菌作用的[27]。BC/GO-CuO 对金黄色葡萄球菌（S. aureus）、大肠杆菌（E. coli）、枯草芽孢杆菌（B. subtilis）和铜绿假单胞菌（P. aeruginosa）均有一定的抑菌作用。随着复合材料中 GO-CuO 含量的提高，抑菌圈直径增大。结果表明，将 GO-CuO 纳米复合物非原位包裹在 BC 纳米网状结构中，能有效地赋予 BC 抗菌性能。此外，复合材料对 4 种菌的抑菌圈直径从大到小的次序为：枯草芽孢杆菌>金黄色葡萄球菌>大肠杆菌>铜绿假单胞菌。这可能与革兰氏阳性细菌和革兰氏阴性细菌细胞壁结构的不同有关。微生物细胞壁的结构与成分的显著差别可能是引起微生物对抗菌材料敏感性不同的原因之一。革兰氏阳性菌的细胞壁是由多层肽聚糖组成的，这些肽聚糖层具有大量的孔洞，这可能使它们更容易受到纳米颗粒在细胞内转导的影响，从而导致细胞的损伤。相反，革兰氏阴性菌的细胞壁相对较薄，层次较多，成分较复杂，主要由肽聚糖层和脂多糖、脂蛋白、磷脂组成的外膜构成，更不易受到纳米颗粒的攻击。因此，BC/GO-CuO 复合材料对于革兰氏阳性细菌的抑菌活性要大于革兰氏阴性细菌，与之前报道的研究结果相似[28]。此外，BC/GO-CuO 纳米复合材料周围出现了抑菌圈并且呈

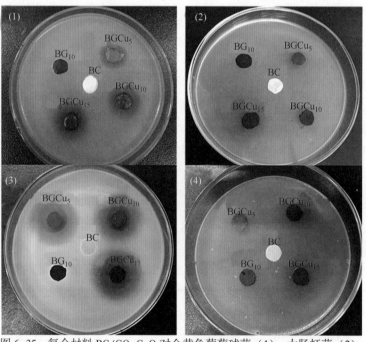

图 6-35　复合材料 BC/GO-CuO 对金黄色葡萄球菌（1）、大肠杆菌（2）、
枯草芽孢杆菌（3）和铜绿假单胞菌（4）的抗菌活性

其中，BG_{10}、$BGCu_5$、$BGCu_{10}$ 和 $BGCu_{15}$ 分别代表的是 $BG/GO_{10\%}$、$BC/GO-CuO_{5\%}$、$BC/GO-CuO_{10\%}$ 和 $BC/GO-CuO_{15\%}$

蓝色，这说明 BC/GO-CuO 复合膜中释放出了 Cu^{2+} [29]。

表6-8　复合材料 BC、BC/GO 以及 BC/GO-CuO 对金黄色葡萄球菌、

大肠杆菌、枯草芽孢杆菌和铜绿假单胞菌的抑菌活性

样品	抑菌圈/mm			
	金黄色葡萄球菌	大肠杆菌	枯草芽孢杆菌	铜绿假单胞菌
BC	0	0	0	0
BC/GO$_{10\%}$	0	0	0	0
BC/GO-CuO$_{5\%}$	16.3±0.2	12.7±0.4	27.8±0.4	0
BC/GO-CuO$_{10\%}$	17.8±0.2	14.0±0.4	28.1±0.2	12.2±0.2
BC/GO-CuO$_{15\%}$	18.3±0.3	15.2±0.3	28.5±0.2	15.2±0.2

　　进一步，采用菌落计数法对 BC/GO-CuO$_{10\%}$ 和 BC/CuO$_{10\%}$ 纳米复合膜的抗菌性能进行定量评价。如图6-36（1）（2）所示，BC 膜处理组细菌的存活率几乎没有变化。但是，在金黄色葡萄球菌与 BC/GO-CuO$_{10\%}$ 和 BC/CuO$_{10\%}$ 复合膜接触0.5h后，其存活率分别下降到27.3%和48.3%［6-36（1）］。接触5h之后，金黄色葡萄球菌几乎全部死亡。而大肠杆菌与 BC/GO-CuO$_{10\%}$ 和 BC/CuO$_{10\%}$ 纳米复合膜接触5h后，存活率仍然在80%左右［6-36（2）］。结果表明，BC/GO-CuO 复合膜对革兰氏阳性菌金黄色葡萄球菌的抑制效果要优于革兰氏阴性菌大肠杆菌。该结果与琼脂扩散法结果一致。此外，经 BC/GO-CuO$_{10\%}$ 处理的金黄色葡萄球菌和大肠杆菌的存活率比经 BC/CuO$_{10\%}$ 处理的金黄色葡萄球菌和大肠杆菌的存活率下降得更快。这可能是因为氧化石墨烯载体可以使 CuO-NPs 在水溶液中保持良好的分散，并通过 CuO-NPs 与氧化石墨烯纳米片的协同抑菌作用来增强复合材料的抗菌活性。

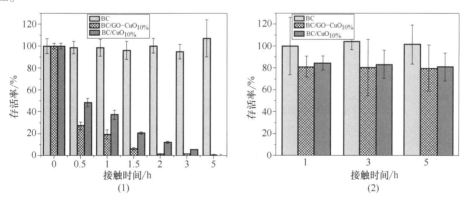

图6-36　金黄色葡萄球菌（1）和大肠杆菌（2）与 BC/GO-CuO$_{10\%}$

和 BC/CuO$_{10\%}$ 复合膜接触不同时间后的存活率

　　通过测定 PI 染色后样品荧光强度的变化表征细胞膜完整性。如图6-37所示，与对照组相比，BC/GO-CuO$_{10\%}$ 复合材料与膜作用3h和5h后，荧光强度均增强。对于大肠杆菌，BC/GO-CuO$_{10\%}$ 浓度为 2.0mg/mL、5.0mg/mL，作用5h后，菌体荧光强度分别为对照组的1.05倍和1.26倍。对于金黄色葡萄球菌，BC/GO-CuO$_{10\%}$ 浓度为 2.0mg/mL、5.0mg/mL，作用5h后，菌体荧光强度分别为对照组的2.18倍和3.26倍。荧光强度的增强说明 BC/

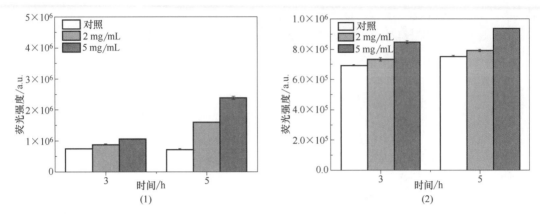

图6-37 复合材料BC/GO-CuO$_{10\%}$对金黄色葡萄球菌（1）

和大肠杆菌（2）细胞膜完整性的影响

GO-CuO复合材料膜可以破坏金黄色葡萄球菌和大肠杆菌的细胞膜完整性，并且BC/GO-CuO的浓度越高，对细胞膜的破坏程度越严重。

通过SEM观察BC/GO-CuO$_{10\%}$复合材料膜对金黄色葡萄球菌和大肠杆菌表面形态的影响。从图6-38可以看出，金黄色葡萄球菌和大肠杆菌与复合膜接触前，菌体边缘清晰、光滑、饱满。经过复合材料处理5h以后，金黄色葡萄球菌和大肠杆菌的表面形态发生了变化，细菌表面出现了细胞变形、表面塌陷、穿孔、凹陷、粗糙不平和拉长断裂的现象，说明BC/GO-CuO复合材料对细菌的细胞壁和细胞膜造成了一定的损伤，这可能导致细胞内容物的泄露，最终导致细菌死亡。

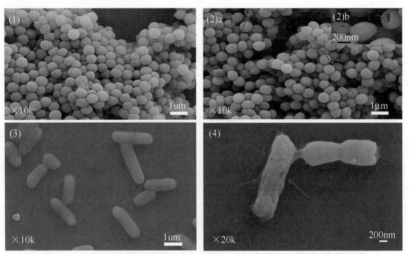

图6-38 扫描电镜观察BC/GO-CuO$_{10\%}$复合膜对金黄色葡萄球菌

和大肠杆菌的菌体表面形态的影响

（1）金黄色葡萄球菌，接触前；（2）a金黄色葡萄球菌，接触5h后，

（2）b为（2）a的放大图；（3）大肠杆菌，接触前；（4）大肠杆菌，接触5h后

使用Hoechst 33342/PI荧光染料对BC和复合材料膜BC/GO-CuO$_{10\%}$与金黄色葡萄球菌和大肠杆菌菌液接触前后的细菌进行双染。Hoechst 33342、PI均可与细胞核中的DNA

（或 RNA）结合。Hoechst 33342 可以穿透细菌的细胞膜，PI 不能穿透细胞膜，对于具有完整细胞膜的正常细胞不能染色。坏死细胞的细胞膜完整性丧失，PI 可以对其染色。上述两种染料双染后，使用荧光显微镜检测时，正常细胞为蓝色荧光；坏死细胞呈红色荧光。由图 6-39(1) a、(1) b、(3) a、(3) b 可以看出，BC 与金黄色葡萄球菌和大肠杆菌接触前，绝大部分细菌为蓝色荧光，为正常细胞。接触 5h 后，大部分细菌仍然呈蓝色，这与先前所说的 BC 无抑菌活性的说法保持一致；复合材料膜 BC/GO-CuO$_{10\%}$ 与金黄色葡萄球菌接触 5h 后，大部分的细菌都呈红色荧光，说明死亡的细菌占绝大多数。因为 PI 只能对细胞膜不完整的细胞进行染色，因此推测复合材料膜 BC/GO-CuO$_{10\%}$ 与金黄色葡萄球菌的接触造成了金黄色葡萄球菌细胞壁和细胞膜的损伤。而复合材料膜 BC/GO-CuO$_{10\%}$ 与大肠杆菌接触 5h 后染色，只有小部分细菌呈现红色，绝大部分呈蓝色。该结果与菌落计数法和琼脂扩散法得到的 BC/GO-CuO 复合膜对革兰氏阳性菌金黄色葡萄球菌的抑制效果要优于革兰氏阴性菌大肠杆菌的结果一致。

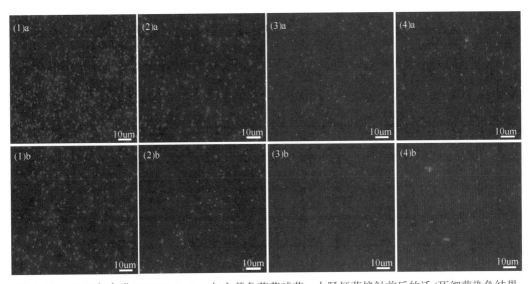

图 6-39　BC 和复合膜 BC/GO-CuO$_{10\%}$ 与金黄色葡萄球菌、大肠杆菌接触前后的活/死细菌染色结果

(1)a 金黄色葡萄球菌+BC 处理前；(1)b 金黄色葡萄球菌+BC 处理 5h 后；

(2) a 金黄色葡萄球菌+BC/GO-CuO$_{10\%}$ 处理前；(2)b 金黄色葡萄球菌+BC/GO-CuO$_{10\%}$ 处理 5h 后；

(3)a 大肠杆菌+BC 处理前；(3)b 大肠杆菌+BC 处理 5h 后；

(4)a 大肠杆菌+BC/GO-CuO$_{10\%}$ 处理前；(4)b 大肠杆菌+BC/GO-CuO$_{10\%}$ 处理 5h 后

利用荧光探针 2,7-二氯荧光素二醋酸酯（2,7-Dichlorofluorescein diacetate，DCFH-DA）进行胞内活性氧的检测。DCFH-DA 本身不具有荧光，可以自由地穿过细胞膜，进入细胞内之后，可以被细胞内的一些酯酶水解生成 2,7-二氢二氯荧光素（2,7-Dichlorofluorescein，DCFH）。而 DCFH 不能透过细胞膜，从而使荧光探针很容易被装载到细胞内。细胞内的活性氧可以将无荧光的 DCFH 氧化成有荧光的二氯荧光素（Dichlorofluorescein，DCF），通过检测 DCF 的荧光强度就可以知道细胞内活性氧的水平。使用 488nm 激发波长，525nm 发射波长检测各组 DCF 荧光的强弱[30]。为了测定金黄色葡萄球菌细胞内活性氧

（Reactive oxygen，ROS）的生成，引入 DCFH-DA 作为氧化状态的直观指标。DCF 的荧光强度与细胞内 ROS 含量呈正相关。如图 6-40 所示，2mg/mL BC/GO-CuO$_{10\%}$ 样品处理组中 ROS 显著积累，荧光强度比对照组增强了 2.61 倍。5mg/mL BC/GO-CuO$_{10\%}$ 样品处理组中 ROS 比对照组增强了 1.72 倍，相对于 2mg/mL 组没有增加，反而有所减少，推测可能是 5mg/mL 样品处理组细胞死亡过多，导致 ROS 含量减少。细胞内 ROS 的显著增加可以介导细胞膜脂质、蛋白质、DNA 等的氧化损伤，进一步导致细胞的死亡。

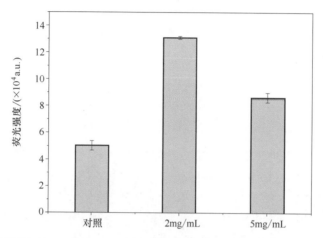

图 6-40 不同浓度 BC/GO-CuO$_{10\%}$ 对金黄色葡萄球菌胞内 ROS 的影响（接触 5h）

五、体外细胞毒性分析

以 NIH3T3 小鼠胚胎成纤维细胞为体外模型，研究 BC/GO-CuO 复合膜对鼠胚胎成纤维细胞的体外细胞毒性。如图 6-41 所示，与 BC/GO-CuO$_{10\%}$ 复合膜共同孵育 24h 后，NIH3T3 细胞的活力与对照组相比并没有降低。而且，NIH3T3 细胞的活力随着复合材料浓度的增

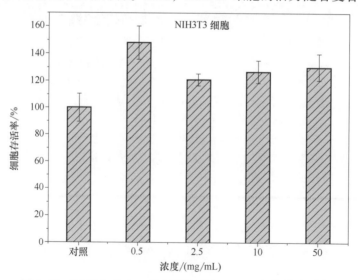

图 6-41 BC/GO-CuO$_{10\%}$ 复合膜处理后 NIH3T3 细胞的存活率

加而增大。10mg/mL、50mg/mL BC/GO-CuO$_{10\%}$复合膜处理组细胞的活力增加了20%左右。体外细胞毒性实验结果表明，BC/GO-CuO$_{10\%}$复合材料膜对NIH3T3细胞的增殖产生了一定程度上的促进作用。较高的细胞活力值表明高浓度BC/GO-CuO纳米复合膜具有较低的细胞毒性和良好的生物相容性，有利于其在生物医学领域中进行应用。

参 考 文 献

[1] Isogai A., Saito T., Fukuzumi H. TEMPO-oxidized cellulose nanofibers [J]. Nanoscale, 2011, 3 (1): 71-85.

[2] 廖世波，奚廷斐，赖琛，等. TEMPO-NaBr-NaClO体系对细菌纤维素的氧化过程研究 [J]. 中国生物医学工程学报，2013，32（6）：699-707.

[3] 张玉明. 高柔韧性细菌纤维素复合材料的制备与表征 [D]. 天津：天津科技大学，2016.

[4] Khattak W. A., Khan T., Ul-Islam M., et al. Production, characterization and biological features of bacterial cellulose from scum obtained during preparation of sugarcane jaggery (gur) [J]. Journal of Food Science and Technology-Mysore, 2015, 52 (12): 8343-8349.

[5] Ifuku S., Tsuji M., Morimoto M., et al. Synthesis of silver nanoparticles templated by TEMPO-mediated oxidized bacterial cellulose nanofibers [J]. Biomacromolecules, 2009, 10 (9): 2714-2717.

[6] Witter R., Sternberg U., Hesse S., et al. [13]C Chemical shift constrained crystal structure refinement of cellulose I_α and its verification by NMR anisotropy experiments [J]. Macromolecules, 2006, 39 (18): 6125-6132.

[7] Gayathri G., Srinikethan G. Bacterial cellulose production by *K. saccharivorans* BC1 strain using crude distillery effluent as cheap and cost effective nutrient medium [J]. International Journal of Biological Macromolecules, 2019, 138: 950-957.

[8] Atalla R. H., VanderHart D. The role of solid state ^{13}C NMR spectroscopy in studies of the nature of native celluloses [J]. Solid State Nuclear Magnetic Resonance, 1999, 15 (1): 1-19.

[9] Lin F., You Y., Yang X., et al. Microwave-assisted facile synthesis of TEMPO-oxidized cellulose beads with high adsorption capacity for organic dyes [J]. Cellulose, 2017, 24 (11): 5025-5040.

[10] Zhu H, Jia S. R., Wan T., et al. Biosynthesis of spherical Fe_3O_4/bacterial cellulose nanocomposites as adsorbents for heavy metal ions [J]. Carbohydrate Polymers, 2011, 86 (4): 1558-1564.

[11] Puangsin B., Yang Q. L., Saito T., et al. Comparative characterization of TEMPO-oxidized cellulose nanofibril films prepared from non-wood resources [J]. International Journal of Biological Macromolecules, 2013, 59: 208-213.

[12] Wahid F., Hu X. H., Chu L. Q., et al. Development of bacterial cellulose/chitosan based semi-interpenetrating hydrogels with improved mechanical and antibacterial properties [J]. International Journal of Biological Macromolecules, 2019, 122: 380-387.

[13] 薛冬冬. 氨烷基化细菌纤维素对 *Staphylococcus aureus* 的活性及代谢的影响 [D]. 天津：天津科技大学，2016.

［14］ Britcher L. G., Kehoe D. C., Malisons J. C., et al. Siloxane coupling agents ［J］. Macromolecules, 1995, 28 （9）: 3110-3118.

［15］ Salon B. M. C., Abdelmouleh M., Boufi S., et al. Silane adsorption onto cellulose fibers: hydrolysis and condensation reactions ［J］. Journal of Colloid Interface Science, 2005, 289 （1）: 249-261.

［16］ Fernandes S., Sadocco P., Alonso-Varon A., et al. Bioinspired antimicrobial and biocompatible bacterial cellulose membranes obtained by surface functionalization with aminoalkyl groups ［J］. ACS Applied Materials Interfaces, 2013, 5 （8）: 3290-3297.

［17］ Yu J., Yang Q. X. Magnetization improvement of Fe-pillared clay with application of polyetheramine ［J］. Applied Clay Science, 2010, 48 （1-2）: 185-190.

［18］ Zhong H. Y., Qiu Z. S., Huang W. A., et al. Poly （oxypropylene）-amidoamine modified bentonite as potential shale inhibitor in water-based drilling fluids ［J］. Applied Clay Science, 2012, 67-68: 36-43.

［19］ Song J. Y., Lee J. J., Kim H. A study on the thermal properties of polyetheramine modified polybenzoxazines ［J］. Macromolecular Research, 2013, 22 （2）: 179-186.

［20］ Li P. P., Yang R. L., Zheng Y. P., et al. Effect of polyether amine canopy structure on carbon dioxide uptake of solvent-free nanofluids based on multiwalled carbon nanotubes ［J］. Carbon, 2015, 95: 408-418.

［21］ 胡晓慧. 细菌纤维素/功能化石墨烯复合材料的制备及抗菌研究 ［D］. 天津: 天津科技大学, 2019.

［22］ Zhang J. T., Xiong Z. G., Zhao X. S. Graphene-metal-oxide composites for the degradation of dyes under visible light irradiation ［J］. Journal of Materials Chemistry, 2011, 21 （11）: 3634-3640.

［23］ Lanje A. S., Sharma S. J., Pode R. B., et al. Synthesis and optical characterization of copper oxide nanoparticles ［J］. Advances in Applied Science Research, 2010, 1 （2）: 36-40.

［24］ Islam D. A., Chakraborty A., Roy A., et al. Fabrication of graphene-oxide （GO）-supported sheet-like CuO nanostructures derived from a metal-organic-framework template for high-performance hybrid supercapacitors ［J］. Chemistryselect, 2018, 3 （42）: 11816-11823.

［25］ Yang X. N., Xue D. D., Li J. Y., et al. Improvement of antimicrobial activity of graphene oxide/bacterial cellulose nanocomposites through the electrostatic modification ［J］. Carbohydrate Polymers, 2016, 136: 1152-1160.

［26］ Jebel F. H., Almasi H. Morphological, physical, antimicrobial and release properties of ZnO nanoparticles-loaded bacterial cellulose films ［J］. Carbohydrate Polymers, 2016, 149: 8-19.

［27］ Liu S. B., Zeng T. Y., Hofmann M., et al. Antibacterial activity of graphite, graphite oxide, graphene oxide, and reduced graphene oxide: membrane and oxidative stress ［J］. ACS Nano, 2011, 5 （9）: 6971-6980.

［28］ Anitha S., Brabu B., Thiruvadigal D. J., et al. Optical, bactericidal and water repellent properties of electrospun nano-composite membranes of cellulose acetate and ZnO ［J］. Carbohydrate Polymers, 2013, 97 （2）: 856-863.

［29］ Almasia H., Jafarzadehb P., Mehryar L. Fabrication of novel nanohybrids by impregnation of CuO nanoparticles into bacterial cellulose and chitosan nanofibers: characterization, antimicrobial and release properties [J]. Carbohydrate Polymers, 2018, 186: 273-281.

[30] Ji J., Zhu P., Sun C., et al. Pathway of 3-MCPD-induced apoptosis in human embryonic kidney cells [J]. Journal of Toxicological Sciences, 2017, 42 (1): 43-52.

第七章 细菌纤维素在生物医学工程上的应用

细菌纤维素（Bacterial cellulose，BC）具备精细的网状结构和巨大的比表面积，有利于抗菌剂和药物的附着，可作为抗菌材料的优良基体。另外，BC 的高持水性和不易粘连的特性，使其作为创伤敷料和硬脑膜修复材料具有得天独厚的优势。

第一节 医 用 材 料

一、创伤敷料

几个世纪以来，伤口敷料一直被用来治疗严重的皮肤创伤和烧伤。传统敷料（天然绷带和合成绷带）又称为被动型敷料，敷料呈干性，只能给伤口提供物理保护层，使伤口避免机械创伤和细菌感染。随着科学技术的进步，新型敷料已经逐步发展，不仅为创口提供物理保护，而且还给伤口提供一个优良的愈合环境。尤其对慢性伤口而言，伤口表面的湿润环境能有效促进组织的修复，加速伤口的愈合。马霞研究了 BC 膜对大鼠皮肤创伤的促愈合作用[1]。采用创伤仪于大鼠背部脊柱两侧各制造 2.0cm×2.0cm 大小的皮肤伤口，深及真皮层，造成皮肤缺损。随机选取一侧为治疗组，表面敷以 BC 膜，另一侧为对照组，敷油纱布。BC 膜治疗组与对照组比较，7d、14d、21d、28d 伤口创面愈合率显著提高，创面局部炎症反应轻，成纤维细胞和新生毛细血管增殖显著提高，后期表皮细胞分化明显（图 7-1），说明 BC 膜对皮肤创伤性损伤具有促进愈合和抗感染的作用。BC 膜为新生的毛

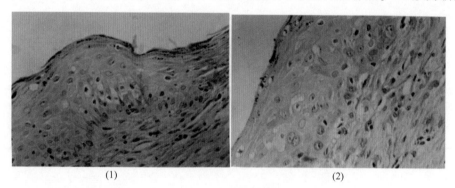

(1)　　　　　　　　　　　　　　　(2)

图 7-1　创伤后第 28d 治疗组和对照组的状况对比（H&E 染色×400）

（1）对照组表皮细胞分化程度差，分层不清晰，皮下胶原蛋白纤维排列紊乱；

（2）治疗组表皮细胞分化明显，出现分层，真皮层胶原纤维增多，排列较整齐

细血管和成纤维细胞提供了合适的三维支架，利于其长入和定位，并可诱导成纤维细胞生长，利于肉芽组织生成。另一方面 BC 膜具有良好的机械强度和水合度，在潮湿情况下结构极为细密，对液、气通透性良好，有防腐和隔离的作用，抗原性弱，能降低感染率，提供了有益于伤口愈合的微环境，有利于皮肤组织生长，从而促进创面的愈合。

山东纳美德生物科技有限公司生产的 BC 敷料——纳诺美生物纤维素创伤敷料是将发酵合成的 BC 膜，经特定的设备加工，依据临床需求开发出了干膜、湿膜、微孔膜系列产品。纳诺美生物纤维素创伤敷料是由单一的 BC 基材构成，具有独特的天然立体网状结构，孔径为 20~46nm，气体分子可以自由通过，但细菌等致病菌无法通过。另外，BC 分子富含羟基，能够和水分子很好地结合，具有良好的保湿性能，能为创面愈合提供适宜的湿性愈合环境。因此，在国外将 BC 敷料称为"暂时性皮肤替代物"。纳诺美生物纤维素创伤敷料具有以下作用：①促进创面愈合，生物纤维素创伤敷料为创面提供了无菌、低氧、微酸、适宜湿度等最佳的湿性愈合环境，不仅加速创面的愈合、缩短愈合时间，而且能够降低创面的感染率；②减轻疼痛，生物纤维素创伤敷料具有高持水性和高抗张强度，能够很好地贴敷创面，降低了暴露神经的敏感性，能够快速减轻患者疼痛；③减少疤痕形成，生物纤维素创伤敷料的纳米微孔结构，为成纤维细胞的生长提供了平铺的模板，抑制成纤维细胞的过度增生，使创面平整光滑。因此，自上市以来，该产品在创面治疗领域得到了广泛应用，不仅适用于急性创面（烧伤创面、供皮区创面、外伤创面和放射性皮炎等），也可用于慢性创面。

图 7-2 是儿童二度烧伤磨痂术后使用纳诺美生物纤维素创伤敷料治疗示意图。其中图7-2（1）为烧伤后术前照片，为浅Ⅱ烧伤创面；图 7-2（2）为磨痂后创面照片；图 7-2（3）为覆盖有孔生物纤维素创伤敷料后的治疗照片；图 7-2（4）为使用生物纤维素创伤敷料 3d 后照片，敷料贴敷紧密，患儿不再哭闹，止疼效果显著；图 7-2（5）为治疗 7d后，敷料自然脱落，创面平整光滑，愈合良好。

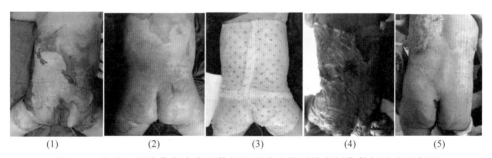

(1)　　　　　　(2)　　　　　　(3)　　　　　　(4)　　　　　　(5)

图 7-2　儿童二度烧伤磨痂术后使用纳诺美生物纤维素创伤敷料治疗示意图

图 7-3 是外伤创面使用纳诺美生物纤维素创伤敷料治疗示意图。图 7-3（1）是车祸外伤导致左前臂外伤创面；图 7-3（2）是清创后覆盖纳诺美生物纤维素创伤敷料干膜，创面清晰可视；图 7-3（3）是创面使用敷料治疗 3d 后照片，敷料贴敷紧密，无感染，无渗出液；图 7-3（4）是创面治疗一周后敷料自然脱落，创缘平整，上皮化明显，基本愈合。

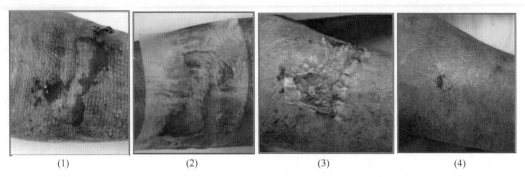

| (1) | (2) | (3) | (4) |

图7-3　外伤创面使用纳诺美生物纤维素创伤敷料治疗示意图

图7-4是放射性皮炎使用纳诺美生物纤维素创伤敷料治疗示意图。图7-4（1）为乳腺癌放疗14d后出现皮肤损伤；图7-4（2）为损伤部位贴附纳诺美生物纤维素创伤敷料湿膜，患者疼痛感明显减轻；图7-4（3）为创面使用敷料治疗7d后照片，坏死皮肤结痂且创面缩小；图7-4（4）为创面治疗14d后坏死皮肤结痂且部分敷料自然脱落；图7-4（5）为创面治疗28d后完全愈合；图7-4（6）为创面愈合后随访，患者无不适感。

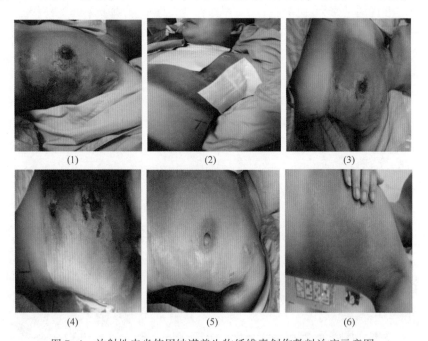

| (1) | (2) | (3) |
| (4) | (5) | (6) |

图7-4　放射性皮炎使用纳诺美生物纤维素创伤敷料治疗示意图

图7-5是糖尿病足使用纳诺美生物纤维素创伤敷料治疗的示意图。图7-5（1）是糖尿病足创面的评估，有2cm潜行；图7-5（2）是贴敷生物纤维素创伤敷料治疗7d后，移除敷料后创面照片，无感染，肉芽生长良好，且平于创面；图7-5（3）是治疗7d后移除敷料，肉芽生长良好，创面明显缩小；图7-5（4）是更换敷料治疗7d后，移除敷料后创面照片，创面上皮化明显，愈合良好。

以上病例体现了生物纤维素创伤敷料在急慢性创面治疗的优良效果。同时，也展现出

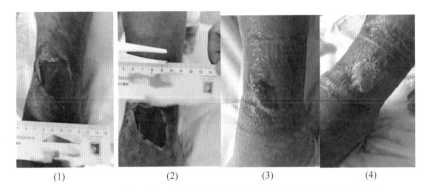

(1)   (2)   (3)   (4)

图 7-5　糖尿病足使用纳诺美生物纤维素创伤敷料治疗的示意图

其具有：①敷料清透可视，无须移除敷料即可观察创面的愈合情况，方便专家诊治；②无须频繁更换，对于一些浅表层创面一贴使用直至愈合，减少了换药频率，减轻医护人员工作量；③愈后自然脱落，纳米微孔结构不粘连创面，创面愈合后敷料自然脱落，减轻患者疼痛，提高治疗舒适度和产品依从性；④安全性高，纯天然生物学材料，安全可靠，无皮肤致敏反应等特点。

二、硬脑膜修补材料

因手术和外伤等原因造成的硬脑膜缺损在临床上比较常见，为防止脑脊液漏和颅内感染，防止脑与周围组织粘连，必须及时实施硬脑膜修补术。优良的硬脑膜替代材料除具良好的生物相容性、恢复硬脑膜的完整性、降低中枢神经系统感染发生率的基本要求外，还应尽量避免与脑组织粘连，形成纤维性瘢痕，减少因异物植入引起的排异反应。目前临床上使用的人工硬脑膜材料存在强度差和组织相容性差等问题。

用 BC 膜修补兔硬脑膜缺损，不易与脑组织形成粘连，可恢复脑硬膜的完整性，且有助于毛细血管新生、成纤维细胞的迁移及胶原纤维的附着，减少瘢痕组织的形成[2]。活体植入后未见中枢神经系统感染，早期炎症反应轻微。术后第 180d 时，BC 膜与周围自体硬脑膜已难以分辨，其内侧面和外侧面均被纤维结缔组织覆盖。所以，BC 膜有可能成为一种安全、有效的硬脑膜替代材料。但是，BC 膜对机体的远期影响尚待进一步探索。图 7-6 为 BC 膜与市售人工硬脑膜修补材料的兔硬脑膜缺损修补模型。

应用 RT-PCR 技术在术后第 7d、14d、21d 对局部组织中参与炎症反应的肿瘤坏死因子（Tumor Necrosis Factor，TNF）-α mRNA、IL-1β 和 IL-6 三种炎症因子的表达情况进行了定性检测，如图 7-7 所示，BC 膜修补侧局部组织中 IL-1β、IL-6 mRNA 表达水平在术后第 7d 时略低于人工硬脑膜修补，术后第 14d、21d 时两侧组织中 TNF-α mRNA 表达水平接近[3]。结果进一步证明 BC 膜具有良好的生物适应性和组织相容性。

三、抗菌材料

BC 具有独特的三维纳米网络结构、极高的比表面积并且表面含有大量氢键。这些性

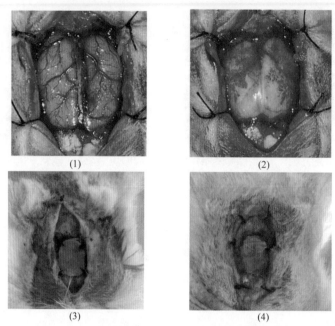

图 7-6 不同材料修补的兔硬脑膜缺损模型[2]

(1) 保留双侧硬脑膜；(2) 去除双侧硬脑膜未修补；

(3) 市售人工硬脑膜修补；(4) 细菌纤维素膜修补

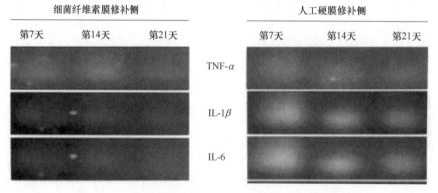

图 7-7 术后不同时间点手术区域促炎症细胞因子的表达

能使得 BC 拥有较高的吸附性能。将一些抗生素、金属、金属氧化物纳米颗粒、壳聚糖（Chitosan，CS）等抗菌物质引入到 BC 中是较为常见的 BC 基抗菌复合材料的制备方法[4]。例如，在 BC 中加入头孢曲松、氯霉素[5]、氨苄青霉素、庆大霉素[6] 等抗生素来制备抗菌材料。CS 被认为是一种天然的抗菌化合物，可以对抗多种微生物，包括细菌、酵母菌和霉菌。将 CS 加入木醋杆菌培养基中进行动态发酵，得到 BC/CS 复合材料。高强度的 BC/CS 复合材料对大肠杆菌和金黄色葡萄球菌均有较高的抗菌活性[7]。此外，将 BC 的浆液与 CS 溶液混合，以戊二醛为交联剂，得到机械强度和稳定性较高的新型 BC/CS 半互穿网络（Semi-IPN）水凝胶。而且，该水凝胶对革兰氏阳性菌和革兰氏阴性菌均表现出显著的抗菌性能[8]。抗菌性能取决于 BC 与 CS 的比例，BC 与 CS 的比例为 20∶80 时，制备的水凝胶对金黄色葡萄球菌和大肠杆菌的抗菌率为 88%。

此外，还可将金属、金属氧化物、石墨烯、碳纳米管等纳米颗粒或材料引入到 BC 基体中，制备有机-无机杂化纳米抗菌材料。纳米银由于其广谱的抗菌特性而受到广泛关注。采用微流控法制备控释、抗菌性能持久的 BC/氧化石墨烯/纳米银抗菌复合材料，该材料对大肠杆菌和金黄色葡萄球菌均具有抗菌作用[9]。将银离子注入 BC 或将 BC 浸泡在含银离子溶液中，原位合成银纳米粒子，制备的复合膜具有良好的抗菌活性[10]。银纳米粒子在 BC 表面自组装并且稳定均匀分布。BC/Ag 复合材料对金黄色葡萄球菌具有显著的抗菌活性。除此之外，金属氧化物纳米颗粒［二氧化钛（TiO_2）、氧化铜（CuO）、氧化锌（ZnO）和氧化镁（MgO）等］具有抗菌活性，也被广泛应用于抗菌材料领域。将 BC 复合膜浸泡在硝酸锌溶液中，再用氢氧化钠溶液进行处理，在 80℃下用成片机干燥 20min，得到了 BC/ZnO 纳米复合膜，该纳米复合膜具有明显的抑菌性能，对革兰氏阳性菌和革兰氏阴性菌均有抗菌活性[11]。

GO 的抗菌活性主要归因于细胞与石墨烯尖锐边缘之间的直接接触。它导致细胞膜的物理损伤，破坏了细菌膜的完整性。因此，纳米复合材料与微生物细胞之间直接接触的增强可能是影响抗菌活性的主要原因之一。以 BC 为基体，采用机械搅拌法制备 BC/GO 复合材料。由于纳米纤维与菌体细胞表面的有效接触，BC/GO 纳米复合材料对酿酒酵母具有较强的抗菌作用[12]。此外，将 GO/TiO_2 纳米粒子填充到多孔 BC 基体中制备 BC/GO/TiO_2 复合材料。BC/GO/TiO_2 复合材料对金黄色葡萄球菌有优异的抗菌效果[13]。

四、心血管系统修复材料

当人体某部位的血管老化、栓塞或破损，不能保证人体正常供血时，需利用血管的替代品进行置换或搭桥等外科手术。目前常采用人造血管作为替代物，大口径人造血管（内径>6mm）如编织型的涤纶聚酯血管和膨体聚四氟乙烯（Expended polytetrafluoroethylene，ePTFE）血管的研究和临床应用已取得突破性进展。然而，小口径人造血管（内径<6mm）因其内径小、易堵塞，一直是国际上人造血管研究的难点。BC 作为一种新型生物材料，具有其他血管替代物无法比拟的性质，如与人大隐静脉相似的顺应性、良好的生物相容性、高机械强度等。同时，BC 还具有形状可塑性和生物合成的可调控性，因此，BC 是人造血管的理想材料。作为一种基于 BC 的人造血管设计，商品 BASYC®（Bacterial Synthesized Cellulose®）的出现，标志着 BC 在生物医学领域应用的突破。Klemm 等研究了内径只有 1mm 的 BASYC® 在湿的状态下具有机械强度高、持水能力强、内径粗糙度低以及完善的生物活性等优良特性，证明了 BASYC® 在显微外科中作为人工血管的可行性[14]。进一步，将 BASYC® 长期植入大鼠（1 年）和猪（3 个月）的颈动脉，植入后的 BASYC® 显示良好的稳定性，并可长时间保持血管通畅[15]。单独使用或装载神经再生药物的 BASYC® 也在神经外科手术后的动物模型中显示了良好的组织神经分布[16]。此外，Fink 等对 BC 进行修饰，采用一种新型的木葡聚糖（Xyloglucan，XG）缀合物法将细胞黏合肽 RGD（Arg-Gly-Asp）黏附于 BC 管上，修饰后的 BC 管可促进人血管内皮细胞的黏附、增

殖和代谢[17]。Brown 等制备了戊二醛交联的 BC/纤维蛋白复合材料，其力学性能与天然血管相似，其黏弹性能与天然血管（冠状动脉）相当[18]。

用合适的人工瓣膜代替心脏瓣膜可将心脏病患者死亡率降至最低。BC 及其复合材料已被用于开发人工心脏瓣膜。Leitão 等研究发现 BC/PVA 复合材料对凝血因子Ⅻ和血小板的活化低，具有良好的血液相容性[19]。与 ePTFE 相比，BC 和 BC/PVA 复合材料具有更高的血小板黏附性和活化特性。Mohammadi 等研究表明 BC/PVA 复合材料可模拟天然瓣膜非线性、各向异性的机械特点，压力应变与天然猪主动脉瓣相当[20]。由此可见，BC 复合材料是一种理想的人工心脏瓣膜制作材料。

第二节　组织工程支架

一、组织工程真皮

组织工程学，是一门以细胞生物学和工程学相结合，进行修复损伤组织和改善其功能替代物研究的新兴学科。支架材料是组织工程研究的桥梁和纽带，其三维空间为细胞的生理活动提供场所。作为一种新型生物材料，BC 除了具有良好的纳米纤维网络结构，优异的持水性和结晶度，还具有优异的机械强度和良好的生物相容性，使其成为潜在的组织工程支架材料。

将大鼠成纤维细胞（Fibroblasts，FB）接种至 BC 湿膜上培养，考察 BC 湿膜的细胞相容性[21]。在培养的不同时期，通过 H&E 染色、光学显微镜检测、扫描电镜检测等形态学检测方法，观察细胞在 BC 湿膜上的生长状态。结果显示，接种到 BC 湿膜上培养至第 3d，细胞在 BC 表面贴附生长、大量增殖形成细胞团，并伸出多个细胞突起抓住支架，有较多细胞深入到材料内部，与材料结合牢固，且随着培养时间的延长，细胞数量增多，如图 7-8 和图 7-9 所示。

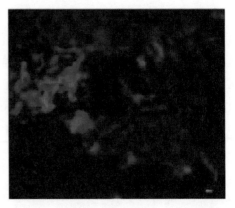

图 7-8　FB 在 BC 表面贴附生长并　　　　图 7-9　FB 深入 BC 的孔隙内生长，并伸出
　　　形成细胞团（×5000）　　　　　　　　　细胞突起，黏附于 BC 表面（×3000）

以大鼠脂肪间充质干细胞（Adipose-derived stem cells，ADSCs）作为组织工程种子细胞，接种至 BC 上[22]。培养至第 2d 时，细胞能够黏附于 BC 膜表面，细胞数量较少。培养至第 8d 时，细胞几乎长满单层。第 10d 时，将细胞/支架复合物行纵向冰冻切片，苏木精-伊红染色（Hematoxylin-eosin staining，简称 HE 染色法）后可见细胞呈单层生长于 BC 膜表面，细胞与 BC 膜接触紧密，如图 7-10 所示。图 7-11 使用免疫荧光技术分析标记蛋白-CD29 在 BC 膜上的脂肪干细胞中的表达，图中红色荧光为 CD29 特异表达标志，表明生长于 BC 膜上的脂肪干细胞不仅能够增殖，且仍然保持着干细胞的生物学活性。

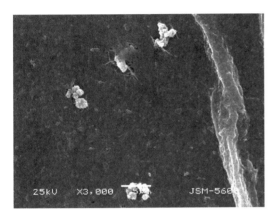

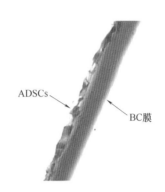

图 7-10　培养到第 10d 时 HE 染色的脂肪
干细胞-BC 复合物的冰冻切片

图 7-11　脂肪干细胞-BC 复合物免疫荧光染色
（红色荧光显示 CD29 阳性标志，蓝色
为 Hoechest33342 标记的细胞核）

以上实验结果表明，BC 材料具有优异的细胞相容性。

绿色荧光蛋白（Green fluorescent protein，GFP）是一种监测体内基因表达、细胞内蛋白定位和示踪完整活细胞生命现象的重要标记基因，既无损于活细胞的生长和影响生物学功能的发挥，又直观易用，可以高效、灵敏、安全、稳定地标记活细胞与新鲜组织，追踪和观察植入裸鼠体内活细胞的生长状况，是皮肤组织工程学种子细胞示踪研究的有效新型工具。将转染 GFP 的 BC 组织工程支架材料结合 FB 构建为组织工程真皮，这样培养的组织工程真皮有一定的弹性和韧性，在倒置荧光显微镜下可见分散或呈聚集分布的 FB[23]。移植后，组织工程真皮与正常皮肤融合较好，周围色泽红润，触之柔软，有弹性，与周围正常组织交界处可见丰富的毛细血管（图 7-12）。将绿色荧光蛋白基因标记的组织工程真皮在裸鼠皮下移植，在激光共聚焦显微镜下观察，发现大量弥漫分布的绿色荧光蛋白，多分布于真皮层中，表皮层和毛囊处亦有散在分布，说明转染 GFP 基因的 FB 在支架上及裸鼠皮下生长、增殖状况良好（图 7-13）。

HE 染色法显示 FB 贴附在支架表面，形成连续的细胞层，未长入支架内部。支架材料与裸鼠皮肤交界处有脂肪及肌肉组织，有少许炎性细胞浸润，说明支架对裸鼠有轻微的致炎作用［图 7-14（1）（2）］。

在异体皮下生长环境中，FB 在支架材料上存活并正常增殖，形成具有一定形状、大

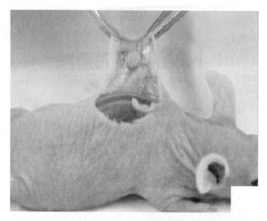

图 7-12　活体组织工程真皮移植物大体形态观察

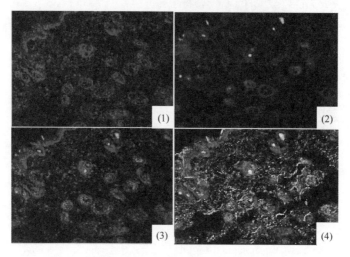

图 7-13　裸鼠背部皮肤激光共聚焦显微镜 （×200）

（1）显示红色的为细胞核，在表皮层、真皮层及毛囊处均有分布；（2）显示绿色的为荧光蛋白，
多分布于真皮层，表皮层和毛囊处也有散在分布；（3）红色的细胞核与绿色的
荧光蛋白相叠加的效果；（4）裸鼠皮肤结构与（3）图叠加的结果

小和机械强度的组织工程真皮块。FB 在裸鼠自身血供中获取营养，而且并不引起明显的免疫排斥反应，这为应用同种异体的 FB 修复皮肤缺损提供可能性。毛细血管的侵入可能与培养物内 FB 分泌的细胞外基质少而培养物较软有关，FB 分泌的物质对血管内皮细胞有趋化和促增殖作用。炎性细胞的侵入说明移植物对裸鼠产生了一定的致炎作用。

透明质酸（Hyaluronic acid，HA）是一种黏多糖，广泛分布于皮肤、软骨组织和关节滑液等组织器官中，是构成细胞外基质的主要成分，在细胞黏附、迁移、增殖和信号传导过程中发挥着重要的作用。董德录等制备了 BC-HA 复合材料，并以此为支架、以骨髓间充质干细胞（Bone mesenchymal stem cells，BMSCs）作为种子细胞构建了组织工程皮肤[24]。大鼠皮肤损伤修复的实验结果显示，组织工程皮肤组的愈合率高于空白对照组和BC 对照组，随着材料中透明质酸含量的升高，损伤皮肤的愈合质量也越高。组织病理学

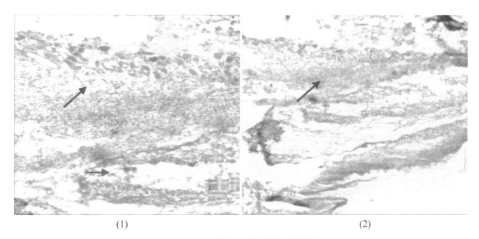

(1)　　　　　　　　　　　　　　　　　　　(2)

图 7-14　组织工程真皮移植物

（1）（HE×200）支架表面可见连续的细胞层和炎性细胞；（2）（HE×400）支架表面可见连续的细胞层和炎性细胞
（红色箭头为"炎性细胞"，蓝色箭头为"FB"，绿色箭头为"BC"）

观察发现，HA 含量为 1.25% 的组织工程皮肤对损伤的修复更完善，基本接近于自然皮肤，角质细胞层变薄，真皮层被胶原所充满，除了肉芽组织外，还伴有皮肤相关腺体的生成。

二、组织工程角膜

角膜移植是目前角膜盲患者唯一有效的复明手段，但存在角膜供体材料匮乏及角膜移植术后排斥反应等弊端，这给角膜盲患者的复明带来极大的困难。因此，研制出一种新型的可替代角膜组织的材料或使角膜组织再生，从而替换病变的角膜，即组织工程化角膜，是临床与科研亟待解决的问题。

以 BC 膜为支架，种植兔角膜基质细胞，混合培养，角膜基质细胞在 BC 膜中生长良好，并呈规律的极性排列。与正常角膜基质相似，细胞生物学未发生改变[25]。如图 7-15 所示，培养 10d 的角膜细胞在 BC 支架上生长、呈非常规律的同向排列。图 7-16（1）和 7-16（2）为培养 10d 后，BC 支架上兔角膜基质细胞的共聚焦立体扫描图，红色为角膜基质细胞，蓝色为 BC 支架。由图可见，兔角膜基质细胞在 BC 支架的三维方向上均匀生长。

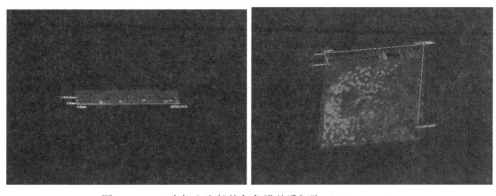

图 7-15　BC 支架上生长的兔角膜基质细胞（10d，×400）

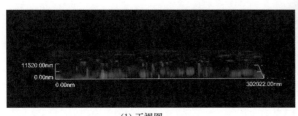
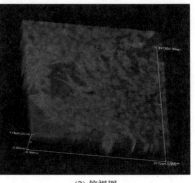

(1) 正视图   (2) 俯视图

图 7-16   共聚焦立体扫描图像观察到 BC 支架上生长的兔角膜基质细胞（Vim 免疫荧光染色，×400）

兔角膜基质细胞-BC 采用同种异体角膜移植，术后观察，复合生物膜逐渐降解，但降解速度较慢，未出现毒性反应，也未影响正常细胞形态和结构。角膜基质细胞-BC 复合膜的纤维结构接近正常角膜，膜上的细胞结构与正常角膜基质细胞相似，证实了接种在 BC 支架上的角膜细胞移植后继续生长。BC 的另一优点是韧性好、强度高，在重症角膜损伤和大面积缺损治疗方面更具优势。

三、组织工程软骨

人工合成的软骨支架材料以聚羟基醋酸（Polyglycolic acid，PGA）、聚乳酸（Polylactic acid，PLA）及二者的共聚体 ［聚乳酸-羟基醋酸共聚物，Poly（Lactic-co-glycolic acid），PLGA］为主，这些支架材料可塑形，有一定的强度，能较好地诱导、促进软骨细胞的黏附、增殖和分化，形成软骨组织。但是它们降解较快，易崩解，使支架整体塌陷，而且由于降解过快，降解产物在局部积聚，造成局部 pH 下降，使细胞中毒乃至死亡。所以，这些材料在生物相容性、理化性能和降解速度的控制等方面尚有许多问题。天然材料以胶原、明胶及纤维蛋白研究较多，其最突出优点是无抗原性，生物相容性好，与细胞外基质结构相似，参与组织的愈合过程。然而，这些天然材料也存在降解太快、细胞支架提前塌陷等问题，从而达不到诱生新组织的目的。

将软骨细胞种植于 BC 支架上，软骨细胞在 BC 支架表面黏附、生长和增殖情况良好，形成连续的细胞层，并且随着时间的延长，细胞层逐渐增厚[23]，说明 BC 具有良好的细胞相容性，适合软骨细胞黏附、生长和增殖，作为支架材料在组织工程软骨研究中有巨大的应用空间，有望得到应用。

四、骨组织替代物

骨是由无机相（羟基磷灰石 Hydroxyapatite，HAp）和有机相（胶原和纳米胶原蛋白）组成的复合材料。骨损伤和骨坏死可能是由感染性疾病、遗传条件、肿瘤和创伤引起的。合成生物材料如陶瓷、聚合物和金属在治疗骨缺损方面具有优势。然而，由于天然材料具有生物相容性、生物降解性、化学功能性等特点，使其作为组织工程支架材料在实际应用中备受关注。

引导性骨再生（Guide bone regeneration，GBR）是一种利用促骨填料和促骨膜诱导骨组织生长的技术。将 BC 纤维作为 HAp 生长的基质，制备 GBR 填充材料。用磷酸处理 BC 纤维，然后用钙离子处理 HAp 成核。模拟体液（Simulate body fluid，SBF）可促进 HAp 的生长。14d 后，BC-HAp 的 Ca-P 比值高达 1.45 ± 0.92，达到 HΛp 的标准。薄膜表面的钙磷比增大，表明 HAp 晶体在薄膜表面沉积。实验结果表明，该方法可制备出三维样品，为制备 GBR 羟基磷灰石支架提供基础。BC 的仿生矿化途径如图 7-17 所示[26]。水溶性的 PVP 可渗透 BC 的纤维网络。同时，BC 的大量羟基借助氢键对 PVP 的羧基 C ═O 有强烈的相互作用，从而保证 PVP 能在 BC 纳米纤维的表面均匀分布，如图 7-17（2）所示。PVP 中的 C—N 和 C ═O 能够提供更多的电子键来吸附 Ca^{2+}，使其更容易与 CO_3^{2-} 和 PO_4^{3-} 结合。将 PVP 处理过的 BC 膜浸没于 $CaCl_2$ 水溶液中，通过离子-极性相互作用，Ca^{2+} 沿着

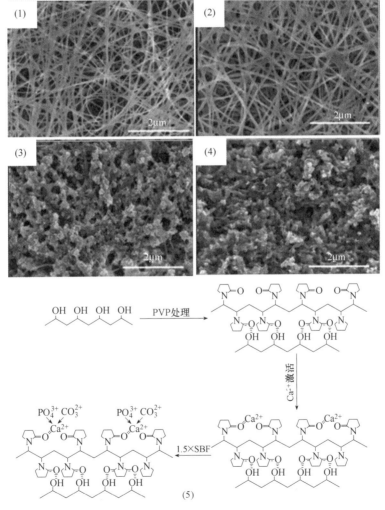

图 7-17　BC 的仿生矿化途径

（1）BC；（2）BC-PVP；（3）5-PVP-HAp-BC；（4）7-PVP-HAp-BC 的 FE-SEM 图像；

（5）HAp/BC 纳米复合物形成机理的示意图

BC 纳米纤维沉积于 PVP 上。两个相邻的羧基基团提供 2 对孤对电子，使其与 Ca^{2+} 强烈地黏附。$1.5 \times SBF$ 溶液中的 CO_3^{2-} 和 PO_4^{3-} 容易与 Ca^{2+} 通过静电作用结合，从而形成有效的羟灰石成核位点，如图 7-17（3）所示。因此，沿着 BC 纳米纤维发生缓慢的矿化过程后，HAp 在 PVP-BC 纤维素均一生成。最后，通过最优的矿化程序形成了 HAp/BC 纳米复合物，如图 7-17（4）所示。HAP/BC 纳米复合物形成机理如图 7-17（5）所示。

第三节　药　物　载　体

细菌纤维素天然的超精密的纳米网络结构是其具有缓释能力的基础。BC 的网络结构可以物理地搭载药物，也可与药物之间形成化学键合。但是 BC 也有自身的缺陷，如惰性结构、无法识别环境的刺激、形貌可控性不高等，因此对细菌纤维素进行功能化改性成为改善细菌纤维素缓释体系的可靠途径。

影响给药系统有效性的因素很多，进行给药系统研究或新型给药系统设计时，首先需要寻找合适的材料。BC 是一种生物高聚物，已经证明其符合药物递送材料的标准要求。近年来，各种基于纳米纤维素的药物传递系统应用于医药领域。通过将无机纳米粒子、聚合物和小分子等与 BC 膜结合，设计了几种 BC 基纳米复合材料给药系统。其中，BC/聚丙烯酸（Polyacrylic acid, PAA）复合材料已广泛应用于药物的释放。例如，BC/PAA 复合水凝胶可通过电子束辐照引发聚合[27]。该复合水凝胶对 pH 敏感，在 pH7 时表现出最大的溶胀性。测试了 BSA 在模拟胃液（Simpeting gastric liquid, SGF）和无酶模拟肠液（Enzyme-mimetic intestinal fluid, SIF）中控制释放的效果。2h 后，在 SGF 中的药物释放率约为 15%，而在 SIF 中的药物释放率明显升高。药物释放也与辐射剂量有关。对于最低辐射剂量，8h 后完全释放，而最高辐射剂量 13~14h 完全释放。药物在 SGF 和 SIF 中释放速率的差异是由材料的 pH 敏感性及溶胀率不同造成的。另外，该水凝胶在体温下溶胀率降低，因此，可用于温度控制的药物递送。Ahmad 等使用 BC/PAA 纳米复合水凝胶进行蛋白质口服递送[28]。在 SGF 中有少量 BSA 的累积释放（小于 10%）。这一结果表明，BC/PAA 纳米复合水凝胶可以保护 BSA 免受胃部严重酸性环境的影响。此外，体外渗透试验显示通过肠黏膜的渗透增加。此外，BC/PAA 显示出良好的生物相容性，没有任何毒性迹象。Müeller 等研究了基于 BC 的血清白蛋白药物递送系统，研究发现，与冻干 BC 膜相比，BC 湿膜表现出更多的蛋白质摄取，并且白蛋白在整个材料加工过程中均表现出生物稳定性[29]。

有人研究了 BC 膜作为双氯芬酸的透皮给药[30]，载药膜均匀、柔韧，具有显著的溶胀行为。体外扩散实验表明，双氯芬酸负载膜的扩散速率与商用贴片相似，但低于商用凝胶。其他模型的研究也探讨了基于 BC 有效的递送系统。例如，对乙酰氨基酚片剂通过喷雾包衣技术包被 BC，并测试体外药物释放[31]。研究发现，在不添加任何增塑剂的情况下，BC 可形成柔软、可折叠的薄膜，并且能够释放扑热息痛。

研究人员还使用 BC 膜局部给药布洛芬和利多卡因[32-33]。在 32℃ 的磷酸盐缓冲溶液

（pH7.4）中观察到一个突发释放曲线，其中90%以上的药物在20min内释放。以人表皮为材料，研究了不同体系（BC膜、水溶液和凝胶）对利多卡因的体外透皮给药。结果表明，与BC膜相关的利多卡因的透过率明显低于其他传统的给药系统（水溶液和凝胶）。Almeida等制备BC甘油膜系统用于局部给药[34]。体内试验研究显示，单次使用BC甘油膜后，皮肤耐受性良好。此外，该复合膜还具有保湿作用，可用于治疗过敏性皮炎和牛皮癣等皮肤疾病。

参 考 文 献

［1］ 马霞，张华，陈世文. 细菌纤维素膜作为创伤性敷料的可行性（英文）［J］. 中国组织工程研究与临床康复，2010，14（12）：2261-2264.

［2］ 荆尧，王凯，徐晨，等. 纳米细菌纤维素膜修补兔硬脑膜的早期炎性指标变化［J］. 生物医学工程与临床，2017，21（03）：223-228.

［3］ 徐晨，陈世文，田恒力，等. 细菌纤维素膜修复兔硬脑膜缺损的早期观察［J］. 上海交通大学学报（医学版），2013，33（03）：280-284.

［4］ Li J., Cha R., Mou K., et al. Nanocellulose-based antibacterial materials［J］. Advanced Healthcare Materials，2018，7（20）：e1800334.

［5］ Lacin N. Development of biodegradable antibacterial cellulose based hydrogel membranes for wound healing［J］. International Journal of Biological Macromolecules，2014，67：22-27.

［6］ Kaplan E., Ince T., Yorulmaz E., et al. Controlled delivery of ampicillin and gentamycin from cellulose hydrogels and their antibacterial efficiency［J］. Journal of Biomaterials and Tissue Engineering，2014，4（7）：543-549.

［7］ Zhang P., Chen L., Zhang O., et al. Using *in situ* dynamic cultures to rapidly biofabricate fabric-reinforced composites of chitosan/bacterial nanocellulose for antibacterial wound dressings［J］. Frontiers in Microbiology，2016，7：260.

［8］ Wahid F., Hu X., Chu L., et al. Development of bacterial cellulose/chitosan based semi-interpenetrating hydrogels with improved mechanical and antibacterial properties［J］. International Journal of Biological Macromolecules，2019，122：380-387.

［9］ Chen C., Zhang T., Dai B., et al. Rapid fabrication of composite hydrogel microfibers for weavable and sustainable antibacterial applications［J］. ACS Sustainable Chemistry Engineering，2016，4（12）：6534-6542.

［10］ 孙东平，杨加志，李骏，等. 载银细菌纤维素抗菌敷料的制备及其抗菌性能的研究［J］. 生物医学工程学杂志，2009，26（05）：1034-1038.

［11］ Wahid F., Duan Y., Hu X., et al. A facile construction of bacterial cellulose/ZnO nanocomposite films and their photocatalytic and antibacterial properties［J］. International Journal of Biological Macromolecules，2019，132：692-700.

［12］ Yang X., Xue D., Li J., et al. Improvement of antimicrobial activity of graphene oxide/bacterial cellulose nanocomposites through the electrostatic modification［J］. Carbohydrate Polymers，2016，136：1152-1160.

［13］ Liu L. , Yang X. , Ye L. , et al. Preparation and characterization of a photocatalytic antibacterial material: graphene oxide/TiO₂/bacterial cellulose nanocomposite ［J］. Carbohydrate Polymers 2017, 174: 1078-1086.

［14］ Klemm D. , Schumann D. , Udhardt U. , et al. Bacterial synthesized cellulose -artificial blood vessels for microsurgery ［J］. Progress in Polymer Science, 2001, 26 (9): 1561-1603.

［15］ Schumann D. A. , Wippermann J. , Klemm D. O. , et al. Artificial vascular implants from bacterial cellulose: preliminary results of small arterial substitutes ［J］. Cellulose, 2009, 16 (5): 877-885.

［16］ Klemm D. , Heublein B. , Fink H. , et al. Cellulose: fascinating biopolymer and sustainable raw material ［J］. Angewandte Chemie International Edition, 2005, 44 (22): 3358-3393.

［17］ Fink H. , Ahrenstedt L. , Bodin A. , et al. Bacterial cellulose modified with xyloglucan bearing the adhesion peptide RGD promotes endothelial cell adhesion and metabolism -a promising modification for vascular grafts ［J］. Journal of Tissue Engineering and Regenerative Medicine, 2011, 5 (6): 454-463.

［18］ Brown E. E. , Laborie M. P. G. , Zhang J. Glutaraldehyde treatment of bacterial cellulose/fibrin composites: impact on morphology, tensile and viscoelastic properties ［J］. Cellulose, 2012, 19 (1): 127-137.

［19］ Leitão A. F. , Gupta S. , Silva J. P. , et al. Hemocompatibility study of a bacterial cellulose/polyvinyl alcohol nanocomposite ［J］. Colloids and Surfaces B-Biointerfaces, 2013, 111: 493-502.

［20］ Mohammadi H. Nanocomposite biomaterial mimicking aortic heart valve leaflet mechanical behaviour ［J］. Proceedings of the Institution of Mechanical Engineers Part H-Journal of Engineering in Medicine, 2011, 225 (7): 718-722.

［21］ 王宗良, 贾原媛, 石毅, 等. 纳米细菌纤维素膜的表征与生物相容性研究 ［J］. 高等学校化学学报, 2009, 30 (08): 1553-1558.

［22］ 郑敬彤, 石毅, 贾原媛, 等. 大鼠脂肪干细胞与细菌纤维素膜的复合培养 ［J］. 中国组织工程研究与临床康复, 2009, 13 (01): 84-87.

［23］ 王宗良. 细菌纤维素组织工程支架材料的制备及其应用研究 ［D］. 长春: 吉林大学, 2008.

［24］ 董德录. 利用骨髓间充质干细胞和细菌纤维素/透明质酸构建组织工程皮肤的初步研究 ［D］. 长春: 吉林大学, 2015.

［25］ 贾卉, 贾原媛, 王娇, 等. 细菌纤维素构建组织工程角膜基质的方法及其评价 ［J］. 吉林大学学报 (医学版), 2010, 36 (02): 303-307+431.

［26］ Yin N. , Chen S. , Ouyang Y. , et al. Biomimetic mineralization synthesis of hydroxyapatite bacterial cellulose nanocomposites ［J］. Progress in Natural Science: Materials International, 2011, 21 (6): 472-477.

［27］ Amin M. C. I. M. , Ahmad N. , Halib N. , et al. Synthesis and characterization of thermo-and pH-responsive bacterial cellulose/acrylic acid hydrogels for drug delivery ［J］. Carbohydrate Polymers, 2012, 88 (2): 465-473.

［28］ Ahmad N. , Amin M. C. I. M. , Mahali S. M. , et al. Biocompatible and mucoadhesive bacterial cellulose-g-poly (acrylic acid) hydrogels for oral protein delivery ［J］. Molecular Pharmaceutics, 2014, 11 (11): 4130-4142.

［29］ Müeller A. , Ni Z. , Hessler N. , et al. The biopolymer bacterial nanocellulose as drug delivery system:

Investigation of drug loading and release using the model protein albumin ［J］. Journal of Pharmaceutical Sciences, 2013, 102 （2）: 579-592.

［30］ Silva N. H. C. S, Rodrigues A. F., Almeida I. F., et al. Bacterial cellulose membranes as transdermal delivery systems for diclofenac: *in vitro* dissolution and permeation studies ［J］. Carbohydrate Polymers, 2014, 106: 264-269.

［31］ Amin M. C. I., Abadi A. G., Ahmad N., et al. Bacterial cellulose film coating as drug delivery system: physicochemical, thermal and drug release properties ［J］. Sains Malaysiana, 2012, 41 （5）: 561-568.

［32］ Trovatti E., Silva N. H. C. S., Duarte I. F., et al. Biocellulose membranes as supports for dermal release of lidocaine ［J］. Biomacromolecules, 2011, 12 （11）: 4162-4168.

［33］ Torres F. G., Commeaux S., Troncoso O. P. Biocompatibility of bacterial cellulose based biomaterials ［J］. Journal of Functional Biomaterials, 2012, 3 （4）: 864-878.

［34］ Almeida I. F., Pereira T., Silva N. H. C. S., et al. Bacterial cellulose membranes as drug delivery systems: an *in vivo* skin compatibility study ［J］. European Journal of Pharmaceutics and Biopharmaceutics, 2014, 86 （3）: 332-336.

第八章　细菌纤维素的其他应用

细菌纤维素作为一种公认安全的微生物多糖，从最初食醋酿造的副产物，到今天的畅销产品——椰纤果和高附加值的生物医学敷料，都是 BC 获得发展最有利的见证。今天，BC 除作为功能材料和生物医学材料获得应用以外，更广泛应用于食品、造纸和日用化学品等领域。

第一节　细菌纤维素在食品中的应用

一、椰纤果

纳塔（Nata）起源于东南亚，"Nata"源自拉丁文"Nature"，意即"漂浮"，是指在液体基质表面形成的膜状或片状漂浮物。在菲律宾，以菠萝汁发酵生产的纳塔罐头类食品称为"Nata de pina"，而以椰子汁发酵生产的同类食品称为"Nata de coco"[1]。由于菠萝生产季节性强，产量有限，无法供应全年生产，而椰子在菲律宾、印尼、马来西亚、泰国和越南等国可以常年收获和生产，在椰子加工过程中会产生大量的副产物——椰子水，因此，后来在原产地主要以椰子水为原料进行生产。

由于纳塔是以椰子水为发酵液，接入醋酸菌（如纹膜醋酸菌）或明串珠菌（如肠膜状明串珠菌）发酵而成，所以华人将纳塔商品名定为"椰纤果"，简称"椰果"。利用醋酸菌发酵生成的椰纤果呈凝胶状，外观似椰子肉，具有爽滑、脆嫩、细腻而富有弹性的独特口感。椰纤果的主要成分是纤维素，纤维素不为人体消化吸收，食后具有饱腹感，可作为低热量的减肥食品。

椰纤果主要分为五类：粗制椰纤果、杀菌椰纤果、酸渍椰纤果、蜜制椰纤果和压缩椰纤果。粗制椰纤果是发酵形成凝胶后未经处理的椰纤果；杀菌椰纤果是以加热煮沸或其他方式杀菌、密封保存的椰纤果；酸渍椰纤果是添加可食用酸保存的椰纤果；蜜制椰纤果是经蜜制工序加工而成的椰纤果；压缩椰纤果是利用机械方法脱去一定水分的椰纤果。

随着市场需求的不断扩大，椰纤果规模化生产的原料，除最初的椰子水或汁以外，一些地方也有采用天然果汁，如苹果、菠萝、梨、桃和葡萄等来替代椰汁生产。另外，还有采用废糖蜜、豆粕水解液、魔芋、啤酒发酵副产物、玉米浆等，达到降低生产成本的目的。

椰纤果的生产流程是，首先将原料按照一定比例配制培养基，选择传统发酵用浅盘作为发酵装置。例如采用一定稀释度的天然果汁为培养基，经过配料、煮制、热装盘，待冷却后接入准备好的菌种，在一定的温度下静态发酵，待合成的椰纤果长满浅盘后，发酵结束。由于发酵获得的结实而有弹性的凝胶状椰纤果厚膜含有菌体、培养基和菌体代谢的一些副产物等，有必要去除这些杂质。应用较为广泛的纯化方法是采用氢氧化钠（或钾）溶液、氯化钠、次氯酸钠、过氧化氢、稀酸或热水进行处理，这些试剂既可以单独使用，也可结合使用。在一定温度下，将椰纤果厚膜在这些溶液中浸泡一定时间，然后进行洗涤得到洁白的片状椰纤果。根据商品的要求进入到下一生产阶段，即不同类型或风味椰纤果产品的制备过程。首先根据需要切割，进而漂洗、筛选、压缩、检验、真空包装，得到压缩椰纤果。通过筛选、滤水，进而糖化，例如按照椰纤果：白砂糖：水：柠檬酸钠 = 100：40：10：1 的比例配料，煮沸糖化后，包装、检验、杀菌，就可以得到糖化椰纤果产品[2]。

二、红茶菌

红茶菌（Kombucha），是指一种民间传统酸性饮料，即以茶、糖、水为原料，经一种或多种微生物发酵而成，含有多种营养成分。发酵完成时，由于微生物与所产生的纤维素形成一种复合体菌膜，似海蜇皮，故又称为"海宝"，另有别称红茶菇、胃宝等。

关于红茶菌的起源，有多种传说。其一是作为历代帝王获取"长生不老"的灵丹妙药，最早可以追溯到的秦汉时期，后传入韩国、日本，但未见确切证据。其二是作为一种传统发酵饮料，起源于中国渤海一带，据说后来被八国联军劫持窃取。其三是在抗日战争时期，香港、四川等地区关于饮用红茶菌的记载[3-4]。关于红茶菌的起源，也有可考证的历史。我国著名微生物学家方心芳先生于 1951 年在《黄海》杂志第 12 卷第 5 期刊登了《海宝是什么》一文，这是我国关于红茶菌的首篇科学论文。此外，红茶菌在国外延绵不绝，生根开花的两个地方分别是位于欧亚交界的西伯利亚之贝加尔湖畔的农村和黑海、里海之间的高加索地区。1971 年，一位日本女教师在苏联旅游时，一个偶然的机会，发现高加索地区的一个百岁老人比例较高的长寿村，村中的人们每天都将红茶菌当茶喝。这位女教师将红茶菌带回日本，进而风靡日本。随后，红茶菌又先后传到中国台湾和香港、美国、加拿大和新加坡、马来西亚、菲律宾等东南亚地区。"文化大革命"后，随着改革开放，红茶菌又重返大陆。

由于红茶菌是一种传统自然发酵饮料，从不同产地的红茶菌中会分离出不同的微生物菌株，一般含有醋酸菌、酵母菌及乳酸菌三类菌。从红茶菌中分离得到的醋酸菌株多属醋杆菌属、葡萄糖杆菌属、葡萄糖酸醋酸杆菌属和驹形杆菌属。分离出的酵母菌株多属于酵母属、假丝酵母属、毕赤酵母属、德克酵母属、德巴利酵母属和有孢汉逊酵母属。从红茶菌饮料中分离到的乳酸菌有保加利亚乳杆菌（Lactobacillus bulgaricus）和嗜酸乳杆菌（Lactobacillus acidophilus）等。由于红茶菌饮料是自然发酵，在不同的地域也可能分离出一些其他菌株。

传统红茶菌的制作工艺比较简单。首先是器具的清洗消毒；然后配制基质，培养红茶菌的基质是茶（红、绿、花茶等均可）、糖（冰糖、砂糖、蜂蜜等均可）、水（自来水、井水和泉水等），按照一定质量比配制（如 1∶50∶1000），用开水冲泡；接菌，即将前一次培养的菌膜和少量培养的基质接入到制备好的基质中；将接好菌的培养瓶或罐放置在一定适宜温度下，静态发酵；发酵几天后，菌膜变厚，有水果酸香味，即制作完成。传统红茶菌制备完成后，将淘汰下来的菌膜，也就是细菌纤维素膜作为废物丢弃。

欧竑宇使用木醋杆菌 X-2（*A. xylinum* X-2），假丝酵母菌 Y-7（*Candida* sp. Y-7）和胚乳杆菌 L-1（*L. plantarum* L-1）作为生产菌种，以蔗糖和红茶水为培养基，接种后，30℃培养 3d，BC 产量为 0.5g/L[5]。去除菌膜（即 BC 膜）的发酵液经除菌、调配、杀菌后得到红茶菌发酵饮料。也可将发酵结束的发酵液取出，加入新鲜的培养基（蔗糖和红茶水）继续发酵，可根据需要反复多次发酵。

红茶菌中含有丰富的酚类物质，具有抗氧化活力。酵母菌和乳酸菌有助于消化，增强肠胃吸收能力。红茶菌还具有降低血脂、降低胆固醇和保肝等功能。另外，红茶菌发酵过程中产生的抑菌蛋白有望在未来成为一种天然的食品防腐剂。特别值得一提的是，红茶菌发酵产生的副产物菌膜就是为人们所关注的 BC。

三、在其他食品中的应用

BC 的性质和结构使其即使在低添加量下也能够避免食品中风味物质相互作用，从而在较宽范围的酸碱度、温度和冻融条件下提高食品的稳定性。因此，BC 成为一种非常具有吸引力的食品基料。

1. BC 在改变食品流变特性方面的作用

（1）作为增稠剂，将 BC 添加到调味品中，调味品的黏稠度明显提高，从而使产品更容易定型。另外，其也可用于巧克力饮料中增加黏度。

（2）作为抗融剂，将适量的 BC 添加到冰淇淋中，不仅可提高冰淇淋的抗融性，而且还提高了其抗热冲力、膨胀率、贮藏时间等性能。

（3）作为胶凝剂，可将 BC 用作鱼、肉丸子以及香肠类食品的胶体添加剂。添加 BC 的特制肉丸与普通肉丸有着类似的口感，且避免了肥肉带来的热量，这些方式不会影响食品的风味，还赋予产品更好的口感。

（4）作为悬浮剂，BC 可降低食品的黏性，从而提高糊状食品的应用价值。0.2%～0.3%的 BC 可以提高豆腐的凝胶强度，赋予其硬度和良好的质构特性。

2. BC 在食品工业中的应用

（1）在酸奶中添加 BC，不仅使酸奶保持已有的保健功能，还可以改善酸奶的凝固状态，丰富了酸奶的品种。添加 5%～15% BC 的酸奶为椰果酸奶[6]。如果将芦荟或各类水果，如荔枝等与 BC 颗粒混合后添加到酸奶中，可成为一种双果型果粒酸乳。

（2）由于 BC 纤维具有直径小、比表面积大的特点，具有很强的亲水性、黏稠性和稳定性，将 BC 应用于冰淇淋中可以提高其抗融性，并且有利于冰淇淋的保鲜，同时添加 BC 的冰淇淋还具有保健作用。冰淇淋中添加大豆乳清和 BC，不仅可以提高冰淇淋的黏稠度，而且其抗融化性能更好。

（3）BC 具有不被人体消化吸收的特性，将其添加到肉制品中，不仅会改善肉制品的凝胶性，而且作为一种膳食纤维，还具备减肥功效。此外，BC 还可以作为人造肉、鱼和家禽产品的骨架物质，香肠和火腿肠的肠衣等。

（4）将 BC 添加到月饼馅料中，使制得的月饼富含纤维素，能量低，还降低了生产成本，丰富了产品的风味和花色。加入奶油面包或蛋糕里面的 BC 可以减少乳化剂的加入量，降低生产成本，增加产品的咀嚼感。将 BC 添加到夹心浆料中，生产出来的夹心饼干，除具有焙烤制品的特有风味外，还具有口感爽脆、甜香酥松、营养丰富的特点。

（5）在果冻中添加 BC，具有优化消化系统内的环境，增强消化功能的作用。采用不同果蔬原料的合理搭配，制得发酵液后接入相关菌株发酵，经调配得到 BC 发酵果冻，具有良好的持水性、凝胶特性和稳定性等特点。与传统果冻相比，BC 发酵果冻具有肉质厚实及滑爽的口感，而且成本低廉、原料易得，在生产上具有很好的发展前景。

（6）减肥代餐品在为人们提供充分的水分、膳食纤维和营养的同时，可显著减少能量摄入，不会造成腹泻、乏力等不良影响，还具有口感好、饱腹感强等特点。将 BC 添加到饼干、面包等烘焙食品中，可制成高膳食纤维食品。依据产品特色，BC 的质量分数为 1%~70%，这种膳食纤维食品具有净化肠道的作用。将发酵获得的细菌纤维素洗涤至中性，切割成 BC 颗粒，经水性营养液浸渍后灭菌包装。这种食品在为人们提供充分的水分、膳食纤维和营养的同时，可显著减少能量摄入，达到较好的减肥效果，同时不会造成腹泻、乏力等不良影响，是一种理想的代餐食品。

第二节　细菌纤维素在食品包装材料中的应用

在一定的条件下，一些食品包装材料本身的化学成分会向食品中迁移，如果迁移的量超过一定界限，就会影响食品的安全卫生。

与传统的食品包装材料相比，细菌纤维素包装材料不仅是一种非常安全的可降解材料，同时可以保护食品不受外界的污染，保持食品本身的水分、成分、品质等特性。BC 用于食品包装时，可采取 BC 中引入抗菌材料的方法来增加膜的抗菌性，而且这种抗菌材料有助于提高产品的安全性，延长产品的保质期。此外，改性后的 BC 还可以增加包装材料的阻隔性和疏水性。

Zhu 等将原位一步发酵法合成的 BC 管浸泡在生物防腐剂 ε-PL 溶液中，使 ε-PL 嵌入到细菌纤维素纳米网格结构中制备得到抑菌肠衣 ε-PL/BC 管（图 8-1）[7]。从 ε-PL/BC 管包装香肠的外观看，肠衣干燥且紧贴肉馅，透明度较高，能清晰地看到香肠的肉质纹理，从而赋予该产品诱人的光泽。

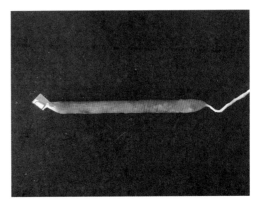

图 8-1　ε-PL/BC 管作为香肠肠衣

ε-PL/BC 管经 100kPa 灭菌 30min 后抑菌能力没有减弱（图 8-2），说明其耐热性能好，有利于在食品加工工业中应用。由于 ε-PL 抑菌谱广，因此，ε-PL/BC 管不仅可抑制革兰氏阳性菌，对革兰氏阴性菌同样有抑制作用。

以 ε-PL/BC 管为肠衣制备的香肠在 4℃下储藏 18d 的过程中，微生物菌落总数趋于稳定。对照组的 BC 管香肠在储藏的初期，总菌落数的数量增长较慢。随着储藏时间的延长，总菌落数迅速上升（图 8-3）。这表明 ε-PL/BC 管为肠衣既可以突出产品的品质，又可以延长肉制品的货架期。

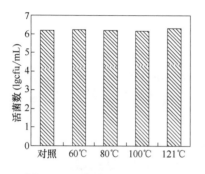

图 8-2 温度处理对 ε-PL/BC 管抑菌效果的影响

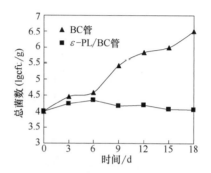

图 8-3 ε-PL/BC 管和 BC 管香肠 4℃下保藏过程中微生物菌落数的变化

作为食品的包材，除 BC 管以外，更多的是以 BC 膜的形式出现，其制备方法分为二次成膜法和吸附法。

二次成膜法是指将发酵得到的 BC 膜打浆，加入抑菌物质后成膜的方法。杨晶宁将 1mg/mL 的氧化石墨烯超声分散 2h，BC 湿膜用高压组织匀浆机匀浆成乳液状[8]。之后，将氧化石墨烯分散液与 BC 乳液以不同比例混合，将 GO/BC 中 GO 的比例控制在 1wt%～5wt%（干重）。将 GO/BC 乳状物在超声清洗机内超声 1h，然后在聚四氟乙烯膜上过滤，形成 GO/BC 复合膜，该复合膜对金黄色葡萄球菌有明显的抑菌作用。Ummartyotin 等将蛋壳粉碎与 BC 悬浮液混合，得到 BC/蛋壳复合膜[9]。该复合膜吸附性增强，热稳定性高，适宜作为活性包装的吸收材料。

吸附法是指将发酵得到的 BC 膜，经洗涤处理后浸入含有抑菌物质，如苯甲酸、山梨酸等，或功能性物质，如牛乳铁蛋白（Bovine lactoferrin，bLF）等的溶液中，使这些物质充分进入 BC 膜的三维纳米网状结构的方法。薛冬冬以 BC 为基质，通过化学改性制备了一系列 BC 衍生材料，包括 OBC、BC-NH$_2$ 和 OBC-NH$_2$[10]。通过以硅烷偶联剂 APTMS 对 BC 和 OBC 进行表面氨烷基化修饰，得到两种抑菌材料 BC-NH$_2$ 和 OBC-NH$_2$。这两种材料可以有效抑制革兰氏阳性菌（如金黄葡萄球菌）的生长繁殖。Padrão 等将 BC 膜浸入含有 bLF 的磷酸盐缓冲生理盐水（Phosphate buffered saline，PBS）中，使 bLF 吸附在 BC 上，制得功能化复合膜（BC+bLF），该材料具有抗菌性，可作为高度易腐败食品的可食性包装材料，如用于新鲜香肠等肉制品[11]。Urbina 等将 BC 膜浸渍于 PLA 溶液中，制得了 BC/PLA 复合膜，该膜的透明度、水蒸气阻隔性能优于纯 BC 膜，且生物降解速度比纯

PLA 快[12]。李博取一定量 BC 与硝酸银溶液混合，振荡一定时间，确保硝酸银能够充分进入 BC 的三维网状结构中，制备的复合材料对大肠杆菌的抑菌率达到 99.00%以上[13]。

通过涂膜的方法，制备出各种具有特殊功能的食品包材。Wan 等为了改善玉米醇溶蛋白纤维的疏水性，将 BC 膜作为外层，电纺丝玉米醇溶蛋白纤维作为内层，开发了多层 BC/玉米醇溶蛋白复合膜[14]。该膜具有优异的防水性能，可用于防水性 BC 包装膜的开发。

由于细菌纤维素纳米晶（Bacterial cellulose nanocrystalline，BCNW）对氧气和水蒸气有一定的阻隔性，Fabra 等将聚（3-羟基丁酸酯）(Polyhydroxybutyrate，PHB）涂覆在 BC-NW 上或通过静电纺丝纺制 PHB-BCNW 复合材料，可优化材料的疏水性能[15]。在热塑性玉米淀粉（Thermoplastic corn starch，TPCS）纳米复合材料内层和 PHB 涂层中加入 BC-NW，都可降低复合膜的水蒸气的透过率。

第三节　细菌纤维素在造纸工业中的应用

在植物纤维原料中添加功能性材料，以克服天然植物纤维素的不足，生产高质量纸张是国内外造纸专家的共同努力的方向之一。一些非植物纤维已成为造纸原料的来源。随着对 BC 的深入研究，不必采用特殊的添加方法，就可开发出简单的 BC 添料纸。

天津科技大学在国内率先开展了 BC 在造纸中的应用研究[16]。由于 BC 的聚合度和结晶度很高，并具有很大的强度和韧性，因此，要求打浆时有较多的切断。打浆过程中，BC 和苇浆、木浆一样，易受到切断、吸水润涨和细纤维化等作用，如图 8-4 所示，BC 湿膜受到 Jokro 磨和 PFI 磨的剪切作用及纤维之间相互摩擦，分散成纤维。纤维被横向切断，在断口处留下许多锯齿形的末端，这有利于纤维的分丝帚化。

如表 8-1 所示，BC 加入苇浆中后显著提高了填料的留着率。加入 BC 可将填料的一次留着率提高 8.4%，而添加更多的微晶纤维素（MCC）却无济于事。这应归功于 BC 的三维网络结构有利于截留填料。

将 BC 湿膜打浆后加入到苇浆中一起抄造[17]。如表 8-2 所示，在苇浆中配加 2%、10% 和 40% 的 BC，裂断长分别提高了 17%、22%、29%，耐破

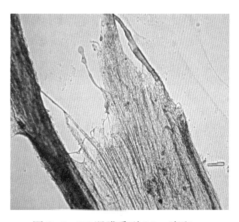

图 8-4　BC 湿膜受到 Jokro 磨和 PFI 磨的剪切作用呈断裂状态的显微镜照片（番红染色剂染色）

指数分别提高了 8%、8% 和 58%。耐破度的提升说明纤维间的结合力显著增强。如图 8-5 所示，BC 的加入造成纸张的组织紧密、孔隙减小，从而使纸张的透气度下降。对照组未添加 BC 的纸张，纸页结构疏松、孔隙多，如表 8-2 所示，透气度为 6630mL/min，当添加量达到 40% 时，纸页的透气度仅为 65mL/min。

表 8-1　　　　　　　　　　BC 和微晶纤维素对于填料一次留着率的影响

样品	添加量/%	一次留着率/%
空白	0	66.6
BC	0.5	67.9
	1.5	69.5
	3.0	72.2
MCC	2	66.8
	5	66.5
	10	67.6

表 8-2　　　　　　　　　　BC 添加对于苇浆纸张性能的影响

BC 添加量/%	定量/（g/m²）	裂断长/m	耐破指数/[（kPa·m²）/g]	撕裂指数/[（mN·m²）/g]	透气度/（mL/min）
0	36.6	4370	1.2	3.8	6630
2	37.9	5100	1.3	3.9	177
10	38.5	5350	1.3	4.0	111
40	42.6	5630	1.9	4.2	65

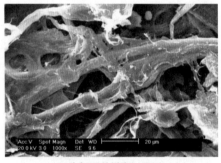 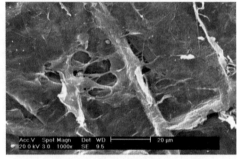

(1) 未加BC的纸张(×1000)　　　　　　　　(2) 加入40%BC的纸张(×1000)

图 8-5　BC 在苇浆纸中的分布

第四节　细菌纤维素在化妆品中的应用

BC 又称类真皮（True-skin like），自 2002 年以来，韩国和中国台湾的一些化妆品生产商开始使用 BC 基材作为面膜精华液的载体。BC 材质作为面膜基材具有显著的优势。首先，从化学成分上，不同于通过化学纺织技术而制成的传统无纺布或动物来源的蚕丝面膜，生物纤维面膜完全由食品级原料发酵而来，安全性极佳。其次，BC 是自然界生长的最细的天然纤维，其纤维直径仅为 20~100nm，是传统化纤面膜纤维直径的 1/250，能深入肌肤最细的沟纹，完全贴合肌肤纹理，如图 8-6 所示。人的皮肤直接用眼睛看是平面的，好像一望无际的平原，但是在显微镜下看，是充满山川沟壑的。生物纤维膜材能紧贴这些山川沟壑，使皮肤的吸收面积扩大至少 10 倍以上，故肌肤吸收精华液的效果增强

无纺布放大 10000 倍
纤维直径为 25μm

生物纤维膜放大 10000 倍
纤维直径为 20~100nm

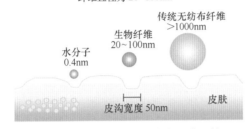

图 8-6　BC 面膜与传统面膜比较

3~5 倍。把一张生物纤维膜材贴在肌肤表面，15min 后揭下，将接触肌肤的那面翻过来观察，不仅大皱纹、小皱纹，就连皮肤最细腻的纹理，甚至肤沟都能完全清晰地转印刻录下来（图 8-7），其被称为具有"皮肤衰老记忆功能"。另外，在发酵过程中，微生物经代谢营养液后产生的纤维会相互纠结形成 3D 空间网状交错结构，透气又保水。生物纤维膜表面水分的挥发率只有 4.73%，在膜布贴敷的过程中能将大量的水分或精华液锁在膜布中不易挥发。膜材贴敷于面部的

图 8-7　BC 面膜使用后，可看到明显转印

过程中，逐渐变干并收紧肌肤，帮助精华液的有效护肤成分往肌肤深层"注入"，同时可强力收紧提拉皮肤。

目前，一些 BC 面膜基材的生产方法为：以椰子水（或椰汁）为原料，补充糖类物及其他微量元素，经过加热煮制放入发酵盘中，待冷却后接入木醋杆菌，静态发酵 5~7d，发酵出来的产品外观为乳白或乳黄色不透明凝胶状膜。用氢氧化钠或氢氧化钾溶液漂洗纯化，用纯净水反复清洗，得到白色透明的凝胶状膜。选取表面平整完好的 BC 膜，通过机器分切成 2~3.5mm 厚的 BC 膜，再用去离子水漂洗，使之达到面膜产品需要的洁净度。取表面平整完好、厚度均匀的 BC 膜用压辊压成约 1mm 厚的 BC 薄膜，去除大部分水分。然后通过机器冲裁成适用的脸形，灌装精华液后包装，经杀菌、检验后就可以作为 BC 面膜成品销售了。在常温状态下，吸收精华液 48h 后，BC 薄膜就可以膨胀至约 2mm 厚度，之后达到动态平衡长期稳定，贮藏和销售过程中几乎不再变化。此厚度适合大部分消费者

的使用习惯，膜材太厚贴肤感不好，太薄容易失水。

第五节　细菌纤维素在化工中的应用

皮克林（Pickering）乳液是一种由固体粒子代替传统有机表面活性剂的新型乳液。它利用中间疏水性的固体颗粒在两种不混溶液界面之间强烈的吸附作用，在分散相表面形成颗粒层而使乳液保持稳定。借助于纳米技术的兴起与发展，由纳米尺度的固体颗粒代替传统有机表面活性剂稳定的 Pickering 乳液已成为新的研究热点，其具有以下优势：①固体颗粒的使用量比传统乳化剂用量大大降低，节约成本；②天然无毒且环保无污染，具有生物降解性以及良好的生物相容性，符合可持续发展战略；③乳液稳定性大大提高，不易受离子强度、pH、油相类型、油水比、温度等因素的影响。因此，Pickering 乳液在食品、化妆品、生物医药等众多领域具有较高的应用价值及广阔的市场前景。

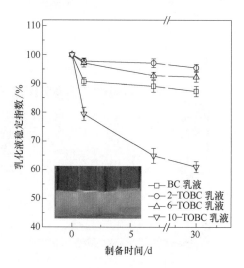

图 8-8　BC、2-TOBC、6-TOBC、10-TOBC 乳化液稳定指数随制备时间的变化关系

照片为制备 30d 时乳液的外观（左起）：BC 乳液、2-TOBC、6-TOBC、10-TOBC 乳液。其中 2-TOBC、6-TOBC、10-TOBC 分别为次氯酸钠用量为 2mmol/g、6mmol/g 和 10mmol/g 时的氧化产品。

Jia 等利用四甲基哌啶氧化物（Tempo）氧化 BC 纳米纤维，制备出了非常稳定的 Pickering 乳液[18]。BC 经 Tempo 氧化后，纤维尺寸显著下降，亲水性增强，Zeta 电位值上升。纤维尺寸与亲水性是 2 个矛盾的因素。纤维尺寸小，能够稳定的界面面积大，乳液稳定效果好；纤维亲水性强，则倾向于处于水相，乳液稳定效果差。因此乳液的稳定性与纤维的氧化程度有密切的关系，如图 8-8 所示，2-TOBC（次氯酸钠用量为 2mmol/g 时的氧化产品）乳液的稳定性最好。乳液的稳定性均随纤维用量的增加而明显增强，如图 8-9 所示。原因有两个：①更多的纤维吸附于油水界面处形成致密的单层或多层膜，形成阻碍乳液滴相互接触的物理屏障；②纤维相互缠绕形成网状结构，纤维用量越多网状结构越紧凑，从而有效地将乳液滴封存于三维阵列中。图 8-10 为 2-TOBC 稳定的乳液在 30d 内的粒径变化，由图可见，保存 1d、7d、30d 时乳液的粒径分布高度重叠，说明在存储期乳液非常稳定，粒径变化很小。

图 8-11 为哈克流变仪测得的 Pickering 乳液的储能模量和损耗模量[19]。2-TOBC 和 6-TOBC 稳定的 Pickering 乳液均具有明显的黏弹性，2-TOBC 乳液的黏弹性要高于 6-TOBC 乳液，这是 2-TOBC 乳液稳定的主要原因。图 8-12 为通过光学微流变仪 Rheolaser Master 测得的乳液的弹性指数（Elasticity index，EI），2-TOBC 乳液具有最大的 EI 值，其次为 6-

TOBC 乳液，10-TOBC 乳液的 EI 值最小，这与宏观流变得到的结论一致。

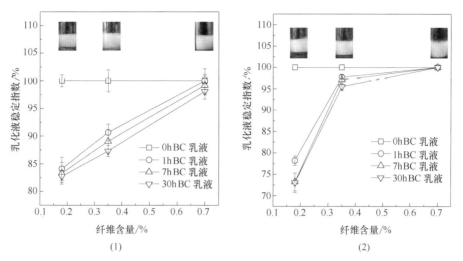

图 8-9 不同制备时期乳化液稳定指数随纤维用量的关系

（1）BC 乳液；（2）2-TOBC 乳液

照片为制备 30d 时乳液外观，纤维质量分数（左起）0.18%，0.35%，0.70%

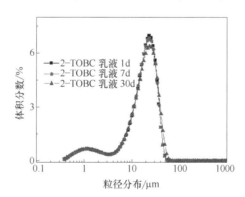

图 8-10 2-TOBC 乳液在 30d 内

静置的粒径分布图

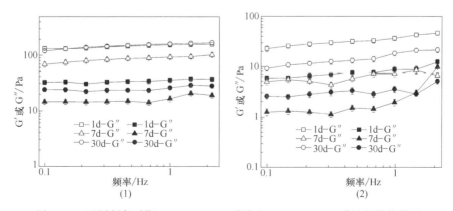

图 8-11 不同制备时期（1）2-TOBC 乳液和（2）6-TOBC 乳液的储能模量

（G'，空心图例）和损耗模量（G''，实心图例）随频率的变化

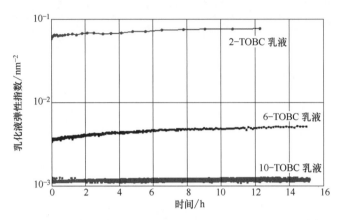

图8-12　2-TOBC、6-TOBC、10-TOBC乳化液弹性指数随时间的变化关系

参 考 文 献

［1］　Tamang J. P. , Kailasapathy K. Fermented foods and beverages of the world［M］. New York：CRC Press，2010.

［2］　汤卫华，殷海松，贾士儒. 木醋杆菌发酵果汁生产纳塔的初步研究［J］. 食品工业，2016，37 （7）：30-32.

［3］　袁洪业. 保健饮料—海宝茶菌［M］. 北京：中国轻工业出版社，1981.

［4］　食品科技杂志社编. 红茶菌与健康长寿［M］. 北京：中国工商出版社，1981.

［5］　欧竑宇. 细菌纤维素培养基优化及应用研究［D］. 天津：天津轻工业学院，2000.

［6］　陈中，杨晓泉，吴永辉，等. 椰果酸奶的研究［J］. 食品科学，2005，26（2）：270-272.

［7］　Zhu H. X. , Jia S. R. , Yang H. J. , et al. Characterization of bacteriostatic sausage casing：A composite of bacterial cellulose embedded with ε-polylysine［J］. Food Science and Biotechnology，2010，19 （6）：1479-1484.

［8］　杨晶宁. 功能氧化石墨烯生物材料的抗菌效应的研究［D］. 天津：天津科技大学，2015.

［9］　Ummartyotin S. , Pisitsak P. , Pechyen C. Eggshell and bacterial cellulose composite membrane as absorbent material in active packaging［J］. International Journal of Polymer Science，2016，2016：1047606.

［10］　薛冬冬. 氨烷基化细菌纤维素对 *Staphylococcus aureus* 的活性及代谢的影响［D］. 天津：天津科技大学，2016.

［11］　Padrão J. , Gonçalves S. , Silva J. P. , et al. Bacterial cellulose-lactoferrin as an antimicrobial edible packaging［J］. Food Hydrocolloids，2016，58：126-140.

［12］　Urbina L. , Algar I. , García-Astrain C. , et al. Biodegradable composites with improved barrier properties and transparency from the impregnation of PLA to bacterial cellulose membranes［J］. Journal of Applied Polymer Science，2016，133（28）：43669.

［13］　李博. 细菌纤维素-纳米银复合材料的制备及表征［D］. 天津：天津科技大学，2019.

［14］　Wan Z. L. , Wang L. Y. , Yang X. Q. , et al. Enhanced water resistance properties of bacterial cellulose multilayer films by incorporating interlayers of electrospun zein fibers［J］. Food Hydrocolloids，2016，61：269-276.

［15］ Fabra M. J.，López-Rubio A.，Ambrosio-Martín J.，et al. Improving the barrier properties of thermo-plastic corn starch-based films containing bacterial cellulose nanowhiskers by means of PHA electrospun coatings of interest in food packaging［J］. Food Hydrocolloids，2016，61：261-268.

［16］ Jia Y. Y.，Tang W. H.，Li F.，et al. Application of bacterial cellulose in nonwood base paper［C］. Proceeding of the Second International Papermaking and Environment Conference，2008：977-980.

［17］ 贾士儒，张恺瑞，胡惠仁，等. 细菌纤维素在草浆纸中应用的探讨［J］. 中国造纸学报，2002，17（2）：76-79.

［18］ Jia Y. Y.，Zhai X. L.，Fu W.，et al. Surfactant-free emulsions stabilized by tempo-oxidized bacterial cellulose［J］. Carbohydrate Polymers，2016，151：907-915.

［19］ Jia Y. Y.，Zheng M. M.，Xu Q. Q.，et al. Rheological behaviors of pickering emulsions stabilized by TEMPO-oxidized bacterial cellulose［J］. Carbohydrate Polymers，2019，215：263-271.

附录1 椰子产品 椰纤果
（NY/T 1522—2007）

1 范围

本标准规定了椰纤果的术语和定义、分类、要求、试验方法、检验规则、包装、标志、标签、运输和贮存。

本标准适用于以椰子水或椰子汁（乳）等为主要原料，经木葡萄糖酸醋杆菌（*Gluconacetobacter xylinus*）发酵制成的一种纤维素凝胶物质，供作食品加工原料使用，经加工后可直接食用。

2 规范性引用文件

下列文件中的条款通过本标准的引用而成为本标准的条款。凡是注日期的引用文件，其随后所有的修改单（不包括勘误的内容）或修订版均不适用于本标准，然而，鼓励根据本标准达成协议的各方研究是否可使用这些文件的最新版本。凡是不注日期的引用文件，其最新版本适用于本标准。

GB 191 包装储运图示标志

GB 2760 食品添加剂使用卫生标准

GB/T 4789.2 食品卫生微生物学检验 菌落总数测定

GB/T 4789.3 食品卫生微生物学检验 大肠菌群测定

GB/T 4789.4 食品卫生微生物学检验 沙门氏菌检验

GB/T 4789.5 食品卫生微生物学检验 志贺氏菌检验

GB/T 4789.10 食品卫生微生物学检验 金黄色葡萄球菌检验

GB/T 4789.15 食品卫生微生物学检验 霉菌和酵母计数

GB/T 5009.10 植物类食品中粗纤维的测定

GB/T 5009.11 食品中总砷及无机砷的测定

GB/T 5009.12 食品中铅的测定

GB/T 5009.33 食品中亚硝酸盐与硝酸盐的测定

GB/T 5009.123 食品中铬的测定

GB 5749 生活饮用水卫生标准

GB 7718 预包装食品标签通则

JJF 1070 定量包装商品净含量计量检验规则

国家质量监督检验检疫总局 2005 年第 75 号令《定量包装商品计量监督管理办法》

3 术语和定义

下列术语和定义适用于本标准。

3.1 椰纤果 nata de coco

以椰子水或椰子汁（乳）等为主要原料，经木葡萄糖酸醋杆菌（*Gluconacetobacter xylinus*）发酵制成的一种纤维素凝胶物质，也称为椰果、椰子纳塔或高纤椰果。

3.2 酸渍椰纤果 acidified nata de coco

加食用酸保存的椰纤果。

3.3 蜜制椰纤果 sweetened nata de coco

经蜜制工序加工而成的椰纤果。

3.4 压缩椰纤果 dehydrated nata de coco

利用机械等方法脱去一定水分的椰纤果。

3.5 杀菌椰纤果 sterilized nata de coco

以加热煮沸等方式杀菌、密封保存的椰纤果。

3.6 粗制椰纤果 crude nata de coco

发酵形成凝胶后未经压缩、酸渍、蜜制、杀菌等处理的椰纤果。

4 分类

椰纤果分为粗制椰纤果、杀菌椰纤果、酸渍椰纤果、蜜制椰纤果、压缩椰纤果五类。

5 要求

5.1 原料要求

5.1.1 椰子水

椰子水应具有正常的色泽，无异物，允许有正常发酵产酸的气味，无霉变，无腐臭味。

5.1.2 椰子汁（乳）

应具有新鲜椰子汁（乳）的气味和滋味，无腐败变质，无不良气味和异味，无异物。

5.1.3 水

应符合 GB 5749 的规定。

5.1.4 加工辅料与助剂

椰纤果的加工辅料与加工助剂必须是食品原料或符合 GB 2760 规定的食品添加剂（加工助剂），质量应符合相应的标准和有关规定。

5.1.5 发酵菌种

椰纤果发酵菌种为木葡萄糖酸醋杆菌（*Gluconacetobacter xylinus*），若改变菌种，则应在投入生产前经过菌种鉴定和安全性评价。

5.2 感官要求

感官要求应符合表1的规定。

5.3 理化指标

理化指标应符合表2的规定。

表1 感官要求

项目		要求
气味(杀菌椰纤果、酸渍椰纤果、粗制椰纤果、蜜制椰纤果、压缩椰纤果)		具有该产品应有的气味,无异味
色泽(杀菌椰纤果、酸渍椰纤果、粗制椰纤果、蜜制椰纤果、压缩椰纤果)		应具有该产品正常的色泽,色泽均匀,无异常颜色
外形	杀菌椰纤果、酸渍椰纤果、粗制椰纤果、蜜制椰纤果	呈凝胶状,质地结实,有弹性,无霉变
	压缩椰纤果	呈薄片状,外形干瘪,质地柔韧,无霉变
杂质(杀菌椰纤果、酸渍椰纤果、粗制椰纤果、蜜制椰纤果、压缩椰纤果)		无肉眼可见的外来杂质

表2 理化指标

项目		指标			
		粗制椰纤果	酸渍椰纤果	压缩椰纤果	杀菌椰纤果、蜜制椰纤果
过氧化氢,mg/kg	≤	—	7.0	7.0	3.5
粗纤维,%	≥			0.05	

5.4 卫生指标

卫生指标应符合表3的规定。

表3 卫生指标

项目		指标			
		粗制椰纤果	酸渍椰纤果	压缩椰纤果	杀菌椰纤果、蜜制椰纤果
总砷(以As计),mg/kg	≤			0.5	
铅(Pb),mg/kg	≤			0.5	
铬(Cr),mg/kg	≤			1.0	
亚硝酸盐,mg/kg	≤			2.0	
菌落总数,cfu/g	≤	—	—	—	100
大肠菌群,MPN/100g	≤	—	—	—	30
霉菌,cfu/g	≤	—	—	—	20
致病菌(沙门氏菌、志贺氏菌、金黄色葡萄球菌)		不得检出			

5.5 净含量

应符合国家质量监督检验检疫总局2005年第75号令《定量包装商品计量监督管理办法》。

6 检验方法

6.1 凡含有浸泡液的椰纤果或经复水的压缩椰纤果,应遵照附录A的规定进行试样处理,再取样测定。

6.2 感官

将样品倒入白瓷盘内,嗅其风味,在明亮的自然光处观察其色泽、外形及杂质。

6.3　过氧化氢

见附录 B。

6.4　粗纤维

按 GB/T 5009.10 执行。

6.5　总砷

按 GB/T 5009.11 执行。

6.6　铅

按 GB/T 5009.12 执行。

6.7　铬

按 GB/T 5009.123 执行。

6.8　亚硝酸盐

按 GB/T 5009.33 执行。

6.9　菌落总数

按 GB/T 4789.2 执行。

6.10　大肠菌群

按 GB/T 4789.3 执行。

6.11　沙门氏菌

按 GB/T 4789.4 执行。

6.12　志贺氏菌

按 GB/T 4789.5 执行。

6.13　金黄色葡萄球菌

按 GB/T 4789.10 执行。

6.14　霉菌

按 GB/T 4789.15 执行。

6.15　净含量

按 JJF 1070 执行。

7　检验规则

7.1　组批

以同一天、同班次生产的同一类型产品为一批。

7.2　抽样

每批产品按 3‰ 随机抽样，最低不得少于 3 件，从抽样件数中每件抽取 1kg，样品总重量不得少于 3kg。

7.3　出厂检验

7.3.1　产品出厂前应由生产技术检验部门按本标准检验，检验合格方可出厂。

7.3.2　酸渍椰纤果、粗制椰纤果和压缩椰纤果出厂检验项目为感官指标和净含量，杀菌椰纤果和蜜制椰纤果增加检验菌落总数和大肠菌群项目。

7.4 型式检验

当有下列情况之一时，应进行型式检验。型式检验项目为本标准规定的全部项目。

a）长期停产后，恢复生产时；

b）当原料、工艺及设备有较大改动、可能影响产品质量时；

c）出厂检验结果与上次例行（型式）检验结果差异较大时；

d）国家质量监督检验机构认为需要时；

e）菌种改变时，在投入生产前必须经过菌种鉴定和安全性评价。

7.5 判定规则

7.5.1 检验结果全部项目符合本标准要求时，判定该批产品为合格产品。

7.5.2 卫生指标有一项检验结果不符合本标准要求时，判为不合格品，不得复验。

7.5.3 除卫生指标外，其他项目检验结果如有异议时，可以在原批次产品中加倍抽样复验一次，判定以复验结果为准，若仍有一项指标不合格，则判该批产品为不合格品。

8 包装、标志、标签、贮存、运输及保质期

8.1 包装

包装材料应符合有关标准的规定。

8.2 标志、标签

标志按 GB 191 执行；标签按 GB 7718 执行，粗制椰纤果的标签由供需双方确定。

8.3 贮存

产品应贮存在清洁、干燥、通风良好的场所，不应与有毒、有害、有异味、易挥发、易腐蚀或其他影响产品质量的物品一同贮存。

8.4 运输

产品运输时，运输工具必须清洁、干净，应避免日晒、雨淋，不应与有毒、有害、有异味或其他影响产品质量的物品混合装运。

8.5 保质期

在符合本标准规定的条件下，粗制椰纤果保质期不少于24h。其他种类的椰纤果，保质期不少于3个月。

附录 A
（规范性附录）
试样的处理

A.1　范围

本附录规定了椰纤果试样的处理方法。

A.2　试样的处理

A.2.1　压缩椰纤果的复水

A.2.1.1　将待验每一单件包装压缩椰纤果等量分成 N 份分别倒入 N 个 100L 的容器中，加水（25℃±5℃）浸泡使椰纤果充分接触水溶液（始终保持水和椰纤果的比例在 1∶1 左右），并持续充分搅拌。

A.2.1.2　随着椰纤果的吸水涨大，及时补充水量，使椰纤果能够自由展开吸收水分，并易于搅拌，以加快复水的速度。

A.2.1.3　压缩椰纤果充分搅拌，直至椰纤果达到其规定的规格，方算恢复完全。

A.2.1.4　N 的数值

压缩后复水前的单件包装椰纤果重量×压缩倍数≤50kg　　　　　　N＝1

压缩后复水前的单件包装椰纤果重量×压缩倍数＝50kg~100kg　　　N＝2

压缩后复水前的单件包装椰纤果重量×压缩倍数＝100kg~150kg　　N＝3

压缩后复水前的单件包装椰纤果重量×压缩倍数＝150kg~200kg　　N＝4

压缩后复水前的单件包装椰纤果重量×压缩倍数＝200kg~250kg　　N＝5

依次类推。

A.2.2　凡含有浸泡液的椰纤果或经复水的压缩椰纤果，检验时应先根据抽样量的多少分批倒入内衬垫 100 目滤网的周边带孔漏液容器中，该漏液容器的周边孔径应小于被检测椰纤果的规格，在不受外力挤压的前提下静置 30s 滤去浸泡液，然后快速称重（10s 内完成），再取样测定。

附录 B
（规范性附录）
过氧化氢的测定

B.1 范围

本附录规定了椰纤果中过氧化氢的测定方法。

本附录适用于椰纤果中过氧化氢的测定。

B.2 原理

过氧化物在稀硫酸溶液中能使碘化钾氧化，产生定量的碘，以淀粉作指示剂，用硫代硫酸钠标准滴定溶液滴定，同时用过氧化氢酶分解过氧化氢，再用硫代硫酸钠标准滴定溶液滴定除过氧化氢外的过氧化物。根据未加过氧化氢酶样品和加入过氧化氢酶样品所消耗的硫代硫酸钠标准滴定溶液的体积之差，计算过氧化氢的含量。化学反应式为：

$$2KI + H_2SO_4 + H_2O_2 = K_2SO_4 + 2H_2O + I_2$$
$$I_2 + 2Na_2S_2O_3 = Na_2S_4O_6 + 2NaI$$
$$2H_2O_2 = 2H_2O + O_2$$

B.3 试剂与材料

除非另有规定，仅使用分析纯试剂。

B.3.1 水，GB/T 6682，三级。

B.3.2 过氧化氢酶：固体试剂，规格为酶活力不低于 1870U/mg。

B.3.3 过氧化氢酶溶液（5g/L）：称取 0.50g 过氧化氢酶，用 100mL 水分多次将其溶解，此溶液临用现配。

B.3.4 碘化钾溶液（100g/L）：称取 10g 碘化钾，加入 100mL 水溶解，冷却后贮存于棕色瓶中。

B.3.5 硫酸溶液（1+9）。

B.3.6 钼酸铵溶液（30g/L）。

B.3.7 硫代硫酸钠标准滴定溶液 $[c(Na_2S_2O_3) = 0.0025mol/L]$：临用前取 0.1000mol/L 的硫代硫酸钠标准滴定溶液加新煮沸并冷却的水稀释制成，必要时重新标定。

B.3.8 淀粉指示液（10g/L）：称取 1g 可溶性淀粉，用少许水调成糊状，缓缓倾入 100mL 沸水中调匀，煮沸，放冷备用，此溶液临用现配。

B.4 仪器

B.4.1 组织捣碎机。

B.4.2 真空干燥箱。

B.4.3 尼龙布滤袋：100目，规格20cm×25cm。

B.4.4 碘量瓶：250mL。

B.4.5 酸式滴定管：50mL。

B.5 试样处理

含有浸泡液的椰纤果或经复水的压缩椰纤果，按附录A的第A.2.1条要求滤去试样中的浸泡液后，取试样200g，用组织捣碎机制成匀浆，再倒入滤袋内，挤出汁液，待测。

B.6 测定

B.6.1 椰纤果中水分的测定

取沥去浸泡液的试样，在真空干燥箱内于70℃、0.6Pa条件下，按GB/T 5009.3规定的方法测定。

B.6.2 过氧化氢测定

准确称取20.0g~25.0g待测试样汁液于250mL的碘量瓶中，取A、B二瓶；B瓶中加入5.0mL过氧化氢酶溶液（5g/L），混匀，放置过10min（放置过程中摇动数次），在A、B两瓶中各加入5.0mL硫酸溶液（1+9），5.0mL碘化钾溶液（100g/L），并各加3滴钼酸铵溶液（30g/L），混匀，置暗处放置10min，各加水75mL，分别用0.0025mol/L硫代硫酸钠标准滴定溶液滴定，待滴至微黄色时，加0.5mL淀粉指示液（10g/L），继续滴至蓝色消失，分别记录A、B二瓶消耗硫代硫酸钠标准滴定溶液的毫升数。

B.7 结果计算

B.7.1 含有浸泡液的椰纤果试样过氧化氢含量按式（1）计算：

$$X = \frac{(V_A - V_B) \times c \times 34.02}{m} \times W \times 1000 \tag{1}$$

式中：

X——试样中过氧化氢含量，单位为毫克每千克（mg/kg）；

V_A——A瓶中消耗硫代硫酸钠标准滴定溶液体积，单位为毫升（mL）；

V_B——B瓶中消耗硫代硫酸钠标准滴定溶液体积，单位为毫升（mL）；

c——硫代硫酸钠标准滴定溶液的浓度，单位为摩尔每升（mol/L）；

m——测定时称取的试样汁液质量，单位为克（g）；

W——试样水分质量百分率,%。

计算结果保留到小数点后一位数字。

B.7.2 压缩椰纤果试样过氧化氢含量按式（2）计算：

$$X = \frac{(V_A - V_B) \times c \times 34.02}{m_3 \times m_1 / m_2} \times W \times 1000 \tag{2}$$

式中：

X——试样中过氧化氢含量，单位为毫克每千克（mg/kg）；

V_A——A瓶中消耗硫代硫酸钠标准滴定溶液体积，单位为毫升（mL）；

V_B——B 瓶中消耗硫代硫酸钠标准滴定溶液体积，单位为毫升（mL）；

c——硫代硫酸钠标准滴定溶液浓度的准确数值，单位为摩尔每升（mol/L）；

m_1——复水前的试样质量，单位为克（g）；

m_2——复水后的试样质量，单位为克（g）；

m_3——测定时称取的待测试样（汁液）质量，单位为克（g）；

W——试样水分质量百分率，%。

计算结果保留到小数点后一位数字。

B.7.3 精确度

在重复性条件下获得的两次独立测定结果的绝对差值不得超过算术平均值的10%。

附录2　椰纤果生产良好操作规范
（NY/T 1682—2009）

1　范围

本规范规定了椰纤果生产工厂厂区环境、厂房及设施、设备、机构与人员、卫生管理、生产过程管理、品质管理、贮存与运输管理、管理制度的建立和考核和标识等方面的良好操作规范。

本规范适用于生产椰纤果的工厂。

2　规范性引用文件

下列文件中的条款通过本标准的引用而成为本标准的条款。凡是注日期的引用文件，其随后所有的修改单（不包括勘误的内容）或修订版均不适用于本标准，然而，鼓励根据本标准达成协议的各方研究是否可使用这些文件的最新版本。凡是不注日期的引用文件，其最新版本适用于本标准。

GB 191　包装储运图示标志

GB 2760　食品添加剂使用卫生标准

GB 5749　生活饮用水卫生标准

GB 7718　预包装食品标签通则

GB 14881　食品企业通用卫生规范

CB/T 15091　食品工业基本术语

NY/T 1522　椰子产品　椰纤果

3　术语和定义

GB/T 15091 和 NY/T 1522 确立的以及下列术语和定义适用本标准。

4　厂区环境

4.1　凡新建、扩建、改建的椰纤果生产工程项目（厂、车间）中有关食品卫生部分均应按本规范和 GB 14881 的有关规定进行设计施工。

4.2　工厂应设于不易遭受污染的地区，厂区周围不应有粉尘、有害气体、放射性物质和其他扩散性污染源，不得有昆虫大量滋生的潜在场所，否则应有严格的食品污染防治措施。

4.3　厂区四周环境应易于随时保持清洁，地面不得有严重积水、泥泞、污秽等。厂区的空地应铺设混凝土、沥青，进行绿化。

4.4　厂区邻近及厂内道路，应采用便于清洗的混凝土、沥青及其他硬质材料铺设，防止扬尘及积水。

4.5 厂区内不得有发生不良气味、有害（毒）气体、煤烟或其他有碍卫生的设施。

4.6 厂区应有顺畅的排水系统，不应有严重积水、渗漏、淤泥、污秽、破损或滋生有害动物而造成污染的可能。

4.7 厂区如有员工宿舍及附设的餐厅等生活区，应与生产作业场所、贮存食品或食品原材料的场所隔离。

4.8 锅炉、废弃物存放场所等易产生污染的设施应处于全年最大风向频率的下风侧。

4.9 厂区内禁止饲养禽、畜。

5 厂房及设施

5.1 厂房及车间布局

5.1.1 生产加工和贮存场所的配置及使用面积应与生产能力相适应。

5.1.2 厂房及车间应按照工艺流程需要及卫生质量要求有序地配置。

5.1.3 厂区内运输原料、成品应与运送垃圾、废料等分开设门，防止交叉污染；厂区和车间内的水、电应走向合理；锅炉房和厂区厕所、垃圾临时存放场地应处于生产车间的下风侧。

5.1.4 工厂应设有验收场、原料仓库、原料处理场、配料加工间、装盘间、发酵间、漂洗加工间、包装间、容器和工具洗涤消毒间、菌种培养间、菌种保藏室、检验室、成品仓库、更衣室及洗手消毒室等其他为生产服务所设置的必要场所。

5.1.5 菌种保藏、菌种培养、装盘接种和发酵车间应与其他车间分隔，防止杂菌对生产菌种和培养基的污染。

5.1.6 各生产车间应依其清洁要求程度，分为食品生产辅助区、一般作业区、准清洁作业区及清洁作业区，各区之间应视清洁程度给予有效隔离，防止交叉污染。

5.1.6.1 食品生产辅助区：办公室、配电、动力装备等。

5.1.6.2 一般作业区：品质实验室、椰纤果发酵工序、原料处理、仓库、外包装等。

5.1.6.3 准清洁作业区：菌种培养间、杀菌工序、配料工序、预包装清洗消毒等。

5.1.6.4 清洁作业区：包装工序等。

5.2 厂房建筑要求

5.2.1 厂房应用适宜的建筑材料建造，坚固耐用、易于维修和保持清洁，并能防止原料、半成品、食品接触面及内包装材料遭受污染（如害虫的侵入、栖息、繁殖等）。

5.2.2 为防止交叉污染，应分别设置人员通道及物料运输通道，各通道应装有空气幕（即风幕）或水幕，塑料门帘或双向弹簧门。不同清洁区之间人员通道和物料运输应有缓冲室。

5.2.3 应将通向外界的管路、门窗和通风道四周的空隙完全充填，所有窗户、通风口和风机开口均应装上防护网。

5.2.4 生产厂房的高度应能满足工艺、卫生要求，以及设备安装、维护、保养的需要。

5.2.5 漂洗池的内壁宜使用不锈钢制作或其他耐酸腐蚀、不溶出有害物质的食品级环氧树脂材料制造。

5.2.6 椰纤果果片贮存罐（池）应能防止灰尘、昆虫和其他异物进入，贮存缸（池）宜建筑在地面之上，使之易于排水、通风、检修，其容量大小应根据生产能力而定；池内壁及建筑用料应耐酸蚀、不溶出有害物质和易清洗。

5.3 安全设施

5.3.1 厂房内电源必须有接地线和漏电保护系统，不同电压的插座必须明确标示。

5.3.2 高湿度环境使用的插座和电源应具有防水功能。

5.3.3 防火、防爆及消防设施的设置应满足消防法规要求。

5.3.4 在适当地点应设有急救器材和设备。

5.3.5 有液体流至地面的生产场所，生产环境潮湿或以水洗方式清洗的区域应配置防水、防滑安全工作鞋。

5.4 地面与排水

5.4.1 地面应使用无毒、不渗水、不吸水、防滑、无裂缝、耐腐蚀、易于清洗消毒的建筑材料铺砌（如耐酸砖、水磨石、混凝土等），地面坡度以 0.5%~1.5% 为宜。

5.4.2 在生产的有液体流至地面、生产环境经常潮湿或以水洗方式清洗作业的区域，其地面的坡度应根据流量大小设计在 1.0%~3.0% 之间。

5.4.3 地面应设足够的排水口。排水口不得直接设在生产设备的下方。所有排水口均应设置存水弯头，并配有相应大小的滤网，防止异味产生及固体废弃物堵塞排水管道。

5.4.4 排水沟的侧面与底面交接处应有适当的弧度（曲率半径在 3cm 以上），排水沟应有约 3.0% 的倾斜度，其流向应由高清洁区流向低清洁区，并有防止逆流的设计。

5.4.5 排水出口应有防止有害动物侵入的装置。

5.4.6 废水应排至废水处理系统或经其他适当方式处理。

5.4.7 排水沟内不得配有其他管道。

5.5 屋顶及天花板

5.5.1 生产、包装、储存等场所的室内屋顶应选用不吸水、无异味、表面光洁、易清洗、耐腐蚀、耐温的浅色材料覆涂或装修，不得有长霉或成片剥落现象存在。

5.5.2 食品及食品接触面暴露的上方不应设有蒸汽、水、电气等辅助管道，以防止灰尘及冷凝水等落入。

5.6 墙壁与门窗

5.6.1 管制作业区的内墙装修材料应采用无毒、不吸水、不渗水、防霉、平滑、易清洗的浅色防腐材料，不得使用含铅涂料，并用白瓷砖或其他防腐蚀性材料作为装修墙裙，墙裙高度不低于 1.8m。

5.6.2 管制作业区和潮湿环境内，墙壁与墙壁之间、墙壁与天花板之间、墙壁与地面之间的连接处应有适当弧度（曲率半径应在 3cm 以上），以便于清洗和消毒。

5.6.3 生产车间的所有门窗应采用防锈、防潮、易清洗的密封框架，不应使用木质门窗。

5.6.4 作业时需要打开的窗户，应装设易拆卸清洗的 26 目以上的双层不生锈纱网。

5.6.5 管制作业区对外出入口应有隔离缓冲室，并装置缓冲设施（如空气帘、塑料门帘、能自动关闭的纱门等），及（或）清洗消毒鞋底的设备，门应以平滑、易清洗、不透水的坚固材料制作，并经常保持关闭。

5.7 照明设施

5.7.1 车间应有充足的自然采光或人工照明，加工场所和内包装作业面混合照度不应低于220lx，检查作业台面不应低于540lx。

5.7.2 照明设施不应安装于暴露食品的直接上方，并装上防护罩，不得采用水银灯泡或含水银的设施。

5.8 通风设施

5.8.1 车间必须通风良好，保持室内空气清新。必要时，应装置通风设备。空气流向应从高清洁区域流向低清洁区域。

5.8.2 通风排气装置应易于拆卸清洗、维修或更换，通风口应装有耐腐蚀网罩。进气口必须距地面2m以上，并远离污染源和排气口。排气口要防止有害动物侵入。

5.8.3 准清洁区及清洁区应相对密闭，并设有空气消毒设施。

5.9 供水设施

5.9.1 生产用水必须符合GB 5749的规定。

5.9.2 供水设施应能提供各部门所需要的充足水量，并有足够的压力，必要时要有储水设备。

5.9.3 储水设备（池、塔、槽）与水直接接触的供水管道、器具等应使用无毒、无异味、防腐的材料，并有防污染设备，应定期清洗消毒。

5.9.4 供水设施出入口应设置安全卫生设施，防止有害动物及其他有害物质进入导致食品污染。

5.9.5 不使用自来水而使用自备水源的，应根据当地水质特点设置水质净化或消毒设施（如沉淀、过滤、除铁、除锰、除氟、消毒等），保证水质符合GB 5749规定。

5.9.6 不与产品接触的非饮用水（如冷却水、污水或废水等）的管道系统与生产原料用水及饮用水的管道系统应以不同颜色以明显区分，并以完全分离的管道输送，不得有逆流或相互交接现象。

5.10 污水排放与废弃物处理系统

5.10.1 必须设有废水排放及废弃物处理系统。

5.10.2 所有废水排放管道（包括下水道）必须能适应排放高峰的需要，建造方式应避免对生产用水及饮用水的污染。

5.10.3 应设有密闭式废弃物贮存设施，该设施能防止有害动物的侵入，不得有不良气味或有毒、有害气体溢出，便于清洗消毒。

5.11 洗手设施和消毒池

5.11.1 洗手设施应以不锈钢或陶瓷等不透水材料制造，且易于清洗消毒。

5.11.2 洗手设施应设置在车间进口处和车间内适当的地点，采用非手动式水龙头（包括按压自动关水式、肘动式等）。

5.11.3 在洗手设施附近应备有液体清洁消毒剂及简明易懂的洗手方法说明。洗手设施中应包括免关式洗涤剂和消毒液的分配器、干手器或擦手纸巾等，纸巾使用后应丢入脚踏开盖的垃圾桶内。

5.11.4 洗手设施的排水应直接接入下水管道，有防止逆流、防止有害动物侵入及防止臭味产生的装置。

5.11.5 管制作业区的入口处应设置鞋靴消毒池或鞋底清洁设施。需保持干燥的清洁作业场所应有换鞋设施。

5.11.6 消毒池壁内侧与墙体成45°角坡形，其规格应按生产经营人员必须经过消毒池方能进入车间来设计。

5.12 更衣室

5.12.1 更衣室应设于生产车间进口处，并靠近洗手设施。进口处设向里开的单向弹簧门。

5.12.2 更衣室应男女分设，其大小与生产人员数量应相适应，更衣室内照明、通风良好，有消毒装置。

5.12.3 更衣室内应有足够的储衣柜、鞋架，并有供生产人员自检用的穿衣镜。

5.13 仓库

5.13.1 工厂应设置与生产能力相适应的仓库，储存的物品应隔墙离地各10cm以上。

5.13.2 原材料仓库及成品仓库应隔离或分别放置，同一仓库储存性质不同物品时，应当明确标示。

5.13.3 贮存包装容器的仓库必须清洁，并有防尘、防污染设施。新包装容器、回收包装容器应分类堆放。

5.13.4 仓库应以无毒、坚固的材料建成，并有防止贮存物品受到污染的措施。

5.13.5 仓库须有防止有害动物侵入的装置（如库门口应设防鼠板或防鼠沟等）。

5.13.6 仓库应根据贮存物品的不同贮存要求设置温度记录仪和湿度记录仪。

5.13.7 工厂应设置辅助储存区，储存危险品、水处理用化学品、洗消剂、酸碱等，储存区域应远离生产车间及食品仓库，并安装通风系统。

5.14 厕所

5.14.1 厕所地点应有利于生产和卫生，厕所应为水冲式，备有洗手设施，出入口不得正对车间门，要避开通道，厕所门应设自动关闭装置，要有良好的排风及照明设备。

5.14.2 厕所的地面、墙壁、天花板、隔板和门要用易清洗、不透气的材料建造。

5.14.3 厕所排污管道应与车间排水管道分设，且有可靠的防臭气水封。

6 设备

6.1 生产设备

6.1.1 所有生产设备应排列有序，使生产作业能顺利进行，并避免引起交叉污染，而各种设备的生产能力应相互匹配。

6.1.2 设计

6.1.2.1 与椰纤果产品生产有关的机器设备，其设计应能防止危害食品卫生安全，易于清洗消毒，易于检查，并能避免机器润滑油、金属碎屑、污水或其他污染物混入食品。

6.1.2.2 生产设备及容器与食品接触的表面应平滑、无凹陷或裂隙，不受洗涤剂及消毒剂的影响，耐腐蚀、无毒。蒸煮锅、调配桶、储存槽（桶）及其他类似的容器设备应无死角。

6.1.2.3 设备、管路、器皿及有关材料（密封圈、垫片等）应能承受所采用的热消毒温度。

6.1.2.4 所有悬空的传送带、电动机或齿轮箱均应安装滴油盘，并确保泵和搅拌器的密封结构能防止润滑剂、齿轮油或密封水渗入或漏入食品及食品接触面。

6.1.3 材质

6.1.3.1 所有用于原料或产品处理的设备、工具及原料贮存罐（池）、配料罐、发酵盘等容器及其内壁涂料，应当以无毒、耐腐蚀、耐重复清洗消毒、无异味、非吸收性的材料制作，其材质应符合相应的食品包装材料卫生标准和卫生要求。

6.1.3.2 椰子水原料贮存容器宜使用不锈钢或其他耐酸腐蚀、不溶出有害物质的材料制造。

6.1.3.3 食品接触面原则上不得使用木质材料。

6.1.3.4 与原材料和产品接触的设备所使用的润滑剂必须是食品级的。

6.2 品质管理设备

6.2.1 工厂必须设有与生产能力相适应的卫生质量检验室，检验室应具备产品标准所规定的检验项目所需要的场所和仪器设备。未开展检测的项目，可委托当地卫生行政部门认可的食品卫生检测机构进行检测。

6.2.2 检验室应配备的仪器设备为：pH计、分析天平、温度计、无菌工作台、折光仪、一般化学分析用的玻璃仪器等。

6.2.3 品质管理设备应定期校正，与食品卫生安全有密切关系的加热杀菌设备所装置的温度计与压力计，每年至少应委托权威机构校正一次。

7 机构与人员

7.1 机构与职责

7.1.1 工厂必须建立全面卫生质量管理组织，并设有品质管理部门，由总经理（厂长）直接负责，对本单位的食品卫生工作进行全面管理。

7.1.2 品质管理部门负责制定《质量管理手册》，宣传贯彻食品卫生法律、法规和有关规章制度，并监督、检查执行情况，定期向卫生监督部门报告；组织卫生宣传教育工作；培训生产经营人员，定期组织生产经营人员进行健康检查，并做好记录工作。

7.2 人员与资格

7.2.1 品质管理部门应配备掌握专业知识的专职食品卫生管理人员。

7.2.2 品质管理人员应经过培训，并具备两年以上食品卫生管理经验，熟悉掌握食品卫生法律、法规和规章。

7.2.3 质量检验员应具有相关资质能力，上岗前应取得有关部门核发的检验资格证书。

7.3 教育与培训

工厂应对新上岗人员进行卫生安全教育，每季度进行一次全厂性的食品安全相关法律法规的学习活动。技术人员应学习掌握最新技术信息，做到教育有计划，考核有标准，卫生培训制度化和规范化。

8 卫生管理

8.1 卫生制度

8.1.1 工厂各部门应按本规范内容制定相应的卫生制度，由品质管理部门监督执行。

8.1.2 品质管理部门制定检查方案并负责实施。

8.1.2.1 每日由班组卫生管理人员对本岗位的卫生制度执行情况进行检查。

8.1.2.2 品质管理部门组织相关的卫生管理人员至少每月进行一次卫生检查。

8.1.3 每次检查应有记录并存档备案。

8.2 环境卫生

8.2.1 厂区内环境卫生应符合第4章的要求。

8.2.2 应保证生产过程中产生的废气、废水、废弃物等不污染环境。

8.2.3 污水排放及废弃物存放设施应符合5.10的要求。

8.2.4 污水排放管道应保持通畅，不得有淤泥蓄积及污水外溢。

8.3 厂房设施卫生

8.3.1 应建立厂房设施维修保养制度，并按规定对厂房设施进行维护、保养和检修，确保厂房卫生状况良好。

8.3.2 厂房内各项设施应随时保持清洁，及时维修、更新，厂房屋顶、天花板及墙壁有破损时，应及时维修，地面不得破损或积水。

8.3.3 原材料预处理场所、加工制造场所、厕所、更衣室、淋浴室等（包括地面、水沟、墙壁等），每天开工前和下班后应及时清洗消毒，必要时增加清洗消毒频次。洗手、干手器应定期进行卫生控制与检查，避免成为污染源。

8.3.4 菌种保藏及培养间、接种装盘间、发酵间应定期消毒。

8.3.5 班后应进行车间清洁及空气消毒。

8.3.6 车间内通风设备、空调、空气净化器进气口及滤网应保持清洁。

8.3.7 作业中产生的蒸汽，应采用通风设施导至厂外。

8.3.8 灯具及其配管的外表，应定期清洁。

8.3.9 地下排水管道应定期清理，保持通畅。

8.3.10 生产作业场所及仓库等，应采用纱窗、纱网、空气帘、栅栏或捕虫灯等有效措施防止有害动物侵入。

8.3.11 在原材料处理、加工、包装、贮存等场所内的适当位置，放置不透水、易清洗消毒（一次性使用者除外）、加盖（或密封）的存放废弃物的容器，并定时（至少每天1

次）搬离厂房。盛装废弃物的容器不得与盛装原料、产品的容器混用，并应有明显的区别标志。反复使用的容器在丢弃内容物后，应及时清洗消毒。

8.3.12 原料、配料及内包装材料或其他物品需现领现用。管制作业区不得堆放非即用物品、内包装材料及其他不必要的物品。生产车间严禁存放有毒物品。供车间内部使用的清洁消毒用品，应设专区或专柜存放，并明确标示，有专人负责管理。

8.3.13 车间储水槽（塔、池）应定期清洗并于每天上班前检查消毒情况。使用自备水源的，每年至少两次送有关检验机构检验，确保生产用水水质符合 GB 5749 规定。

8.4 机器设备卫生

8.4.1 各种机器设备应定期检修，保持良好的工作状态。

8.4.2 机器运转所用的润滑油不得滴漏而污染食品。

8.4.3 各种机器设备及生产用具在生产前后应彻底清洗及消毒并确保没有消毒剂残留。

8.4.4 清洗和消毒过的机器设备及生产用具应保持清洁，保证再次生产时食品接触面不受污染。

8.4.5 用于制造食品的机器设备和场所不得提供给非食品生产用。

8.5 人员卫生

应符合 GB 14881 的规定。

8.6 清洗和消毒

8.6.1 工厂应制定清洗、消毒的措施和制度，保证工厂所有场所、设备和工器具的清洁卫生。

8.6.2 所有设备和工器具必须经常清洗和消毒；接触湿物料的表面使用后应立即清洗；接触干物料的表面使用后应立即采用干法清扫（必要时采用湿法清洗）。

8.6.3 直接用于清洁食品设备、工器具及包装材料的清洁剂必须是食品级清洁剂，不得使用非食品级清洁剂。

8.6.4 禁止使用金属材料（如钢丝球）清洗设备和工器具。

8.6.5 须原地清洗的设备和管路应先用清水冲洗（水温一般不超过 45℃），然后使用洗剂或消毒剂，同时应经常检查冲洗器的喷嘴，以保证洗涤剂或消毒剂均匀喷洒。

8.6.6 清洗消毒的方法必须安全、卫生，使用的消毒剂、洗涤剂必须在使用状态下安全、适用。

8.6.7 废弃物及时清除后，其容器应严格清洗消毒。

8.7 除虫灭害

应符合 GB 14881 的规定。

8.8 污水污物管理

8.8.1 对生产过程中产生的污水、污物要加强管理并进行无害化处理，以免污染周围环境。

8.8.2 污物应在专用场所密闭保管并及时清理，清理后的存放场所及设施应及时清洗消毒。

8.9 锅炉房

8.9.1 锅炉操作人员须经过职业技能培训，持证上岗。

8.9.2 严格按有关管理部门的要求对锅炉进行安全操作与维修、保养。炉内水处理药剂必须无毒并严格控制用量，定期排污（有排污记录）。

9 生产过程管理

9.1 工厂应制订与执行《椰纤果生产操作规程》。

9.2 原材料管理

9.2.1 原辅料的采购需符合采购标准及相应产品标准，投产前的原辅料应做感官检查并经过严格检验，不合格或过期的原辅料不得使用。覆盖发酵盘口的纸张应干净卫生，使用前须经过热力或气雾消毒。

9.2.2 应按照生产能力与生产计划制订进货品种和数量，避免积压。

9.2.3 合格与不合格原材料应分别存放，并有明确醒目的标识加以区分。

9.2.4 原材料的储存条件应能避免受到污染，损坏和品质下降要减至最低限度。

9.2.5 原料的入库和使用应本着先进先出的原则，按入库的先后批次、生产日期分开存放。仓储记录要完整。

9.2.6 可重复使用（如返工料）或继续使用的物料应存放在清洁、加盖的容器中，并在容器外明确标识。

9.2.7 原材料清洗用水不得使用静止水，洗涤用水不得再循环使用，以免造成二次污染。

9.2.8 生产结束而未使用完的原料等应妥善存放于适当的保存场所，防止污染，并在保质期内尽快使用。

9.2.9 食品添加剂和生产助剂的使用应符合 GB 2760 和 NY/T 1522 的规定。

9.3 菌种的管理

9.3.1 椰纤果发酵使用的菌种必须经省部级以上有关技术部门鉴定和安全性评价，并提供来源证明。

9.3.2 每批菌种在投入生产使用前，必须严格检验其各项特性，确保其活性和未受其他杂菌污染。

9.3.3 建立生产菌种管理制度，定期纯化、复壮，并应做好菌种保藏工作。

9.4 生产作业

9.4.1 生产操作应符合安全、卫生的原则，应在尽可能减低有害微生物生长速度和食品污染的控制条件下进行。

9.4.2 原料的使用应符合 NY/T 1522 的规定。

9.4.3 生产过程应严格按照《生产操作规程》进行。

9.4.4 在进行菌种的接种操作时，应在无菌室或超净工作台中进行。

9.4.5 菌种瓶、发酵盘（桶）、包扎发酵盘口所用的纸张及接触生产培养基的容器、管道、工具，使用前应严格消毒。

9.4.6 应采取有效措施，防止在生产过程中或在贮存时被二次污染。

9.4.7 用于输送、装载、贮存原材料（半成品、成品）的设备、容器及用具，其操作、使用与维护应避免对加工或贮存中的产品造成污染。与原料或污染物接触过的设备、容器及用具，必须经彻底清洗和消毒，否则不可用于处理产品。生产过程中所有盛放半成品的容器不可直接放在地面或已被污染的潮湿表面上，以防溅水污染或由容器底外面污染所引起的间接污染。

9.4.8 应采取有效措施（如筛网、捕集器、磁铁、电子金属检查器等）防止金属或其他外来杂物混入产品中。

9.4.9 生产过程中应避免大面积冲洗工作，必要时须尽可能放低喷头近距离冲洗，以减少水滴四溅，防止飞溅污染。

9.4.10 不应在生产过程中进行电焊、切割、打磨等工作，以免产生异味、碎屑污染。

9.4.11 清洁作业区内在生产时，不得打开窗户。

9.4.12 应加强设备的日常维护和保养，保持设备清洁、卫生。设备的维护必须严格执行正确的操作程序。设备出现故障应及时排除，防止影响产品质量卫生。每次生产前应检查设备是否处于正常状态。所有生产设备应进行定期的检修并做好维修记录。

9.4.13 应对生产过程中出现的异常情况采取合适的处理措施，做好防止再次发生的预防措施并做好记录。

9.4.14 食品添加剂的使用、计算、称量等应由专人负责，应有两人核对，防止投料种类和数量有误。

10 品质管理

10.1 质量管理手册的制定与执行

10.1.1 工厂由品质管理部门制定《质量管理手册》，经生产部门认可后实施，应包括10.2、10.3、10.4的内容。

10.1.2 工厂对《质量管理手册》中规定的管理措施应建立内部检查监督制度，做到有效实施并有记录。

10.2 原料的品质管理

10.2.1 《质量管理手册》应详细制定原料及其包装材料的品质、规格、检验项目、检验方法、验收标准、抽样计划及检验方法等内容。

10.2.2 应符合9.2的规定。

10.2.3 食品添加剂应设专柜储放，专人负责管理，登记记录使用的种类、供货单位卫生许可证号、进货量及使用量等。

10.2.4 菌种

应符合9.3的规定。

10.2.5 生产用水水质除应有主管部门定期检验外，工厂应定期自检。

10.2.6 原材料进厂应根据生产日期、供应商的编号等编制批号。该批号应一直沿用至生产记录表，便于事后追溯。

10.3 加工中的品质管理

10.3.1 生产过程中要对菌种状态、原料质量、杀菌温度和时间、漂洗时间等关键点制定相应的控制措施并落实执行。

10.3.2 严格执行生产操作规程，其配方及工艺条件不经批准不得随意更改。加工中如发现异常现象时，应迅速查明原因并及时纠正。

10.3.3 应检查设备、工器具、容器在使用前是否保持清洁、适用状态。

10.3.4 为掌握每一步生产过程的质量情况及便于事后追溯，工厂应在生产过程控制点抽检半成品，并制作质量记录表、生产记录表等管理报表。

10.3.5 不合格半成品不得直接进入下一道工序，应予以适当处理，并做好处理记录。

10.3.6 杀菌过程应有温度、时间记录图或记录表，并定时检查是否符合工艺要求。

10.3.7 每批成品入库前应有检验记录，不合格的应予以适当处理，并做好处理记录。

10.3.8 品管部门应按 NY/T 1522 的规定的检验方法进行相应的检验，检验记录必须定期统计分析并会同有关部门核阅。

10.4 成品的品质管理

10.4.1 《质量管理手册》中应规定成品的品质、规格、检验项目、检验标准、抽样及检验方法等内容。

10.4.2 产品出厂前应按 NY/T 1522 的规定的出厂检验项目随机抽样进行检验，检验合格后方可出厂，无法检验的项目可委托具有法律效力的食品卫生检验机构代为检验。每年至少两次委托具有法律效力的食品卫生检验机构进行型式检验。

10.4.3 制订成品留样计划，每批成品应留样保存，以便在必要的质量检测及产生质量纠纷时备检。必要时，应做成品的保质期内稳定性试验。

10.4.4 每批产品入库前，应有检查记录，不合格者不得入库出厂且必须有适当处理办法。

10.4.5 成品出库时应检查生产日期及保质期，注意对外观质量再做检查，禁止运输中无法保持成品质量完好的车辆出货等。

10.4.6 成品售后意见处理

10.4.6.1 工厂应建立消费者举报制度，对消费者投诉的质量问题，品质部门应立即查明原因，妥善解决。

10.4.6.2 建立消费者举报处理及成品回收记录，注明产品名称、生产日期或批号、数量、处理方法和处理日期等。

11 仓储与运输管理

应符合 GB 14881 的规定。

12 记录管理

12.1 记录

12.1.1 卫生管理部门除记录定期检查结果外，还应填报每天卫生管理记录表，内容包括当日执行的清洗消毒工作及人员卫生状况，并详细记录异常情况的处理结果及防止再次发生的措施。

12.1.2 质量管理部门应详细记录从原材料进厂到成品出厂整个过程的质量管理活动及结果，并和原定的目标相比较、核对，记录异常情况的处理结果和防止再次发生的措施。

12.1.3 生产部门应填报生产记录及生产管理记录，详细记录异常处理结果及防止再次发生的措施。

12.1.4 各项记录均应由执行人员和有关管理人员复核签名或签章。记录必须真实，与现场检验或监控同步，不得事先预记和事后追记。记录必须规范、清晰。记录内容如有修改，不得涂改原始记录，修改后由修改人在修改文字附近签章。

12.2 记录核对

卫生、生产、质量管理记录应分别由卫生、生产、质量管理部门及时审核，以确定全部作业是否符合本规范，发现异常应及时处理。

12.3 记录保存

工厂对本规范所规定的有关记录的保存时间应符合国家相关规定。

13 管理制度的建立和考核

13.1 工厂应建立具有整体性的、有效的执行本规范的管理制度，整体协调工厂各部门贯彻本规范各项制度。

13.2 管理制度的考核

13.2.1 工厂应建立由各级管理层组成的内部考核组，对工厂执行本规范情况进行定期或不定期的检查，对存在的问题，予以合理解决与追踪。

13.2.2 内部考核组组成人员，须经一定的培训，并做好培训记录。

13.2.3 工厂应制订内部考核计划，确定检查、考核周期（一般以半年一次为原则），切实执行并做好记录。

13.3 管理制度的制定、修订及废止

工厂应建立执行本规范的相关管理制度的制定、修订及废止的作业程序，以确保质量管理者持有有效版本的作业文件，并根据有效版本执行。

14 标识

14.1 产品标签及说明书应符合 GB 7718、《中华人民共和国食品卫生法》及其他相应产品标准的规定。

14.2 包装、贮运标志应符合 GB 191 的规定。

缩 略 语

AC	Acetic acid	醋酸
Acyl-ACP	Acyl-acyl carrier protein	酰基-酰基载体蛋白
ADSCs	Adipose-derived stem cells	脂肪干细胞
AFM	Atomic force microscopy	原子力显微镜
AHLs	N-acylhomoserine lactones	N-酰基高丝氨酸内酯类化合物
AI	Autoinducer	自体诱导物
APTMS	3-Aminopropyl trimethoxysilane	3-氨丙基三甲氧基硅烷
BC	Bacterial cellulose	细菌纤维素
BC/GO-CuO	Bacterial cellulose/Graphene oxide-copper oxide	细菌纤维素/氧化石墨烯-氧化铜
BC-NH$_2$	(3-aminopropyl) trimethoxysilane-modified bacterial cellulose	氨烷基化细菌纤维素
BCNW	Bacterial cellulose nanocrystalline	细菌纤维素纳米晶
BCS	Bacterial cellulose synthase	BC 合酶
BMSCs	Bone marrow mesenchymal stem cells	骨髓间充质干细胞
BSA	Bovine serum albumin	牛血清白蛋白
bLF	Bovine lactoferrin	牛乳铁蛋白
c-di-GMP	Cyclic diguanylic acid	环二鸟苷酸
CS	Citrate synthase	柠檬酸合酶
CrI	Crystallization Index	结晶指数
DF	Dynamic fermentation	动态发酵
DGC	Diguanylate cyclase	二鸟苷酸环化酶
DTG	Derivative thermogravimetry	微商热重法
E4P	Erythrose-4-pyosphate	4-磷酸赤藓糖
EDC	1-Ethyl-3-(3'-dimethylaminopropyl) carbodiimide hydrochloride	1-乙基-(3-二甲氨基丙基)碳二亚胺盐酸盐
EI	Elasticity index	弹性指数
EMP	Embden-meyerhof-parnas pathway	糖酵解途径
FBP	Fructose-1,6-bisphosphatase	1,6-二磷酸酶果糖
FRU	Fructose	果糖
FSF	Fed-batch static fermentation	流加静态发酵
FTIR	Fourier transform infrared spectroscopy	傅里叶变换红外光谱
G1P	Glucose-1-phosphate	1-磷酸葡萄糖
G3P	Glyceraldehyde-3-phosphate	3-磷酸甘油醛
G6P	Glucose-6-phosphate	6-磷酸葡萄糖

GBR	Guide bone regeneration	引导性骨再生
GDH	Glucose dehydrogenase	葡萄糖脱氢酶
GFP	Green fluorescent protein	绿色荧光蛋白
GK	Glucokinase	葡萄糖激酶
GLC	Glucose	葡萄糖
GLY	Glycerol	甘油
Glf	Glucose facilitator protein	葡萄糖促扩散蛋白
GO	Graphene oxide	氧化石墨烯
GRAS	Generally recognized as safe	一般公认为安全
OTR	Oxygen transmission rate	透氧率
HA	Hyaluronic acid	透明质酸
HAp	Hydroxyapatite	羟基磷灰石
HK	Hexokinase	己糖激酶
HMP	Hexose monophosphate pathway	磷酸己糖途径
HSL	Homoserine lactone	高丝氨酸内酯
ICDH	Isocitrate dehydrogenase	异柠檬酸脱氢酶
ICNB	International code of nomenclatureof bacteria	国际细菌命名法规
IEP	Isoelectric point	等电点
iGEM	International genetic engineering machine competition	国际遗传工程机器设计竞赛
MC	Microbial cellulose	微生物纤维素
MES	2-(N-morpholine) acenesulfonic acid	2-(N-吗啉)乙磺酸
NHS	N-hydroxysuccinimide	N-羟基琥珀酰亚胺
OAA	Oxaloacetate	草酰醋酸酯
OBC	Oxidized bacterial cellulose	氧化细菌纤维素
OBC-NH$_2$	Aminoalkyl groups grafted oxidized bacterial cellulose	氨烷基化氧化细菌纤维素
OBC-PEA-GO	Oxidized bacterial cellulose-polyetheramine-graphene oxide	氧化细菌纤维素-聚醚胺-氧化石墨烯
PAA	Polyacrylic acid	聚丙烯酸
pABA	p-Aminobenzoic acid	对氨基苯甲酸
PC	Plant cellulose	植物纤维素
PD	Pivaloylated derivatives	新戊酰化衍生物
PDE	Phosphodiesterase	磷酸二酯酶
PDE A	Phosphodiesterase A	磷酸二酯酶 A
PE	Polyethylene	聚乙烯
PEA	Polyether amine	聚醚胺
PEP	Phosphoenolpyruvic acid	磷酸烯醇式丙酮酸
PFK	6-Phosphofructokinase	6-磷酸果糖激酶
PGA	Polyglycolic acid	聚羟基醋酸
PGM	Phosphomannomutase	葡萄糖磷酸变位酶
PHB	Polyhydroxybutyrate	聚羟基丁酸酯

PI	Propidium iodide	碘化丙啶
PK	Pyruvate kinase	丙酮酸激酶
PLA	Polylactic acid	聚乳酸
PLGA	Poly（lactic-co-glycolic acid）	聚乳酸-羟基醋酸共聚物
PPi	Pyrophosphate	焦磷酸
PPP	Pentose phosphate pathway	磷酸戊糖途径
PTS	Phosphoenolpyruvate-suger phosphate transferase system	磷酸烯醇式丙酮酸-糖磷酸转移酶系统
PVA	Polyvinyl alcohol	聚乙烯醇
PVC	Polyvinyl chloride	聚氯乙烯
PVP	Polyvinyl pyrrolidone	聚乙烯吡咯烷酮
QS	Quorum sensing	群体感应
RIB5P	Ribose-5-phosphate	5-磷酸核糖
RIBU5P	Ribulose-5-phosphate	5-磷酸核酮糖
RSF	Repeated static fermentation	反复静态发酵
S7P	Sedum heptanulose-7-phosphate	7-磷酸景天庚酮糖
SAM	S-adenosylmethionone	S-腺苷甲硫氨酸
SBF	Simulate body fluid	模拟体液
SDH	Succinate dehydrogenase	琥珀酸脱氢酶
SEM	Scanning electron microscope	扫描电子显微镜
SF	Static fermentation	静态发酵
SGF	Simulated gastric liquid	模拟胃液
SIF	Simulated intestinal fluid	模拟肠液
TCA	Tricarboxylic acid cycle	三羧酸循环
TEMPO	2,2,6,6-Tete-methyl-1-ketone	2,2,6,6-四甲基-1-哌啶酮
TG	Thermogravimetry	热重分析
TPCS	Thermoplastic corn starch	热塑性玉米淀粉
UDPG	Uridine-5'-diphosphoglucose	尿苷-5'-二磷酸葡萄糖
UGPase	UDP-glucose pyrophosphorylase	二磷酸尿苷葡萄糖焦磷酸化酶
UTP	Uridine triphosphate	尿苷三磷酸
VHb	Vitreoscilla hemoglobin	透明颤菌血红蛋白
XG	Xyloglucan	木葡聚糖
XRD	X-ray diffraction	X 射线衍射
XYL5P	Xylan-5-phosphate	木酮糖-5-磷酸
ε-PL	ε-polylysine	ε-聚赖氨酸